油气井现代完井技术

[美] Ding Zhu　[日] Kenji Furui　著

杨向同　邱金平　张　杨　李会丽　等译

石油工业出版社

内 容 提 要

本书主要介绍完井设备如何影响井性能的理论和模型，详细论述了完井在增产中的作用，包括水力压裂和酸化和智能完井实施两个关键方面。

本书可供从事钻完井工程的科研人员、工程技术人员和管理人员使用，也可作为石油院校相关专业学习参考用书。

图书在版编目（CIP）数据

油气井现代完井技术／（美）朱丁（Ding Zhu），
（日）古井健二（Kenji Furui）著；杨向同等译. — 北
京：石油工业出版社，2022.4
　书名原文：Modern Completion Technology for Oil
and Gas Wells
　ISBN 978-7-5183-4963-0

Ⅰ. ①油… Ⅱ.①朱… ②古… ③杨… Ⅲ. ①油气钻
井-完井 Ⅳ.①TE

中国版本图书馆 CIP 数据核字（2021）第 215392 号

Original title：Modern Completion Technology for Oil and Gas Wells
by Ding Zhu，Kenji Furui
ISBN：9781259642029

出版发行：石油工业出版社
　　　　　（北京安定门外安华里 2 区 1 号楼　100011）
　　　　　网　址：www.petropub.com
　　　　　编辑部：（010）64523710　图书营销中心：（010）64523633
经　　销：全国新华书店
印　　刷：北京中石油彩色印刷有限责任公司

2022 年 4 月第 1 版　2022 年 4 月第 1 次印刷
787×1092 毫米　开本：1/16　印张：14.5
字数：365 千字

定价：98.00 元
（如出现印装质量问题，我社图书营销中心负责调换）

版权所有，翻印必究

《油气井现代完井技术》
译 审 组

组　　长：杨向同

副 组 长：邱金平　张　杨　李会丽

成　　员：（按姓氏笔画排序）

王永红　乔　岩　吴　晰　尚立涛

侯腾飞　袁国海　高　翔　黄　波

穆凌雨

译者前言

Ding Zhu 和 Kenji Furui 著的《油气井现代完井技术》于 2018 年出版。我们有幸接触到该书,书中系统介绍了现代完井技术及实践,重点阐述了酸化压裂完井、智能完井等内容。我们将该书翻译成中文,推荐给我国科研院所和工程界从事油气井完井、增产的科研技术人员。

本书由中国石油集团工程技术研究院有限公司井下作业研究所翻译完成。杨向同负责组织实施及全书最终审校;张杨、李会丽、侯腾飞负责译第 1 章至 4 章,邱金平、吴晰、乔岩负责译第 5 章至 8 章;袁国海负责第 1 章、第 2 章校稿,乔岩负责第 3 章校稿、张杨负责第 4 章校稿、尚立涛负责第 5 章校稿、吴晰负责第 6 章校稿、高翔负责第 7 章校稿、穆凌雨负责第 8 章校稿,王永红、黄波、李会丽负责全书统稿。

本书的翻译和出版,得到了 Elsevier 公司和石油工业出版社的大力支持;在此,译者向原著者及为本书得以面世做出帮助和支持的单位及个人表示衷心感谢。

由于时间紧迫,译者水平有限,译文难免有疏漏和错误之处,敬请读者批评指正。

译 者

2021 年 8 月 30 日

The authors are pleased to see the Chinese Version of Modern Completion Technology for Oil and Gas Wells. The book covers the theories and methodologies of well stimulation performance and optimization, and summarizes the recent-developed completion technologies that fit different purposes of efficiently producing oil and gas reservoirs. We hope that this book provides the petroleum engineers and geoscientists in China information and references for their field practices.

Ding　Zhu

作者很高兴看到《油气井现代完井技术》的中文版问世。该书涵盖了油气井增产和优化的理论和方法，并总结了近期发展的适用于不同目标的油气藏高效生产完井技术。我们希望本书能为中国的石油工程师与地质学家提供现场实践的信息和参考。

朱　丁

序

　　完井是连通油气藏与井筒，为油气到达地表提供流动路径的关键作业环节。完井质量关系到油气井的产能，影响油气井管理者控制储层流动情况，及对井况精准诊断。完井的费用是油气井成本主要的构成部分之一。非常规储层多段压裂完井成本占建井成本一半，深水井仅完井就需花费数千万美元。对于这些储层，工程师需要关于完井流程、完井性能和完井设计的最有用信息。本书全面讲述了这方面的认识，涵盖了现代完井技术的实践。

　　本书首先对完井设备进行了完整的描述，为井性能评价奠定了理论和模型基础。在后面的章节中，着重介绍了水力压裂和酸化、智能完井两项关键技术，并梳理了它们在井增产中的作用。目前还没有任何书籍可以如此全面阐述完井理论与技术。

　　这是每个完井工程师都应该有的参考书。对于任何需要更好地理解完井，以及如何量化完井对井性能的影响的石油工程师或地学科学家来说，本书将是一本有价值的参考资料。可作为本科或研究生的大学课程和完井行业培训的教材。

　　我祝贺作者对完井的及时性，彻底性和清晰性的阐述。我希望它能成为未来几年完井工程的标准指南。

Dan Hill

Texas A&M University

January　2018

致　　谢

在编写这本书的过程中，作者得到了我们的同事们的大力支持和帮助，其中包括我们的导师、同行和学生们。

我们要感谢 Texas A&M 大学荣誉客座教授 A. D. Hill 博士担任该书的技术主编。他的鼓励、技术指导和宝贵的批评为我们编写本书奠定了基础。特别感谢康菲石油公司的 Junjing Zhang 博士基于现场工作在水力压裂方面进行的深入探讨，感谢 Texas A&M 大学的 Brian Wu 为本书更好地作为教材提供的编辑和改进意见，同时还要感谢 Meredith Born 对图书开发的管理和协调。我们还要要感谢 Andrew Wu 为本书中的图片处理和编辑所做的贡献。

最后，我们还要感谢 McGraw Hill 教育和 Cenveo 出版商服务部的工作人员在编辑和处理手稿方面所付出的巨大努力。

目　　录

1 概　述

对于石油工程中任何油气生产井而言，完井是必不可少的部分。完井的功能是保障已钻井眼的机械完整性，建立目的层与井眼之间的连通性，调节储层流体在井筒中的流动性，并为储层改造措施和提高油气采收率作业建立注入路径。随着石油工业开发更多面向非常规储层，如今，人们正在从低渗透性（低渗透、高黏度和薄层）和更高非均质性（大接触面积，多层系和目的层）储层获取石油和天然气。同时，在油气田开发中，石油工程师的目标始终是用最低油田开发成本，创造最大油气采收率。

近几十年来，随着许多新技术的发展，完井技术突飞猛进。这些新技术改变了常规井的完井方式，也是非常规资源成功开发的关键。本书旨在回顾常规井和非常规井的完井技术的最新进展。

1.1　石油工程简介

钻井、油气藏和生产是石油工程的三个主要组成部分。为了开发油气田中石油和天然气，通常基于地震手段对地质进行勘探，以此建立油田开发方案。在钻生产井前，需要从勘探井和评价井的钻井（随钻测量、MWD 或随钻测井、LWD），裸眼测井和测试中获取信息。然后，油藏工程师研究目标储层的地层特征和流体性质。基于目的层特征研究和认识选择井型和井距，通过油藏数值模拟预测储层和单井产能。钻井和完井工程师根据油藏研究确定好的方案建井。一旦完井结束，生产工程师将接管井并监测和评估井的产能和生产效率。由于地层的复杂性，井的实际表现通常与预期会有一定差别，将进一步测试和评估来查找问题，且如必要将采取修井和增产措施以提高油气井产能。完井是钻井与生产之间的桥梁，在油气生产中起着至关重要的作用。近年来，在石油工程中，完井被认为与钻井、油藏和生产同等重要，并成为第四个独立的学科。

1.2　完井的功能及进展

在石油和天然气生产过程中，完井起着重要作用。完井的基本作用是提供井眼机械支撑和从储层到地面的流体流动通道，这些是油气生产初期对完井的最低要求。在早期完井技术从裸眼井（最简单的完井）发展到套管固井射孔。随着时间推移，对完井要求发生了变化，已不仅仅是提供井眼稳定和流动通道。许多井生产产出废液（如气体和水）和固体（如地层砂及微粒），出水和出砂成为石油工业中的棘手问题。控水和防砂（弱胶结地层）是完井设计中必须解决的两个常见的生产问题。为解决上述问题，开发了割缝衬管、筛管和砾石充填技术。此外，还发明了滑套和封隔器用以对多目的层进行选择性开采。完井过程包括下套管、固井、射孔、下油管和安装采油树。对于疏松地层，可能还需要进行砾石充填完井。

当储层压力耗尽时，通常采用注水来维持储层压力和油井产量。提高采收率（EOR）通过注入蒸汽或表面活性剂来改善储层中流体性能，从而提高油气采收率，是提高采收率（EOR）的主要方法。可通过控制注入井的注驱前缘波及系数，尽可能地提高采收率。

水力压裂、基质酸化和酸压是油井增产的主要方式。完井为措施增产在地层中提供裂缝、分配压裂流体和产生酸蚀孔洞，以提高改造效率。

自 1860 年钻第一个油井以来，美国有很长的油气生产史。随着石油行业开始开发低渗透储层、薄油层、稠油油藏和深水油田等具有挑战的资源，完井技术克服了很多新难题，取得突飞猛进的进步。为最大限度地提高井产能，石油工业引入水平井和多分支井技术来增加井筒与储层之间的接触面积。另一方面，增加接触面积会导致与储层非均质性相关的不可预见的生产问题。大型储层渗透率分布连通性和多目的层合采，通常需要进一步评估流动分布和选择性流动控制以优化生产。智能完井系统（IWS）被开发，例如分支井和大位移井（ERD），在中东、北海等世界许多地区，多油层合采已成高产井的一种普遍方法。IWS 从井下永久监测开始，使用电缆和光纤传感器，提供持续的井筒测量；这项技术使人们能够评估离地表数英里地层流体的流动状态。同时，开发了井下流量控制系统，可用来调节油井产能。智能完井所用设备先进，并适用于防砂、井下人工举升等多种完井方式。

非常规页岩的开发，开辟了油气行业的新篇章。长水平井多级压裂增产是经济生产纳米级达西渗透率储层的唯一方法。近年来，随着滑套、桥塞、射孔、分段工具等完井工具使用的工艺发展，多级水力压裂能够使得页岩地层增产，从而实现经济开采。今天，完井技术允许工程师沿水平井放置数百条裂缝，裂缝之间的间距约为 20ft。用于微震监测和光纤传感的井下设备都可作为完井设计的一部分，用来提高压裂增产的成功率。

本书中涉及的常规完井技术是指从裸眼或套管完井、胶结完井、射孔完井中开发的用于井眼稳定和导流的技术。相比之下，现代完井涉及的技术超出了这些基本任务。油井设计是为了应对储层中挑战，完井是储层与油井连接的界面。在当今油气开发环境下，人们再怎么强调完井作用重要性也不为过。另一方面，如果完井方式设计不正确，则可能会对生产造成巨大影响。通过现代完井技术设计、安装和操作，需要非常清楚产层流入动态，并对复杂井的增产措施有深入的了解。

1.3 本书目的

本书介绍了完井技术的最新进展，解释了现代完井技术的不同方式和功能，有助于工程师选择合适的完井类型，为完井设计提供正确指导。本书还将讨论新技术以及如何在现场正确应用它们。由于现代完井技术发展十分快，一些新技术在任何教科书中都没有提出过，因此在本书出版期间开发出新技术并不足为奇。本书介绍了完井设计的基本原理，同时介绍了最近发展的技术。完井基本知识介绍，将帮助读者理解完井技术未来的发展。

1.4　本书结构

本书分为 8 章，第 1 章从完井技术介绍开始，总结了完井技术在石油工程中的发展史及地位。第 2 章讨论了完井类型及其功能。本章介绍了每种完井类型的管串结构和应用。从常规井的完井开始，然后是开发非常规井的现代完井技术。利用表皮系数的概念，模拟了完井对井产能和注入能力的影响。完井工程中增加了井的附加压降，表皮系数可以表征这个附加压降。第 3 章中，对每种完井类型，讨论了近井地层伤害的表皮系数计算，还讨论了大多数完井类型的地层伤害表皮系数和完井表皮系数之间的干扰。将完井和地层伤害表皮系数应用到井性能模型中，以计算其对井流动的影响。

第 4 章和第 5 章讨论完井增产措施。第 4 章介绍了水力压裂完井，第 5 章介绍了酸化完井。近年来，这两种增产措施在完井方法上有突飞猛进的发展。这包括非常规开发中水平井的多级水力压裂，以及水平井基质酸化中的酸放置技术。这两章展示了完井和增产措施在当今石油工业中的重要性。

近年来，智能完井是融入石油行业的新技术之一。智能完井配备了井下监测传感器和井下流量控制阀。智能完井允许工程师更好地"看到"离地面数千英尺地下的情况。智能完井技术还可做到无须进入井筒干预即可控制井下流量。这场革命改变了以前操作井的方式。但如今这项技术仍处于发展阶段。本书第 6 章介绍了智能井井下监测组件及功能，第 7 章讨论了该技术的流量控制组件。

这些章节中举例说明如何使用该技术及其在油气生产中的功能，特别是对于非常规油藏和具有复杂地质结构的常规油藏。

在第 8 章中，通过现场应用的案例，说明了使用现代完井技术的好处是为油气生产带来了更有效、高效和更具成本效益的生产方式。这些实例应用涵盖广泛，从中东地区优化生产高渗透多分支井的智能完井技术应用到北海的海上水平井基质酸化，再到巴克肯非常规页岩井多级压裂增产。

这些实例说明完井设计在现代生产、运营和油藏管理中的重要性。这本书的最终目的是了解现代完井技术的功能，并运用它们来正确应对当今油气生产的挑战。

1.5　参考书

本书重点介绍石油工程中的完井技术。完井只是油气井系统为生产石油和天然气的一个环节。要完全掌握完井技术，工程师需要具备石油工程其他学科的基础知识，包括石油地质、油藏工程、钻井工程、生产工程和油井增产。除了以上基础之外，还有几本书建议读者与本书配套使用。

《石油生产系统》（Economides 等，2012）。在其他学科中，开发工程是完井最密切相关的主题。完井设计的目标始终是提供最佳生产石油和天然气的方法。本书中使用的许多理论和方程在石油生产系统中得到了更详细的解释。实例是不同边界条件下不同储层的流入方程，详细的水力压裂设计、砂岩和碳酸盐岩地层中基质酸化的详细理论，以及防砂。本书应在石油生产系统应用之后用。

《水力压裂的最新进展》（Gidley 等，1989）。本书第 4 章讨论了完井中压裂，在水力压裂的最新进展中，几乎所有与常规油藏裂缝相关理论都得到深入的讲解。本书中很多方程没有推导，直接应用。为了设计有效的压裂增产措施，必须了解压裂理论。读者在阅读本书第 4 章时应参考水力压裂的最新进展。

《水力压裂要点：垂直和水平井筒》（Veatch 等，2016）。根据水力压裂的最新进展，本书增加了现代压裂技术，尤其水平井。本书中针对每个主题的案例，为读者提供了应用该技术的巨大价值。

《水力压裂》（Smith 和 Montgomery，2016）。关于水力压裂的书籍很多。水力压裂从岩石力学的基本原理到压裂设计和施工，都有着广阔的应用前景。每节中的详细算例解释了如何使用所提出的理论。通过了解压裂增产的目标，可以针对目标完井及设计出更有效的压裂增产措施。

《酸化增产》（Kalfayan，2008）和《酸化》（Ali 等，2016）。酸化是另一种常用的提高井产能的增产措施。尤其是在碳酸盐岩地层中，酸化是一种复杂的过程，酸化是完井增产措施成功的关键。这两本书从多个方面详细阐述了酸化理论和现场实施，从而为如何设计酸化措施奠定了基础。

参 考 文 献

Ali, S. A., Falfayan, L., and Montgomery, C. (2016). *Acid Stimulation*. SPE Monograph Series Vol. 26, *Society of Petroleum Engineers*, Richardson ISBN：978-1-61399-426-9.

Economides, M. J., Hill, A. D., Ehlig-Economides, C., and Zhu D. (2012). *Petroleum Production Systems*, 2nd ed., Prentice Hall, New Jersey. ISBN：0-13-703158-0.

Gidley, J. L., Holditch, S. A., Nierode, D. E., and Veatch Jr., R. W. (1989). *Recent Advances in Hydraulic Fracturing*. SPE Monograph Series Vol. 12, *Society of Petroleum Engineers*, Richardson. ISBN：978-1-55563-021-1.

Kalfayan, L. (2008). *Production Enhancement with Acid Stimulation*, 2nd ed., PennWell Books, Tulsa. ISBN：1-59-370139-X, 978-159370-139-0.

Smith, B. M., and Montgomery, C. (2015). *Hydraulic Fracturing*, CRC Press, Boca Raton. Print ISBN：978-1-4665-6685-9, eBook ISBN：978-1-4665-6692-7.

Veatch, R. W., King, G. E., and Holditch, S. A. (2017). *Essentials of Hydraulic Fracturing：Vertical and Horizontal Wellbores*. PennWell Books, Tulsa. ISBN-13：978-1-59370-357-8, ISBN-10：1-59-370357-0.

2 完井基础

从传统完井技术（如裸眼井或套管/水泥/射孔完井）到现代完井技术（诸如膨胀筛管完井和智能完井），本章介绍了完井设备、功能及如何使用。

2.1 完井功能

钻井的目的是建立一条从地表到目标地层的油气生产通道。这个通道又被称为井眼。仅靠井眼可能不足以使井眼抵抗地应力，因此，必须将专用装置下入井眼中以提供机械支撑并控制流体流动。这些专用装置统称为完井工具。

完井是建立含油气储层和地表生产系统之间的界面。在井的整个生命周期中，完井能够限制储层流体，防止地层流体不受控制地释放到地表环境中。完井技术的选择对油气生产和井产能有很大影响。在某些阶段，油井可能产生地层砂和水这些不期望的物质。当发生这种情况时，需要对油井进行防砂，阻止水产出到地面，或者使产出到地面量最小。完井工程师的职责是接管完钻井，并将其转换为安全高效的生产井或注入井。随着石油勘探开发深入到环境更为恶劣的地区，如深水区或北极区，完井功能要求变得更具挑战性。

完井的基本功能可分为五类：（1）井完整性和流体约束性；（2）井/完井流动效率；（3）井眼和套管的稳定性；（4）防砂；（5）选择性/区域性流动控制。以下部分将介绍完井的每项功能。

2.1.1 井完整性和流体约束性

石油和天然气行业最重要的问题是安全生产。在完井设计中，有足够的井屏障保持井控安全是至关重要的。完井是井屏障组成的一部分，并且在井的整个生命周期中都是如此。完井中使用的设备规格对井完整性很重要，因为设备在井的整个生命期中大多暴露在井流体中。根据 Norsok D-010（NORSOK 标准 D010，2004），井完整性被定义为"应用技术，操作和组织方案解决，以降低在井整个生命周期中不受控制地释放地层流体的风险"。完井设备设计不当会导致严重的安全和环境问题，必须避免。完井设计中的关键参数包括井位、井生命周期、流体组分、深度、压力和温度。以上所有参数都会影响井的完整性，并影响井的生命周期。毋庸置疑，在不同的作业环境下，井的工作生命周期因不同油田和井别而异。做好井的工程设计和前期准备工作，可以防止井完整性问题的发生。在生产阶段，井内流体的温度、压力和黏度会发生变化，在设计完井时必须考虑所有这些因素。

2.1.2 井/完井流动效率

在完井时，井的供液能力是任何油田开发中最重要的设计标准之一。完井工程师的工作职责是以经济有效的方式最大限度提高井产能。井整体流动性能由两部分组成：（1）油藏流入性能；（2）井筒流动性能。完井在这两部分起着重要作用。井筒流动性能可以解释为在完井管柱上发生的各种压力损失，包括油管、套管/尾管和安装在井筒上的流动控制装置。

井的储层流入性能是指将流体从储层流到井筒的能力。生产指数 J 通常用于衡量油藏流入性能。对于稳态条件和单相流井，生产率指数定义如下（Economides 等，2012）。

$$J = \frac{q}{p_e - p_{wf}} = \frac{Kh}{141.2B\mu\left(\ln\dfrac{r_e}{r_w} + S\right)} \tag{2.1}$$

式中，p_e 为油藏压力，psi；p_{wf} 为井底流体压力，psi；q 为井内流量，bbl/d；B 为地层体积系数，bbl/bbl；μ 为流体黏度，cP；K 为储层渗透率，mD；h 为产油层厚度，ft；r_e 为油藏泄流半径，ft；r_w 为井筒半径，ft。

S 是由 Van Everdingen（1953）最初引入的表皮系数，无量纲。用于测量近井区（S 无量纲）由于建井、完井和井运行造成的条件变化。不同边界条件和不同流体类型的其他流入方程列在表 2.1。Economides 等（2012）提出了详细的讨论。井的表皮系数 S 可以是正值，也可以是负值。因为井产能随表皮系数的增加而降低，随表皮系数的减少而增加。因此，分析产生表皮系数的原因很重要，较好的完井设计应做到尽可能降低表皮系数。

油气井的完井方式多种多样，最常见的是裸眼完井、割缝管或筛管完井、套管射孔完井及砾石充填完井（图 2.1）。在井筒中使用的任何完井工具，都会改变近井区的径向流或通过完井本身的流动路径可能产生附加压降，这会对井性能产生显著影响。另一方面，在井筒半径相同情况下，套管射孔完井可能比裸眼完井有更高的产能。可根据油藏流入性能控制参数不同，选择不同类型的完井。以下部分简要讨论了建议用于评估常见完井类型的关键控制参数。

2.1.2.1 裸眼完井和割缝/射孔衬管裸眼完井

这种类型完井压力损失相对较大。在这种类型的完井中，流体非水平（垂直或偏移）地从储层移动到完井生产井段。理想情况下，通过储层的流动是径向的，不受平行流线的干扰。随着流体接近井筒，由于钻井液滤液侵入区域的渗透性降低，压力损失可能增加。如果在井眼内安装有割缝或筛管，则流动可加速进入缝槽或孔眼。割缝或筛管一般用在地层强度不足的地层。当地层岩石坍塌时，破碎的岩石颗粒可能堵塞割缝或孔眼，从而在生产过程中造成严重压降。裸眼和裸眼衬管完井压降增加的两个主要因素（Furui 等，2005）是钻井液（完井液等）滤液侵入和割缝堵塞。这些完井中的流动现象如图 2.2 所示。

2.1.2.2 套管射孔完井

在套管射孔完井中，均质储层中的流体流向完井层段。流体在储层中是径向流动，是没有受到干扰的平行流线。当流体接近井筒时，它偏离径向流动模式，分成汇聚到某个射

表 2.1　井底流入动态关系

	不稳定流（径向流，没有边界）	稳态流（恒压边界）	拟稳态流（无流动边界）
油	$$q = \frac{Kh(p_i - p_{wf})}{162.6B\mu\left(\lg t + \lg\dfrac{K}{\phi\mu C_t r_w^2} - 3.23 + 0.87S\right)}$$	$$q = \frac{Kh(p_e - p_{wf})}{141.2B\mu\left(\ln\dfrac{r_e}{r_w} + S\right)}$$	$$q = \frac{Kh(\bar{p} - p_{wf})}{141.2B\mu\left(\ln\dfrac{0.427r_e}{r_w} + S\right)}$$
气	$$q = \frac{Kh(p_i^2 - p_{wf}^2)}{1638ZT\mu\left(\lg t + \lg\dfrac{K}{\phi\mu C_t r_w^2} - 3.23 + Dq + 0.87S\right)}$$ $$q = \frac{Kh[m(p_i) - m\pi(p_{wf})]}{1638T\left(\lg t + \lg\dfrac{K}{\phi\mu C_t r_w^2} - 3.23 + Dq + 0.87S\right)}$$	$$q = \frac{Kh(p_e^2 - p_{wf}^2)}{1424ZT\mu\left(\ln\dfrac{r_e}{r_w} + Dq + S\right)}$$ $$q = \frac{Kh[m(p_i) - m(p_{wf})]}{1424T\left(\ln\dfrac{r_e}{r_w} + Dq + S\right)}$$	$$q = \frac{Kh(\bar{p}^2 - p_{wf}^2)}{1424ZT\mu\left(\ln\dfrac{0.427r_e}{r_w} + Dq + S\right)}$$ $$q = \frac{Kh[m(p_i) - m(p_{wf})]}{1424T\left(\ln\dfrac{0.427r_e}{r_w} + Dq + S\right)}$$
2-φ			$$\frac{q_o}{q_{o,max}} = 1 - 0.2\frac{p_{wf}}{\bar{p}} - 0.8\left(\frac{p_{wf}}{\bar{p}}\right)^2$$ $$q_{max} = \frac{1}{1.8}\frac{K_o h\bar{p}}{141.2B_o\mu_o\left(\ln\dfrac{0.472r_e}{r_w} + S\right)}$$
油 （水平井）		$$q = \frac{KL(p_e - p_{wf})}{141.2\mu B_o\left\{\ln\left[\dfrac{hI_{ani}}{r_w(I_{ani}+1)}\right] + \dfrac{\pi y_b}{hI_{ani}} - 1.224 + S\right\}}$$	$$q = \frac{\sqrt{K_y K_z}\, b(\bar{p} - p_{wf})}{141.28B_o\mu\left[\ln\left(\dfrac{A^{0.5}}{r_w}\right) + \ln c_H - 0.75 + S + S_R\right]}$$

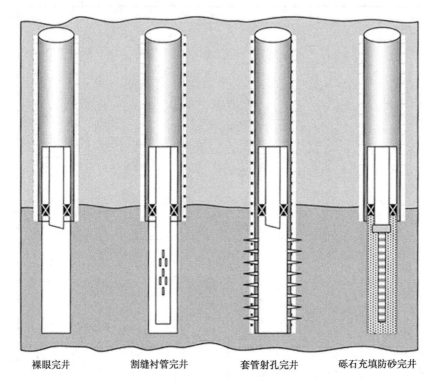

裸眼完井　　　　割缝衬管完井　　　　套管射孔完井　　　砾石充填防砂完井

图 2.1　常见的完井类型

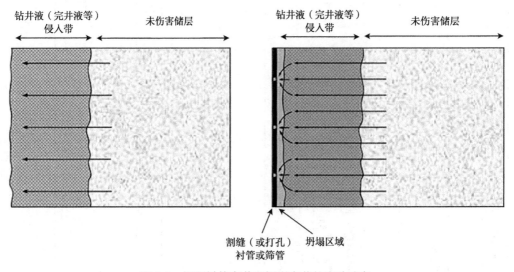

割缝（或打孔）　坍塌区域
衬管或筛管

图 2.2　裸眼衬管完井和裸眼完井的流动动态

孔孔眼的单独的流束（图 2.3）。该流动汇聚压力损失与井周围钻井液（完井液）滤液侵入区的渗透性伤害及射孔效应（包括射孔几何形状和伤害效应）（McLeod，1983）有关。射孔几何形状包括射孔长度、射孔孔径、射孔相位和射孔密度。射孔过程和射孔时的井况可能引发伤害。这种类型的伤害是由于射孔附近的地层颗粒破碎，通常称为压实带伤害。渗透率伤害的控制参数取决于钻井液（完井液等）滤液侵入、射孔长度和压实带渗透性伤害。

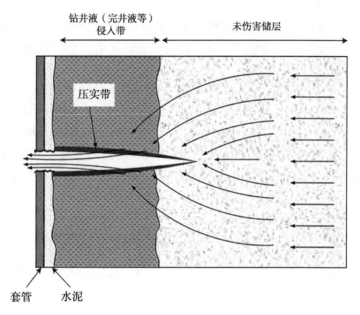

图 2.3　套管射孔完井流入动态

2.1.2.3　管内砾石充填完井

管内砾石充填完井压力损失非常复杂。离储层较远的流体可以理想化为未受干扰的平行流线径向流动（图 2.4）。随着流体接近井筒，它偏离径向流动模式，汇聚到砾石充填孔

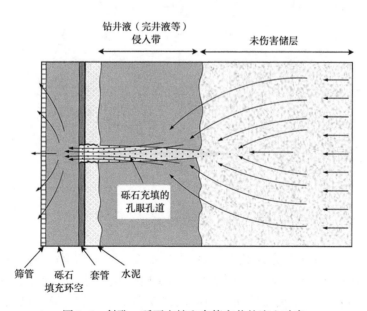

图 2.4　射孔、砾石充填和套管完井的流入动态

眼。从孔眼开始，流体加速进入由砾石填充孔眼提供的很小区域，并穿过水泥环和井内套管。一旦进入套管内，流体就会扩散到套管/筛管环空提供的更大区域，并穿过砾石填充环空，穿过筛管产到地面。

管内砾石充填完井常见的表皮效应是钻井液（完井液等）滤液侵入导致的渗透性伤害和孔眼几何效应。砾石充填完井通常用于地层强度较低，孔眼压实区域通常会塌陷并流入井筒。这可以在砾石充填过程中避免。

此外，钻井液（完井液等）滤液侵入和孔眼几何表皮系数通常较低，并且远远超过孔眼孔道中高流速而产生较高的表皮效应（Burton，1999）。因此，管内砾石充填完井关键参数是射孔孔眼渗透性和流入区域。值得注意的是，在管内砾石充填完井中射孔孔眼提供的流入区域较低，通常小于等效裸眼流入区域面积的3%。即使是使用大孔装弹高密度射孔也是如此。当非达西流动效应在高产油气井中变得十分重要时，对高流入区的需求变得更加迫切。

2.1.2.4 压裂充填套管完井

压裂充填是一种将短、宽裂缝与管内砾石充填相结合的完井技术（图2.5）。该裂缝旨在通过在近井区域提供更大的流入潜力来改善管内砾石充填完井性能。对于大多数高渗透储层，压裂改善流入性能可能不是主要优势。然而，压裂充填比常规管内砾石充填具有更好的砾石充填效果。

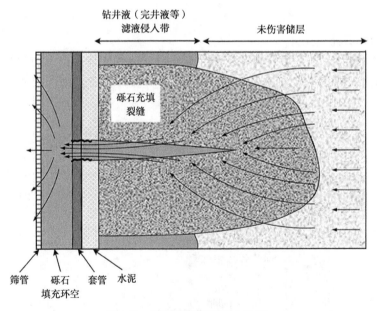

图2.5 压裂充填完井流入动态

压裂充填主要控制参数为射孔孔眼渗透率和流入面积（Burton，1999）。Procyk 等（2009）和 Nozaki 等（2017）研究表明通过流动试验估算的射孔孔眼渗透率远小于砾石充填渗透率，这导致从高速压裂充填完井中测试到较高表皮系数。流速也是一个考虑因素，因为较低的流速可以提高防砂效率。在大多数高渗透储层（$K>200mD$），压裂增产效果一般；对于低渗透储层，压裂增产可提高效益，并改善井整体流动动态。第 4 章将讨论压裂的影响。除了压裂外，砾石充填完井的主要优点是可以压裂、充填砾石，对地层无伤害和控制出砂。

2.1.2.5 裸眼砾石充填完井和裸眼筛管完井

地层伤害和井眼筛管环空渗透率表皮效应是影响裸眼砾石充填完井和裸眼筛管完井总表皮系数的主要因素（图 2.6）。这类完井的主要控制参数是去除滤饼和筛管周向渗透性（Burton 和 Hodge，1998）。滤饼应设计成酸溶性的，在完井作业期间能够通过酸化除去。这将消除滤饼表皮效应，仅留下井眼筛管环空流动表皮系数等潜在的流动限制因素。

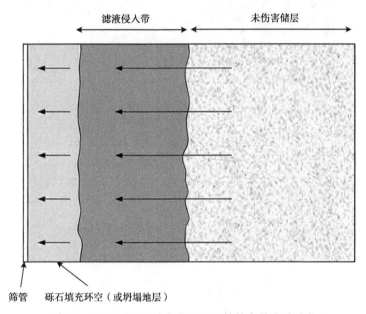

图 2.6　裸眼砾石充填完井和裸眼筛管完井流动动态

2.1.2.6 基质酸化井

在砂岩储层中，基质酸化将通过消除近井伤害来改善性能，但不会克服完井造成的表皮效应。另外，在碳酸盐岩储层中（图 2.7），酸液作用距离和渗透性的改善将减少酸蚀虫洞形成导致的完井表皮效应（Ali 等，2016）。因此，对于碳酸盐岩地层，无论是裸眼井还是套管基质酸化井，虫洞表皮效应都是占整体表皮效应主导作用。

为了设计和分析基质酸化井性能，主要完井控制参数是酸液作用距离、酸液分布和渗透率改善。第 5 章将详细讨论酸化后的表皮效应。

2.1.2.7 水力压裂井

在石油工业中有两种主要的水力压裂处理方法，分别是加砂压裂和酸压。加砂压裂在砂岩和碳酸盐岩储层中均被采用。其处理方式是停泵后泵入高渗透颗粒支撑剂保持裂缝张开，建立储层到井口的导流通道（图 2.8）。裂缝几何形状和导流能力是影响压裂井流入性能的主要因素（Prats，1961）。理想条件下，支撑剂承压和支撑剂渗透率数据可以估算裂缝导流能力。这些理想的裂缝导流值需要依据支撑剂破碎、支撑剂嵌入和裂缝内凝胶损伤的

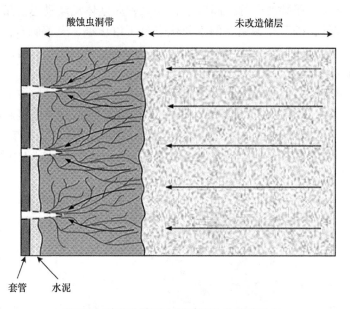

图 2.7　碳酸盐储层中基质酸化井流动动态

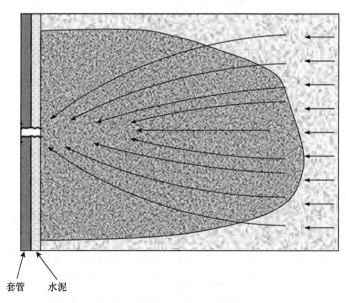

图 2.8　水力压裂井流动动态

影响进行优化。这通常是通过实验室测试或用商业软件程序估算导流值损失来完成的。裂缝支撑半长可以从设计程序中估算出来。当设计程序结果与现场压力恢复测试产生的裂缝半长相关时，就是最佳结果。

在碳酸盐岩地层中，储层岩石可以被盐酸（HCl）溶解。因此，对这些地层可以进行酸压处理。在酸压过程中，HCl 沿着水力裂缝泵入，以腐蚀地层岩石表面。泵注完成后由于裂缝面受到闭合应力作用导致裂缝闭合。地层岩石的酸反应/酸刻蚀与地层渗透性和矿物分布有关。因此，酸蚀后裂缝面变得不均匀。在泵酸过程中产生的酸蚀孔洞，无论是通过漏失或沿着裂缝面进入地层，都会增加裂缝面的粗糙度。这些裂缝面特征是酸压裂缝闭合后导流能力来源。这类完井关键参数是裂缝半长和裂缝导流能力。理想条件下的裂缝导流能力可以通过岩石溶蚀量或实验室测试数据来估算。这些理想的裂缝导流值必须针对非均匀酸蚀和闭合应力的影响进行校正（Nierode 和 Kruk，1973）。酸蚀裂缝半长可以从设计程序中估算出来。其与裂缝支撑半长相似，设计程序裂缝半长结果应与现场压力恢复测试产生的裂缝半长相关。如果没有适当的校正，设计程序裂缝半长会大于实际裂缝半长。

砂岩地层中酸压效果不佳的原因是反应速率极慢。砂岩储层改造一般不推荐酸压。表皮系数对比分析有助于工程师对特定井完井方式的选择和设计。当使用这些表皮方程预测完井设计性能和经济研究时，重要的是要正确识别关键参数，并用实际值控制可能产生的结果范围。在第 3 章中将详细讨论表皮系数计算。

2.1.3 井（井眼和套管）力学稳定性

由于上覆地层覆盖和构造应力，地下岩层一直处于受压状态。当钻井钻进地层时，井眼内岩石被移除。井壁是由井眼内流体压力和其强度支撑。由于该流体压力通常与原始地层应力不匹配，井眼发生变形。如果地层的岩石强度足够，则该井可以选择裸眼完井。另一方面，如果岩石强度不足以支撑井眼附近的应力级别，则可能导致岩石破碎，从而造成井眼坍塌。这些影响的严重性和随后的井眼坍塌取决于地层应力的大小，不同方位的应力差及地层的力学性质。在预计井眼坍塌严重的地层，可以采用裸眼筛管完井或衬管完井。在这类型的完井中，在生产区上方下入套管，并在整个产层段下入不固井筛管和尾管管柱组合。如果井需要选择性增产或控制过量天然气或地层水产出，则必须使用套管固井射孔完井。

与致密储层相关的一个重要问题是油井套管损坏。套管损坏是指套管变形或弯曲（俗称狗腿）。套损将带来修井和再完井等作业问题，可能需要侧钻，但费用昂贵。造成套管损坏的主要机理是压缩、剪切、拉伸和弯曲变形（Veeken 等，1994）。这些机理如图 2.9 所

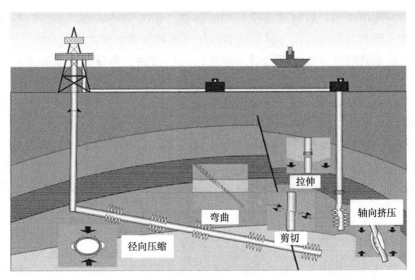

图 2.9 套管损坏情况

示。在无支撑井段中，例如在出砂射孔附近其压降最大，水泥支撑差，完井程度较低，套管弯曲风险是最大的。油井增产措施也可能导致套管损坏。在高孔隙度白垩系地层中，增产作业中过量酸液体积会导致储层和套管（或）衬管的轴向压缩破坏（FurUI 等，2010）。由于非均匀的侧向载荷引起的套管横截面变形被称为挤压或径向压缩。这主要是在沉降量大、地层极软的储层中出现的问题。在这些条件下，应采用适当的套管等级和厚度（或适当的径厚比）来防止套管过早损坏。

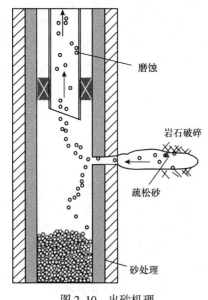

图 2.10 出砂机理

2.1.4 防砂

在世界许多油气藏中，出砂是主要的生产问题。当油气从储层中产出时，固体颗粒会跟随储层流体流入井内。这种现象被称为出砂。人们普遍认为，由于流体通常不能提供足够的力来将砂粒从完整的岩石中拉出，即使岩石胶结较差，也不会从完整的岩石中产砂。当生产井眼附近的岩石未胶结或者破碎，则会出砂。疏松砂岩会形成空腔面，且会在特定的压降、流体速度和流体黏度下发生移动。一旦进入井筒，这些砂粒会造成后继相关操作问题。出砂可能会冲蚀油管或地面阀门及管线。此外，砂粒会聚集在井下设备中，妨碍装置正常运行，带来新的电缆维修问题。如图 2.10 所示为生产井中的典型出砂事件。

这有很多方法可以避免和减少出砂。防砂方法可以被划分为 3 种：（1）出砂处理技术；（2）储层防塌技术；（3）防砂技术。

砂处理技术允许井产出一定量地层砂，然后用地面设施来处理。安全有效的砂处理技术需要控制冲蚀和出砂量。超过可接受范围的砂量，油井会被堵塞或关井。这种策略在产液井中最有效，因为与气井相比，其较低的流体速度对井系统的冲蚀较小。

地层防塌技术是通过应用岩石力学原理防止地层出砂。典型的防止失效技术包括高强度区域射孔（即选择性射孔）、高强度区域压裂、应力导向射孔（即定向射孔）（Tronvoll 等，1993）、增加储层压力以及用树脂增加井附近岩石强度。这种技术在明确应力或强度差异的储层中更有效。

防砂技术可防止较大地层砂颗粒通过完井流入井内和损坏井下和地面设备。典型的防砂技术包括裸眼完井、管内砾石充填完井、压裂充填完井、裸眼筛管完井和地面防砂装置。应允许较小的颗粒流到地表，防止造成筛网和砾石严重堵塞。防砂技术投入成本高但非常可靠。

2.1.5 选择区域性流量控制

为满足更复杂的完井需求，设计和制造了很多井下装置。在多个层系不能合采的情况下，用封隔器将这些储层分隔开。封隔器是连接在油管管柱上，与油管管柱一起使用的工具。封隔器有一个密封胶筒，该部件通过挤压在油管和套管之间形成密封。在完井中使用封隔器有多种原因。

另一个完井中不可缺少的部件是滑套。当一个油气藏多个层段被水淹时，可以使用滑套选择性关闭产水层段，同时其他油层段保持打开生产油气。滑套可以通过钢丝作业打开或关闭。图 2.11 所示为封隔器和滑套用于多层水驱油藏中生产控制的案例。这些装置只是众多装置的几个例子，使工程师可以选择性地控制流体流动和储层增产。第 5 章和第 6 章将讨论更先进的流量控制和监测设备，即智能完井，这是一种用于实时分区流量控制和监测的最新技术。

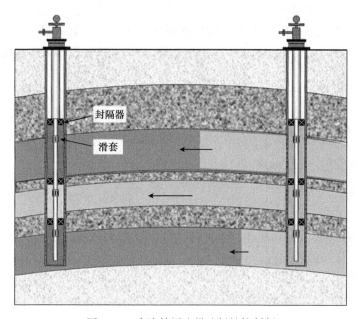

图 2.11 水淹储层流量选择性控制例

2.2 完井组件

在石油工业发展的早期阶段，油气井通常采用套管固井完井。随着钻井深度加深，遭遇多层高温高压油气藏。人们认识到，这种完井方式限制了油井维修和控制，井下设计需要进行升级，以满足对安全性、层间隔离、选择性开采、流体控制及防砂的需要。

完井通常分为下部完井和上部完井。下部完井是储层和井之间的连接，包括封隔器、滑套和流动控制装置。上部完井是下部完井到地面设施（包括井下安全阀和油管悬挂器）的生产通道。在这里，主要聚焦下部完井装置。与下部完井相关的主要设计决策如下：

（1）井眼轨迹和井斜；

（2）裸眼与套管完井对比；

（3）井筒完整性；

（4）防砂要求及防砂方式；

（5）增产措施（压裂、支撑剂，酸化，基质酸化）；

(6) 单层或多层（合层或选择性开采）。

当今常规和非常规油气井都配备了各种井下装置。每类装置选取取决于地层特征、生产/注入流体性质以及完井功能要求。本节介绍了井下设备的主要类型、功能和应用。

2.2.1 固井和射孔

大多数井都采用套管固井和射孔。固井是用于固定套管，以防止地层之间的流体运移。固井是将水泥浆、水泥添加剂和水混合在一起，并将其通过套管向下泵送到套管与井眼周围的环形空间中关键井段。其两个主要功能是限制不同产层之间的流体运移和固定和支撑套管。

井的开发成功取决于能否有效地进行层间隔离，以便进行生产或增产作业。除了隔离油、气和水产段，水泥还有助于保护套管免受腐蚀、快速形成密封防止井喷、在深层钻井中保护套管不受冲击载荷，以及封闭失返或漏失段。

射孔是在固井后，用于建立储层近井筒段和井眼之间流动路径，通常是指从井筒开始穿过套管和水泥环进入产层的孔眼。

射孔管柱包括电缆头、校深装置、定向装置和射孔枪。电缆头连接电缆，同时提供一个薄弱点，以便在发生问题时断开电缆。校深装置通过先前校深测井来识别确切位置，并多次对套管接箍定位。定向装置将射孔枪上的射孔弹定向方位，以获得更佳的射孔相位。射孔枪上装有聚能射孔弹，如图 2.12 所示。每个射孔弹都是由一个外壳，爆炸性材料和衬垫组成。电流引发爆炸波。常用的射孔直径在 0.25~0.4in，长度在 6~12in。更高功率的射孔枪可以产生更大的射孔孔径。

如果将管内砾石充填和压裂充填认为是完井方法，则射孔直径变得更加重要。可通改变射孔弹的设计和材料形成一个更大的射孔直径，同时减少穿透深度。对于采用管内砾石充填完井和压裂充填完井，特别是在高渗透性地层中，强烈建议采用大孔径（直径 1.0in）高孔密（12~18SPF），以将砾石充填的表皮系数降至最低。

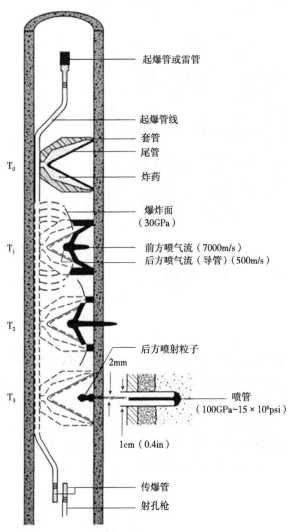

图 2.12 射孔弹爆轰过程（Economides 等，2012）。
（经纽约培生教育有限公司许可转载）

起爆管或雷管

起爆管线
套管
尾管
炸药

爆炸面
（30GPa）

前方喷气流（7000m/s）
后方喷气流（导管）(500m/s)

后方喷射粒子
2mm

喷管
（100GPa~15×10⁶psi）

1cm（0.4in）

传爆管
射孔枪

T_0
T_1
T_2
T_3

2.2.2 割缝衬管/打孔衬管

如图 2.13 所示，割缝衬管由割缝形成的油管或套管制成。缝宽通常被认为是测量规格。缝或筛管规格是以 in 为单位的开口宽度乘以 1000。例如，12 号筛管的开口尺寸为 0.012in。机械加工包括用小型旋转锯切割矩形开口。常用的缝宽约为 0.030in，但可根据具体用途进行调整。

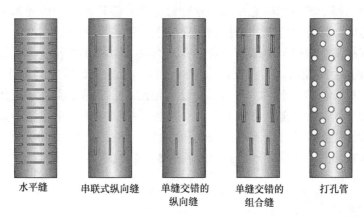

水平缝　串联式纵向缝　单缝交错的　单缝交错的　打孔管
　　　　　　　　　　　纵向缝　　　　组合缝

图 2.13　各种衬管形状

图 2.13 所示为割缝衬管不同的割缝类型。一般首选单缝交错的纵向缝型的割缝衬管，因为其保留了割缝衬管没有开割前的强度。交错图案也使管道表面上的缝分布更加均匀。单缝交错槽缝型横向上是以偶数开行，且纵向上缝间距通常为 6in。打孔衬管也通常用于裸眼完井。其孔的尺寸和相位易调整，由于其开口面积较大，因此其孔堵塞的风险通常低于割缝衬管。

如图 2.14 所示，缝可以是矩形或梯形。梯形缝管道外部比内部窄，且其横截面呈倒 V 形。由于所有穿过缝外部管道的颗粒都将继续流动，而不是停留在槽内部，因此其相比矩形缝不容易堵塞。虽然割缝衬管成本比筛管低，但其流入面积较小，并且在生产过程中会产生较高的压降（即较高的表皮系数）。

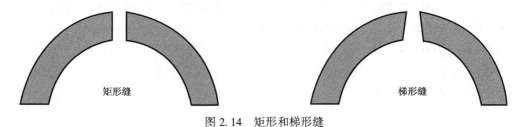

矩形缝　　　　　　　　　　　　　　　　梯形缝

图 2.14　矩形和梯形缝

割缝衬管完井目的如下：

（1）防止井眼塌陷。

（2）在储层完井前期或后期，允许下入封隔器。

（3）允许下入仪器串如生产测井（PLTs）。然而，大部分流体在管外，高角度井的生产测井解释通常很难，除非在衬管外做适当的隔离。

　　割缝衬管通常不适用于防砂，因为小尺寸割缝很难加工，使其可以有效阻止砂粒。如果是用激光切割的小缝，那么会导致其衬管流动面积会太小以至于易堵塞。在井产能低和经济效益不支持筛管使用的情况下，才会使用割缝衬管。

2.2.3　绕丝筛管

　　绕丝筛管可以用于砾石充填完井和独立筛管完井。筛管由一个外壳组成，其外壳是在绕丝机床上制造的。将绕丝包裹并焊接到纵向肋上，形成任意设计宽度的单螺旋缝。随后将外壳放置在支撑基管的每个端部上（含钻孔）焊接，以提供结构支撑。纵向肋有助于筛管绕丝在基管管孔距离控制。有些设计没有纵向杆。绕丝和筛管末端的连接要么被焊接，要么被夹紧。依据冶金学的不同，与无焊接设计相比，由于焊接质量和完井中机械完整性要求，将筛管焊接到基管可能会导致其复杂化。如果操作正确，可以避免这个问题。有多家公司生产和设计绕丝筛管标准产品。绕丝筛管结构示意图如图 2.15 所示。梯形（楔形）的绕丝可以确保在油井生产期间地层砂形成砂桥或小砂粒流出。

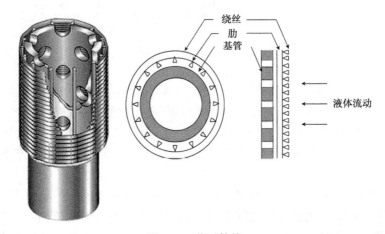

图 2.15　绕丝筛管

　　绕丝筛管比割缝衬管流入面积要大得多，但与优质筛管（这将在 2.25 节讨论）相比流入面积仍然相对较低。筛管的流入面积主要取决于缝的尺寸大小，其在 6% ~ 12% 不等。6 号筛管开口最小（0.006in）。对于大型的砾石（如 10 ~ 20 目），筛管开口约为 18 号（0.018in）。

　　基管与油管采用相同的材料（例如 13Cr）。基管自身很少发生故障，但当筛管被堵塞时，会经常发现基管已被挤坏。

2.2.4　预充填筛管

　　预充填筛管与绕丝筛管结构相似，但其有两层筛管。预充填筛管由标准筛管组件组成，在其周围放一层树脂涂敷砾石（固结），环空被第二筛管（预充填双筛管）或外罩（预充填单筛管）支撑。树脂涂敷是部分固化的酚醛塑料。干燥后，树脂涂敷砾石可以像普通砾石一样处理。筛管预充填以后，加热整个单元以固化和硬化树脂。砾石层的厚度根据需求改变。最薄的预充填筛管是在外壳和基管管子之间的环空充填。该筛管周围有一层薄薄的网状筛管缠绕，以防止砾石在固结前流过中心管道。预充填筛管相当于砾石预充填。但砾石充填优点是去除了筛管和地层之间的环形空间（充满砾石），从而防止了地层坍塌和砂粒运移。然而，预充填筛管实现不了这个作用。

预充填筛管例如图 2.16 所示。预充填筛管与砾石充填结合可代替标准的绕丝筛管使用，也可以独立应用在水平井中。尽管预充填筛管已独立应用，但其易堵塞，从而阻碍生产。此外，在抗冲砂方面，预充填筛管相比绕丝筛管没有优势。这些筛管的流入面积通常约为其表面积的 4%~6%，明显小于优质筛管（见下节）和绕丝筛管。

（a）双层预充填筛管　　　　　（b）单层预充填筛管　　　　　（c）薄预充填筛管

图 2.16　不同类型的预充填筛管

2.2.5　优质筛管

在多数出砂案例中，（无论是裸眼井或套管井）均采用优质筛管防砂完井，使得出砂带来的伤害降到最低。该类型的筛管通常是有金属网固砂介质构成，与传统的绕丝筛管和预充填筛管相比，其防砂特性更好。这些优质筛管通常应用于长间隔的独立裸眼筛管完井和裸眼砾石充填完井，以最大限度地减少钻井液（完井液等）堵塞和降低防砂失败率。这些筛管也可以应用于长间隔管内砾石充填完井和压裂充填完井，最大限度降低多层系储层在环空充填时产生的高孔隙性和防砂失败的风险。在裸眼完井和套管完井中，防砂筛管为完井提供了防砂的最后屏障。如果其失效，则完井也失败。

典型的优质防砂筛管组件由基管、内流通层、挡砂层、外流通层和外保护罩组成，其结构如图 2.17（Adam 等，2009）所示。

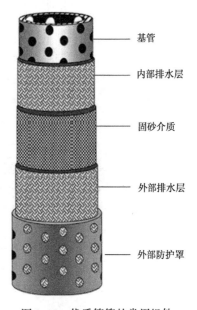

基管

内部排水层

固砂介质

外部排水层

外部防护罩

图 2.17　优质筛管的常用组件

基管外部可以缠绕多层扩散网。基管上钻有孔，提供从各扩散网和防砂层到井内部的流动通道。

内扩散网由具有高流动能力的绕丝筛网或金属丝网组成，为挡砂层提供支撑，防止因流体流动或地层应力施加的载荷而坍塌。

挡砂层通常由钢丝网或金属纤维网组成，防止地层砂粒流过筛网。

有些筛管在挡砂层外面设计外部扩散网，可分散从保护罩到挡砂层的流体。外扩散网通常由具有不均匀孔径的金属丝网组成。

外保护罩通常由一个具有高密集小孔或槽的薄壳组成。这种外保护罩在下入过程中对挡砂介质提供保护。在安装过程中，当内部压力施加冲击载荷或筛管堵塞时，它还可以为挡砂层提供支撑。优质筛管的流入面积通常在30%左右。

2.2.6 砾石充填完井设备

管内砾石充填完井和裸眼砾石充填完井装置如图2.18所示。这些砾石充填装置换位工具在如今行业中应是最先进的。冲洗和反向循环是相对便宜的一种选择。当成本不足以支持使用以上换位服务工具时，可使用冲洗和反向循环方法。

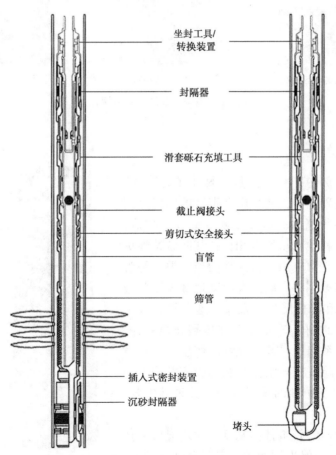

图2.18 管内砾石充填完井和裸眼砾石充填完井设备

砾石充填完井安装的第一步是建立筛管放置的基座。在套管完井中，最常见的基座是沉砂封隔器。沉砂封隔器通常在射孔之前通过电缆送入井内，并下放至计划最低射孔位置下方（5~10ft）的设定位置。这个设定位置到射孔位置下方的距离应超过密封装置和采油筛管重叠的长度，虽然砾石充填完井的基座的优选是沉砂封隔器，但是也有其他的选择比如桥塞或水泥塞。在裸眼完井中，可以设计沉砂口袋或测井通道，但这不是常规操作，在其他完井条件下是不可行的。因此，砾石充填完井筛管底部通常有一个堵头。常见的砾石充填完井的基座类型如图 2.19 所示。

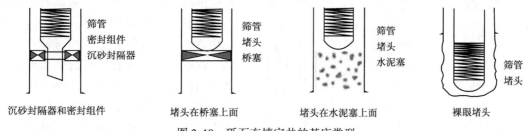

| 沉砂封隔器和密封组件 | 堵头在桥塞上面 | 堵头在水泥塞上面 | 裸眼堵头 |

图 2.19　砾石充填完井的基座类型

密封装置需要与沉砂封隔器密封筒建立密封性，以防止砾石充填期间砂粒填入井底。在多层砾石充填过程中，密封装置还可以起到隔层的作用。盲管的目的是为筛管上方提供一层砾石充填砂层，以确保在充填砾石沉降时，筛管可以完全被充填。在砾石充填期间，环空充填可能出现较小的空隙。实际上，砾石充填中用黏性凝胶运输流体通常会产生空隙，尤其是与筛管接头的盲管长度相反时。根据井偏斜角，在砾石充填后不久，充填砾石沉降会填充空隙。在砾石充填过程中，重要的是要有足够储备的砂砾，以免出现筛管顶部漏出。

当用盐水携带砾石时，砾石储备的长期指导原则是要与筛管顶部的盲管保持至少 30ft 的距离。当使用黏性流体时，对于较短的完井间隔，盲管的长度可能是筛管长度的两倍，当凝胶破裂时，容纳流体沉降。

剪切安全接头仅位于盲管的上方。它的顶部和底部由剪切螺钉连接。大多数砾石充填完井中都安装该设备，其有助于取回充填封隔器，砾石充填延伸段独立于盲管，可应对筛管紧急情况。

隔离阀是一个可以防止完井液漏失的机械装置，避免砾石充填完井作业时对地层造成伤害。在砾石充填期间，隔离阀通过砾石充填服务工具（通常为冲洗管）支撑其向下关闭阀一直保持打开状态。当服务工具移走时，向下关闭阀关闭，以防止流体漏失到地层。砾石充填服务工具也可以从井中和完井管段起出。当井生产时，隔离阀阀门会打开。或者，阀门由易碎材料组成，在井生产前，通过液压或机械方式将它击碎。

砾石充填延伸组件通常与砾石充填封隔器一起使用，其位于砾石充填封隔器的顶部，为封隔器上部的油管到封隔器下部的筛管/套管环空提供流过射孔短管或滑套的流动路径。

2.2.7　砾石充填服务工具

砾石充填服务工具是砾石充填必须要的设备。砾石充填后，将把它们从井中起出。在很多情况下，砾石充填设备类型决定了砾石充填所需的服务工具。

液压坐封工具有一个液压活塞，可以产生座封砾石充填封隔器所需的力。它一般安装在转换工具顶部，有一个衬肩紧贴封隔器坐封套筒。将坐封球放置在转换工具的球座上，用来堵住工作管柱的内径。工作管柱施加的压力作用在液压坐封工具的活塞上，以促使套筒向下压缩卡瓦和封隔器元件。当砾石充填组件工作时，特定工具可以实现旋转和高循环。

在砾石充填过程中，砾石充填转换工具可以创建多种循环流动路径。转换工具由一系列成型密封件组成，成型密封件围绕在工具中部下方的砾石充填端口和工具顶部附近的返回口。转换工具上中心管（冲洗管）设计与砾石充填封隔器连在一起。砾石充填封隔器允许流体从封隔器上方管柱越过直到封隔器下方的筛管/套管环空。如图2.20所示，砾石充填工具通常都有挤压、循环和反循环位置。

挤压位置位于密封件的返回口，它可以使泵入作业管柱的流体被迫进入地层。它可以用于砾石充填挤压处理或将酸处理注入地层中。循环位置通常位于转换工具上挤压位置上方约18in。循环位置与适当尺寸的冲洗管一起工作，以提供循环砾石充填砂的流动路径，以完全填充筛网/套管环空。流体从作业管柱流入转换工具，从砾石充填延伸出来，从筛管/套管环空向下进入筛管，再由冲洗管向上进入转换工具，并向上流到工作管柱/套管环空。

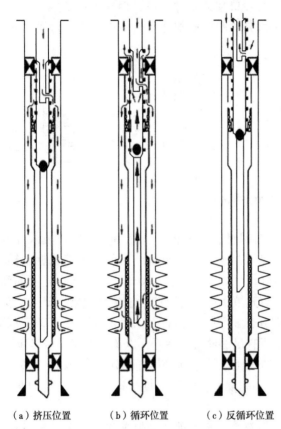

（a）挤压位置　（b）循环位置　（c）反循环位置

图2.20　砾石充填转换工具位置（Petro Wiki）

冲洗管在砾石充填工具内部盲管和筛管下方运行，以确保砾石充填载流体的回流循环点位于筛管底部。冲洗管有助于在筛管底部放置砾石充填砂，并从底部向上填充。冲洗管的末端应尽可能靠近筛管的底部。当砾石充填完成后，砾石充填转换工具设置成反循环位置，以便清除管柱中所有残留的砾石。

2.2.8　膨胀管技术

膨胀管技术已经成为油井不同阶段生命周期的重要组成部分。它可用于钻探、永久完井（裸眼或套管）、修井和增产。这有两种膨胀管完井设备，膨胀套管/尾管和膨胀筛管。

可膨胀管是钢管，无论是衬管还是筛管，在井下都具有增径的能力。膨胀可以通过高压液压或活塞式柱塞的机械力来实现。筛管更易于扩展，并且尺寸增大更灵活。图2.21所示是膨胀筛管直径放大前后的图片（Mohd Ismail 和 Geddes，2013）。密封套管和连通衬管

（衬管是与储层连通的套管，如割缝衬管或打孔衬管）可以在有限直径比范围内扩大。过度的膨胀会削弱管子的机械强度。

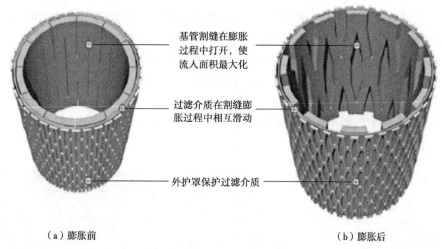

（a）膨胀前　　　　　　　　　　　　　　　（b）膨胀后

图 2.21　复合衬管膨胀前后 （Mohd Ismail 和 Geddes, 2013）

　　在水平井裸眼完井中割缝/打孔管很常见，其可建立流动路径并且强度足以保持井眼稳定性。衬管通常比井眼尺寸小一号 （例如，6in 的井眼通常会有 4.5in 的衬管）。对于水平井而言，这会导致环空流动，因为衬管将设置在井眼的下部，而井眼的顶部是开放流动的，如图 2.22 （a） 所示。由于环空流动面积小，流动速度一般较高。如果将衬管目的设置为防砂，这可能会成为一个严重的问题。储层出砂后高速水流会快速地冲蚀衬管。这种情况下，可以使用可膨胀衬管，膨胀后衬管可以填充井眼空间，从而消除环空流动 ［图 2.22 （b）］。

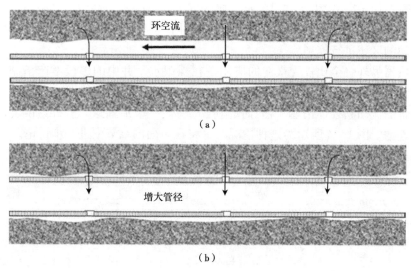

图 2.22　防砂用的膨胀管

2.2.9 管外封隔器

管外封隔器（ECP）与套管连接，其密封部分是由充液或可膨胀材料制成（图 2.23）。可膨胀管外封隔器在接触某些周围流体（例如油或固井液）时膨胀。膨胀封隔器就是 ECP 的一种。充液式的管外封隔器是由液压力胀封的。膨胀密封段长度可以从几英尺至 40ft。管外封隔器主要功能是隔离环空流动。也起到将衬管居中作用。该完井组件广泛用于水平井的隔段。管外封隔器的设计取决于使用目的和地层特征。大多数管外封隔器可以用于不规则形状的井眼，一些可膨胀管外封隔器能够承受 10000psi 的压差，从而提供可靠的隔离。高压差式的封隔器是很难回收的。如果封隔器放置在错误的位置，则无法解封，结果是需要钻/磨完井管柱。

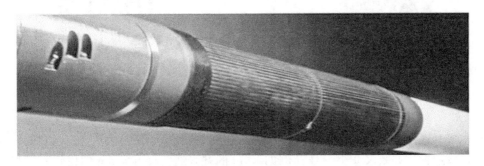

图 2.23　管外封隔器

膨胀封隔器和液压封隔器都是由合成材料做成，它们会随着周围环境的变化而膨胀。膨胀封隔器可自行设定。一旦周围条件达到设置条件（例如 pH 值），封隔器会膨胀到尾管和井眼空隙之间。从操作的角度来看，这很简单。当液体进入并作用密封活塞后液压封隔器坐封，与膨胀封隔器相比，其坐封时间更短、可控性更强。

管外封隔器用于完井/生产的目的是将尾管安装在裸眼水平井中。这阻止了流体在井眼和衬管之间环空的流动，并迫使流体进入井内，并仅在尾管内部流动。伴随着完井，可以对沿井眼流动的区域进行控制。

管外封隔器另外一个比较受欢迎的应用是在裸眼水平井中的多段增产措施。根据设计要求，可以沿着数百英尺相隔的尾管安装封隔器，以将井眼分隔成段。通过酸化或水力压裂，沿着衬管的流动路径（滑套、槽和预射孔）一段一段地输送。管外封隔器阻止了各级之间的环空连通。图 2.24 所示为这种情况。这将在后面的章节中进一步讨论。

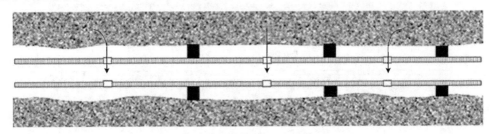

图 2.24　管外封隔器区域隔离

2.2.10　流入控制装置

流入控制装置（ICDs）设计是用于调整直井或水平井的流入分布，并控制流入剖面对井产能影响。对于直井，流入控制装置（ICDs）可以用于多级别渗透层段。对于水平井，流入控制装置可以校正水平段非均匀渗流的负面影响，或者消除由于井筒内摩擦压降造成根部区域生产不平衡。该技术在水平井中应用更普遍。

流入控制装置设计的原理是利用流动产生的附加压降来平衡沿井眼的储层的压降。流动产生的压降可以是摩阻压降或动压降。

摩阻压降：

$$\Delta p_{\mathrm{f}} = \frac{2f_{\mathrm{f}}u^2 L}{g_{\mathrm{c}}D} \tag{2.2}$$

式中，f_{f} 为雷诺数与管道粗糙度相关的摩擦因子；u 为流体速度；L 为流动路径长度；D 为流动路径直径。

动压降：

$$\Delta p_{\mathrm{KE}} = \frac{\rho\,(u_2{}^2 - u_1{}^2)}{2g_{\mathrm{c}}} \tag{2.3}$$

式中，ρ 为流体密度。

当流体速度发生改变时，会造成动压下降。两个压降均与流速 u^2 的平方成正比，且与流速 q 和流动截面积 A 有关，如

$$u = \frac{q}{A} \tag{2.4}$$

这表明流速越高或流动横截面面积越小，流入控制装置产生的压降将越高。沿着井眼，当储层非均质性或井结构设计使得流入剖面分布不均匀时，生产可能会出现问题。生产问题包括在沿井眼的高渗透率位置处早期产生不期望的流体，出砂，或者当摩阻压降过高时，会使得井底失去一部分生产层段。流入控制装置安装可以使井眼流体重新分配。例如，在水平井高渗透层，由于储层的流动阻力较小，因此其流入速率将高于渗透率较低的位置。如果流入控制装置被安装，且流体进入井眼时，会在井眼处产生附加压力。附加压力（或附加阻力）将减少该位置的流入量。

总之，流入控制装置具有阻止从储层向井筒回流的功能。因此，其可以在井眼周围产生均匀的流体分布。值得注意的是，流入控制装置不会增加流量的总体积。基于此原理，有很多不同类型的流入控制装置设计。

2.2.10.1　采用摩阻压降设计的流入控制装置

采用摩阻压降设计的流入控制装置是最早类型之一，它使用表面摩擦来产生压降。在中心管周围预切通道直径和长度的设计，会产生额外摩阻压降。图 2.25 所示为通道型流入控制装置。流入控制装置是用中心管周围的通道以及包裹在中心管外围的滤网来控制流量分布及防砂。箭头指示进入井眼时的流动路径。较长或较短的流径都会造成流速较低，从

而减少腐蚀和堵塞的机会。然而，摩阻产生压降的缺点是其会随着黏度增加，摩阻压降也会增加。产出原油的黏度高于产出水的黏度，致使流入控制装置更容易堵塞，这种现象人们不希望发生。因此黏度依赖性的流入控制装置不能在油井中应用。

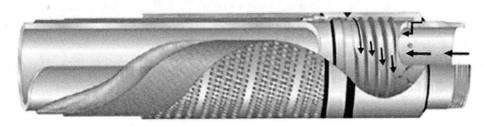

图 2.25　通道型流入控制装置（由斯伦贝谢提供）

2.2.10.2　采用动压降设计的流入控制装置

这种类型的流入控制装置对流量限制产生所需的动压降。在流体进入衬管之前，迫使其通过一组预先配置的小直径喷嘴或孔。通过调节速度变化有助于均衡流量分布。图 2.26 所示为喷嘴型的流入控制装置，图 2.27 所示为孔口型的流入控制装置。孔口型的流入控制装置与井口节流器具有相同的原理，都被用于控制井口的流量。通过这个类型的流入控制装置，压降会立即产生，它更多地取决于流体的密度和速度，而对黏度的影响则较小。对于油井产出烃的黏度高于水的黏度，这可能是一个优点。相反，流体速度决定了流入控制装置易于受到砂粒的侵蚀程度。

图 2.26　喷嘴性流入控制装置（Zhu，2011—2012）

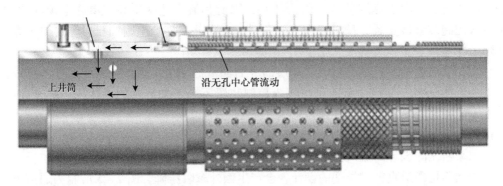

图 2.27　孔口型流入控制装置（根据 Birchenko 等的资料，于 2010 年修改）

2.2.10.3　自控制流入控制装置

自控制流入控制装置也称为 AICD。该设备用于多相流动条件下控制轻相流速。该设备内部包含了一个可移动或可旋转的圆盘，一个流入座和一个流出座。图 2.28 所示为自控流入控制装置的一种设计类型，并阐明了自控流入控制装置如何工作。盘的旋转或运转是由流速驱动的。当流速达到临界值时，圆盘开始旋转，使得产生的附加压降流向流动路径。附加压降使得圆盘进口侧的压力低于背面的压力。压差将会使得圆盘向出口座偏移以关闭流动路径。压降较少时（圆盘在低速条件下不会发生移动），自控流入控制装置允许较高黏度的流体流过。它适用于需要控制产水量的重油井或需要控制上方气顶产气量的油井。这种流入控制装置的优点是，限制仅在不需要的流体穿透之后才适用。原则上讲，只有高黏度流体在流动时，它不会产生附加压降。为了使自控流入控制装置正常运行，需要足够的黏度差。

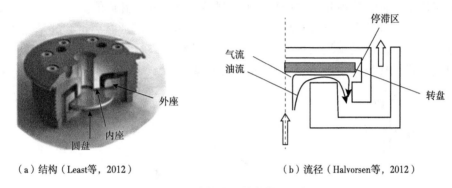

（a）结构（Least等，2012）　　　　　　（b）流径（Halvorsen等，2012）

图 2.28　自控流入控制装置机制

2.2.10.4　其他类型流入控制装置

流入控制装置有很多不同的形状如通道型、喷嘴型、孔口型或自控流入控制装置。最常用的是通道、孔口和喷嘴的组合。因为其可以将附加压降更均匀地分布，以避免尖端阻力。如图 2.29 所示这种流入控制装置就是在两个射孔眼的或开槽的基管之间简单地充填细纤维材料。填充材料的材质决定了流经该段时可产生的附加压力水平。这也可以用作防砂装置。

图 2.29　流入控制装置填充材料为纤维材质，可更均匀地分布附加压降（由斯伦贝谢提供）

重要的是，流入控制装置是基于储层初始条件评价及动态模拟预测在完井时安装的永久性工具。这些类型的工具大多是自适性，不可调整，且很难回收。一旦安装在井中，该装置将按设计功能运行，并保留在井的整个生命周期中。由于储层条件是动态的，因此选择正确的流入控制装置进行流量控制是很难的。流入控制装置的设计应考虑流体黏度，密度和速度会随时间发生变化，以免对生产造成负面影响。尽管流入控制装置的流量限制与第二功率的流率成线性比例（$D_p \propto q^2$），并且随着生产率的降低，该限制变小，很明显流入控制装置是井系统中的井下节流阀，并且过度设计的流入控制装置可能对生产有害。

2.2.11 流量控制阀

流量控制阀（ICV）是井下流量控制设备，旨在调节沿垂直或水平井眼的流量。它是智能完井的组成部分，它使用井下监控和井下流量控制来优化油井产能。

流量控制阀在设计上与流入控制阀根本不同。流量控制阀通常由滑套和平衡活塞组成，这些活塞由地面的液压控制线操作。一旦阀门无法液压移动，大多数市场的ICV还可通过钢丝工具进行机械移位，图2.30所示为流量控制阀。

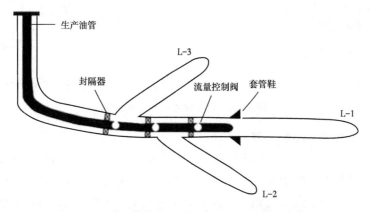

图 2.30 带有管外封隔器的多边流量控制阀完井

流量控制阀可以与ECP（管外封隔器）一起用于裸眼完井中，进行沿井眼分层。ICV安装在两个管外封隔器之间，可以独立调节每段的流量。图2.31表明管外封隔器和流量控

图 2.31 投球滑套（由 oilpro.com 提供）

制阀完井装置可用于分支井生产控制。当多余的液体开始进入井眼时，可以关闭某些部分。与流入控制阀相比，流量控制阀是用于井下流量调节更有效的控制方法。

2.2.12 机械滑套

机械滑动套筒用于在油管和套管环空之间建立连通。带槽孔的内管可通过钢丝工具和/或球在外衬管内部移动。当内管上的槽孔与外衬上的槽孔对齐时，在环形管和生产管之间被连通。当需要滑套关闭时，开位可通过反向移动换位到关位。用于多阶段水力压裂处理的压裂滑套就是这种工具的例子。图 2.31 显示了球阀是如何工作的。阀门被从地面泵送的球打开。当球到达阀座时，它会堵塞上面液体流动。泵送会增加滑套内部的压力，并触发滑套运动到开启位置。滑套与地层以这种方式建立连通。

2.3 完井设计原理

基于本章前面各节讨论，可了解完井的功能和工具的结构，以及每类完井是如何设计用于井生产。完井方式应根据钻井和生产井的储层特征来选择，且包括井的类型（生产、注入或可能交替），地层岩石特性（矿物学、性质、出砂、深度等），储层流动特性（渗透率、孔隙率、非均质性、温度、压力和厚度）以及流体特性（黏度、密度、气顶、含水层）。从每个完井的功能来看，表 2.2 初步给出了完井选择指南。

表 2.2 完井设计原理

功能	问题	完井
井筒稳定性	地层疏松，易坍地层，侵蚀/气腐蚀	套管/固井/射孔/裸眼割缝打孔衬管
油井流动效率	高表皮系数低渗透地层	酸压/支撑剂压裂/基质酸化/水力压裂
流动控制	储层屏障，水平井分段，分支井产层控制，水/气通道，窜流	套管/固井/带 ECP 的裸眼打孔衬管，带 ICD/ICV/AICD 裸眼衬管/带 ICD/ICV/AICD 套管固井完井
防砂	出砂	裸眼砾石充填完井、裸眼独立筛管完井、管内砾石充填完井、压裂充填完井

在实际生产中，问题会更复杂，且通常不是孤立存在。在油井投入生产/注入之前或在钻井之前进行完井设计，都很难确定油井流动未来面临的所有挑战。例如，储层非均质性在完井设计中起着重要作用，但它只能以统计方式进行评估，评估中总是存在高度不确定性。在目标储层中遇到多个问题时，通常会部署不同类型的完井组合。井内每个完井的安装，都会限制油藏的流量。过度完井设计会对井生产造成负面影响，应避免使用。

2.4 非常规储层面临的新挑战

石油和天然气工业发展到 21 世纪，油气资源开发相比早期更加复杂。之前被定义为没有经济可采储量的、低流动能力的非常规油气藏已经成为全球范围内油气生产新目标。钻探、完井和增产技术的进步，使得这场革命成为可能。

工业界已将"非常规"一词用于致密的砂岩和页岩地层。在本书中，非常规是相对于常规的一般理解。从式（2.1）可以看出，储层特性组组合系数 Kh/μ，通常称为地层流动系数，对流量 q，有很强的影响。很明显，流量 q，与地层流动系数 Kh/μ 成线性比例。非常规储层通常被定义为低渗透地层（渗透率范围从数百纳达西到 0.1mD）。非常规储层还包括具有较薄产层的油气藏（储层厚度范围在 10~40ft），或流体黏度为数百甚至高达数千厘泊（稠油）的油藏。井的配置和完井设计对非常规储层的开发起着非常重要的作用。本节将讨论每一个非常规储层案例面临的一些新挑战。

2.4.1　致密砂岩和页岩地层

相比页岩油气生产，致密砂岩有相对较长的生产史。随着 20 世纪 90 年代美国巴内特页岩气藏的突破，页岩地层的钻井、完井和增产活动迅速成为油气工业的重要组成部分，但这不仅限于美国。

对于低渗透油藏，常规的直井结构排液速度非常慢。成功开发的关键是延伸储层与井眼接触的距离。这可以通过以下方法实现：钻直井并进行水力压裂、钻水平井或多分支井、或钻水平井并沿井眼产生多条裂缝。对于低渗透地层（0.01~0.1mD），用直井压裂或钻水平井或许足以解决生产问题。

当目标储层的基质渗透率为 10^{-3}~10^{-4}mD（大多数页岩），靠直井压裂或钻水平井达不到经济开采。在致密砂岩和页岩地层中，水平钻井和沿水平井筒的多级压裂相结合是最常用的方法。压裂形成的裂缝表面积大小与井的产量有直接关系。储层的渗透率越低，人们对裂缝面积期望值越大。页岩储层的经济性开采，难点在于如何利用岩石的力学和流体特性在储层中形成有效的裂缝。页岩开发成功关键是完井。第 4 章将详细讨论水平井多级压裂。

2.4.2　稠油油藏

稠油油藏通常以垂直热注采方式开采。由于目标储层的流体黏度在数百或数千厘泊，标准垂直注采/生产方法效率极低。稠油开采新技术包括在双水平井进行蒸汽辅助重力驱（SAGD），在水平井上部和侧面注蒸汽，在水平井下部生产。另一种选择是在没有热力辅助情况下，是钻具有很多短分支的多分支井进行生产。对于成功生产来说，无论哪种情况，蒸汽和流体在沿水平分支分布都是一个问题。流量控制完井（ICV 或 ICD）用于均匀分配流量。大多数稠油稠问题不是渗透率低，而是出砂。防砂是完井设计中重要问题。在完井设计时，应记住需要考虑流量分配和防砂，它会限制流量，从而导致产量降低。相比常规油藏，稠油油藏生产比完井更为敏感。在完井设计中，应避免任何与流体黏度有关的压降限制。

2.4.3　薄油层

薄油层的产层厚度较小，在产层以上或含水层以下有很强的气顶。由于气和水相比油有更高的流动能力，一旦气和水早期突破，会危害井的生产。大多薄层井由于对产出气处理能力有限，不得不牺牲油产量。为了开采这类型井，必须将油藏产量控制为较小的值，因此，产量受到限制。水平井是开采薄层较好的选择。它增加了井眼与地层间的接触面积，从而提高了产量。即便水平井，也避免不了气和水的早期突破，这很有可能发生在井眼的底部。在这种情况下，完井设计可以有助于延迟井底突破。沿井眼安装 ICD 或 ICV，更有助于延迟井底突破。AICD 在薄油环储层中应用效果好，因为该装置会阻碍轻相（气相）流动，只有在轻相突破时才起作用。它对较高黏度相影响小。

2.4.4 海上开发

对于海上储层，特别是深水层，钻井和完井面临严酷的环境，高成本和高风险以及有限作业空间等挑战。深水钻完井价格昂贵，每口井造价多达数千万美元甚至上亿美元。大多数这些成本主要与钻机操作时间有关。因此，预防操作问题是关键。由于海上作业位置（平台或海床）有限，通常计划使用水平井或高斜度井，以节省钻井和完井成本，并在有限的作业空间下获得更多的储量。海上完井通常面临两个挑战，出砂和用于流入控制和水管理的区域隔离。

行业经验表明，压裂充填完井可为疏松砂层的储层提供有效的增产措施和可靠的防砂。海上防砂完井计划主要考虑因素之一是运营效率。在海上环境中，由多个目标区域组成的储层，对每个目标区叠层组独立完井，成本很高昂。压裂充填系统能够在一次起下钻期间隔离多个井段，并使用高速压裂组合进行处理，以减少钻井时间，使成本大大减少。

由于环境成本高昂，为了经济起见，海上油井需要较大的油藏接触面，高产和良好的可靠性。这导致海上完井作业都包含有流量控制阀和井下压力计。流量控制阀可以立即切断不需要的流体（水或气体），无须调动干预设备，在最坏的情况下，还可以使用钻机。流量控制阀可以更主动、更定期地管理储层，因此可以增加油气储量。

参 考 文 献

Adams, P. R., Davis, E. R., Hodge, R. M., Burton, R. E., Ledlow, L. B., Procyk, A. D., and Crissman, S. C. (2009, September 1). "Current State of the Premium Screen Industry; Buyer Beware. Methodical Testing and Qualification Shows You Don't Always Get What You Paid For," *Society of Petroleum Engineers*. doi: 10. 2118/110082-PA.

Ali, S. A., Falfayan, L., and Montgomery, C. (2016). "Acid Stimulation. SPE Monograph Series," Vol. 26, ISBN: 978-1-61399-426-9. *Society of Petroleum Engineers*.

Birchenko, V. M., Murradov, K. M., and Davies, D. R. (2010) "Reduction of the Horizontal Well's Heel-Tow Effect with Inflow Control Devices," *Journal of Petroleum Science and Engineering*. Elsevier.

Burton, R. C., Rester, S., and Davis, E. R. (1996, January 1). "Comparison of Numerical and Analytical Inflow Performance Modelling of Gravelpacked and Frac-Packed Wells," *Society of Petroleum Engineers*. doi: 10. 2118/31102-MS.

Burton, R. C., and Hodge, R. M. (1998, January 1). "The Impact of Formation Damage and Completion Impairment on Horizontal Well Productivity," *Society of Petroleum Engineers*. doi: 10. 2118/49097-MS.

Burton, R. C. (1999, December 1). "Use of Perforation-Tunnel Permeability to Assess Cased Hole Gravelpack Performance," *Society of Petroleum Engineers*. doi: 10. 2118/59558-PA.

Carter, N. , Hembling, D. , Salamy, S. P. , Qahtami, A. , and Jacob, S. (2006, January 1). "Swell Packers: Enabling Openhole Intelligent and Multilateral Well Completions for Enhanced Oil Recovery," *Society of Petroleum Engineers*. doi: 10. 2118/100824-MS.

Economides, M. J. , Hill, A. D. , Ehlig-Economides, C. , and Zhu D. (2012). *Petroleum Production Systems*, 2nd ed. , ISBN: 0-13-703158-0, Prentice Hall, NJ.

Furui, K. , Zhu, D. , and Hill, A. D. (2005, August 1). "A Comprehensive Model of Horizontal Well Completion Performance," *Society of Petroleum Engineers*. doi: 10. 2118/84401-PA.

Furui, K. , Fuh, G. -F. , Abdelmalek, N. A. , and Morita, N. (2010, December 1). "A Comprehensive Modeling Analysis of Borehole Stability and Production-Liner Deformation for Inclined/Horizontal Wells Completed in a Highly Compacting Chalk Formation," *Society of Petroleum Engineers*. doi: 10. 2118/123651-PA.

Halvorsen, M. , Elseth, G. , and Naevdal, O. M. (2012, January 1). "Increased Oil Production at Troll by Autonomous Inflow Control with RCP Valves," *Society of Petroleum Engineers*. doi: 10. 2118/159634-MS.

Least, B. , Greci, S. , Burkey, R. C. , Ufford, A. , and Wilemon, A. (2012, January 1). "Autonomous ICD Single Phase Testing," *Society of Petroleum Engineers*. doi: 10. 2118/160165-MS.

McLeod, H. O. (1983, January 1). "The Effect of Perforating Conditions on Well Performance," *Society of Petroleum Engineers*. doi: 10. 2118/10649-PA.

Mohd Ismail, I. , and Geddes, M. W. (2013, September 30). "Fifteen Years of Expandable Sand Screen Performance and Reliability," *Society of Petroleum Engineers*. doi: 10. 2118/166425-MS.

Nozaki, M. , Burton, R. C. , Pandey, V. J. , and Furui, K. (2017, October 9). "Lessons Learned from Evaluation of Frac-Pack Flow Performance Before and After Full Clean-up for Subsea Wells in High-Permeability Gas Reservoirs," *Society of Petroleum Engineers*. doi: 10. 2118/187227-MS.

Nierode, D. E. , and Kruk, K. F. (1973, January 1). "An Evaluation of Acid Fluid Loss Additives Retarded Acids, and Acidized Fracture Conductivity," *Society of Petroleum Engineers*. doi: 10. 2118/4549-MS.

NORSOK Standard D-010 rev. 3, Well Integrity in Drilling and Well Operations, August 2004.

Prats, M. (1961, June 1). "Effect of Vertical Fractures on Reservoir Behavior-Incompressible Fluid Case," *Society of Petroleum Engineers*. doi: 10. 2118/1575-G.

Procyk, A. D. , Jamieson, D. P. , Miller, J. A. , Burton, R. C. , Hodge, R. M. , & Morita, N. (2009, December 1). "Completion Design for a Highly Compacting Deepwater Field," *Society of Petroleum Engineers*. doi: 10. 2118/109824-PA.

Tronvoll, J. , Kessler, N. , Morita, N. , Fjær, A. , and Santarelli, F. J. "The Effect of Anisotropic Stress State on the Stability of Perforation Cavities," *International Journal of Rock Mechanics and Mining Sciences & Geomechanics Abstracts*, Volume 30, Issue 7, 1993, Pages 1085 - 1089, ISSN 0148-9062, http: //dx. doi. org/10. 1016/0148-9062 (93) 90075-O.

Van Everdingen, A. F. "The Skin Effect and Its Influence on the Productivity Capacity of a Well," *Trans. AIME* (1953), 198.

Veeken, C. A. M. , Wahleitner, L. P. , and Keedy, C. R. (1994, January 1). "Experimental Modelling of Casing Deformation in a Compacting Reservoir," *Society of Petroleum Engineers*. doi: 10. 2118/28090-MS.

Zhu, D. (2011-2012). Understanding the Roles of Inflow-Control Devices in Optimizing Horizontal Well Performance. SPE Distinguished Lecturer Program.

3 完井对近井筒区域流入性能影响

第 2 章介绍了油井完井工具及其辅助油井生产的功能。钻完井后，流体从储层到井眼的流动遵循完井定义的路径。该路径偏离了用于预测流动特征而假定的理想流动路线。例如，对于直井，流速是通过解析模型计算得到，或假设流体从储层到井筒满足径向流动，通过数值模拟得到。但是，当钻井后并对部分射孔产层完井时，流体会在接近井筒时汇聚到射孔段，而不是沿着理想流动路径流动。当流体偏离理想流动路径，或发生任何渗透率变化时，都会产生附加压降。在石油工程领域，这种附加压降可以用表皮系数来描述，此时的表皮系数为正值。

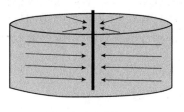　　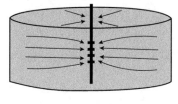

（a）理想流动路径　　　　　　　　　　　　　　（b）实际流动路径

图 3.1　完井中流动路径变化产生附加压降示意图

另一方面，当通过增产措施（酸化或压裂）使得储层近井区的原始渗透率增加时，井的流动能力提高可以用负表皮系数来表示。与直井相比，斜井与储层接触面积更大，而在一定压差下，接触面积的增加可以提高流体流速。这种效应也可以通过负表皮系数来解释。

在钻完井后，完井和生产工程师了解井流动性的重要参数是表皮系数，它是使油井达到最佳工况的基点。

表皮效应有两种类型：地层伤害表皮效应和机械表皮效应。在钻井、完井、生产乃至增产改造过程中，地层伤害表皮效应可反映井筒附近区域的渗透率变化。机械表皮效应主要是由流动路径改变引起的。这可以通过井结构（例如，部分产层完井）或单一完井（当射孔时，流动路径仅限于射孔）等方式体现。图 3.2 总结了在钻井、完井和作业期间所有相关的表皮系数。

表皮系数通常是通过试井估算得到。试井分析通过改变流速（增加、减少或关井）引起瞬态压力变化进而估算储层参数，如渗透率、初始储层压力和表皮系数。通过试井分析估算的表皮系数是所有表皮系数的组合。油井性能诊断的第一步是了解表皮系数的成因。本章将先介绍如何计算各组成部分的表皮系数，然后讨论表皮系数对油井性能的交互影响。

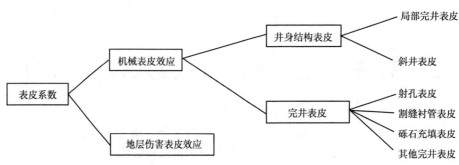

图 3.2　近井筒或井眼结构中渗透率变化产生不同表皮系数

3.1　地层伤害表皮系数

地层伤害表皮系数描述了近井区域渗透率降低的现象。渗透率降低原因包括钻井液或完井液侵入、钻井液或完井液积聚形成滤饼以及生产过程中的微粒迁移和固体沉淀。不管完井效果如何，地层伤害在任何井中都可能发生。裸眼完井中，流动路径不会偏离理想状态，造成表皮系数的唯一因素就是地层伤害。

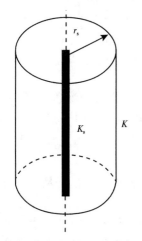

图 3.3　地层伤害参数描述

3.1.1　直井伤害表皮系数

Hawkins 公式（Hawkins，1956）是估算伤害表皮系数的常用公式。在半径为 r_s 的区域（图 3.3），井眼半径为 r_w 的某井，其储层泄油半径为 r_e，当地层原始渗透率从 K 降低为 K_s 时，则伤害表皮系数通过公式（3.1）计算。

$$S_d = \left(\frac{K}{K_d} - 1\right)\ln\left(\frac{r_s}{r_w}\right) \tag{3.1}$$

式（3.1）中描述储层伤害程度的两个重要参数分别为伤害渗透率 K_s 和伤害半径 r_s，这两个参数在钻井之前难以测量或估计。具有多个不同传感范围功能的测井工具，可以用于测量不同地层深度的电阻率。如果伤害区域在浅层传感区范围内，可以检测到电阻率变化，进而估算出伤害的深度。从生产测试中校准伤害表皮系数也有助于估算伤害程度。其他方法，如用瞬态温度响应，可以用于解释伤害区域半径和伤害渗透率（Sui 等，2008）。

【例 3.1】钻一口井眼半径 r_w 为 0.4ft 的井后，会产生一个伤害区域。假设损害区域渗透率（K_s）降低为原始渗透率的 10%，并且伤害区域从井壁延伸到距井壁 1ft，伤害表皮系数是多少？

求解：在 Hawkins 方程中，r_s 是伤害区域半径，应从井系统的中心算起，有

$$r_s = r_s + r_w = 1 + 0.4 = 1.4 \text{（ft）} \tag{3.2}$$

$$S_d = \left(\frac{K}{K_s}-1\right)\ln\left(\frac{r_s}{r_w}\right) = \left(\frac{K}{0.1K}-1\right)\ln\left(\frac{1.4}{0.4}\right) = 11.3 \tag{3.3}$$

3.1.2　水平井伤害表皮系数

对于水平井，伤害表皮系数是沿井眼位置的函数。这是因为与趾端相比，跟端地层暴露在钻井液（完井液等）中的时间更长。与趾端相比，水平井跟端伤害半径更大。由于井眼表面滤饼的形成，钻井液（完井液等）向地层中的滤失减缓。相比直井，水平井中钻井液（完井液等）与储层接触时间更长，由于存在非均质性，沿着井筒产生的伤害也不同。渗透率越高，伤害越大。伤害区域半径分布不易描述，尤其当沿井眼的渗透率有变化的时候。水平和垂直方向渗透率各向异性使水平井剖面的伤害评价变得更加复杂。钻井液或完井液往往在高渗透率方向上侵入较深，一般是在水平方向。为了建立水平井伤害表皮系数的计算方法，可以做一些假设来简化沿水平井筒的伤害。假设地层均匀但各向异性；假设在井筒垂直方向的横截面伤害区域呈椭圆形，长轴与高渗透方向一致；假设沿井眼方向伤害区域呈圆锥形。图3.4阐述了水平井中地层伤害的概念。

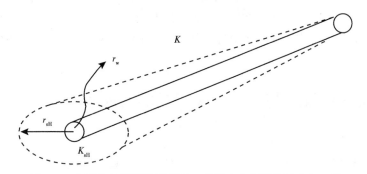

图3.4　水平井伤害区呈椭圆形，长轴方向与高渗透方向一致

渗透率各向异性比定义为 I_{ani}：

$$I_{ani} = \sqrt{\frac{K_H}{K_V}} \tag{3.4}$$

假设均质油藏沿井眼的渗透率是个常数，则水平井伤害表皮系数为（Furui 等，2003）

$$S = \left(\frac{K_H}{K_{sH}}-1\right)\ln\left[\frac{1}{I_{ani}+1}\left(\frac{r_{sH}}{r_w}+\sqrt{\frac{r_{sH}^2}{r_w^2}+I_{ani}^2-1}\right)\right] \tag{3.5}$$

对于均质储层，K_H 等于 K_V（I_{ani} 等于1），式（3.5）简化为式（3.1）。与直井一样，K_{sH} 和 r_{sH} 在现场很难测量。

式（3.5）给出了最简单的估算表皮系数方法，其假设所有描述伤害的参数都是定值。对于非均质储层，地层原始渗透率、伤害后渗透率以及伤害后半径都是沿井眼位置的函数。局部伤害表皮系数的更通用的方程式为

$$S(x) = \left[\frac{K}{K_{sH}(x)} - 1\right] \ln\left\{\frac{1}{I_{ani}+1}\left[\frac{r_{sH}(x)}{r_w} + \sqrt{\frac{r_{sH}^2}{r_w^2} + I_{ani}^2 - 1}\right]\right\} \quad (3.6)$$

井眼长度为 L 的等效表皮系数：

$$S_{eq} = \frac{L}{\int_0^L \{\ln[h/(2r_w)] + S(x)\}^{-1}dx} - \ln\left(\frac{h}{2r_w}\right) \quad (3.7)$$

【例 3.2】对于水平井，如果渗透率各向异性比为 3.16（$K_H/K_V = 10$），r_{sH} 为 1.4ft，未伤害渗透率与伤害渗透率的比 K_H/K_{sH} 为 10，r_w 为 0.4ft，此时表皮系数是多少？

求解：采用（3.5）解决，r_{sH} 和 r_w 单位为 ft。

$$S = (10-1)\ln\left[\frac{1}{3.16+1}\left(\frac{1.4}{0.4} + \sqrt{\frac{1.4^2}{0.4^2} + 3.16^2 - 1}\right)\right] = 6 \quad (3.8)$$

从这个例子可以得出，在伤害程度相同情况下，水平井表皮系数小于直井（例 3.1，$S = 11.3$）。原因是水平和垂直方向上渗透率呈各向异性。一般情况下，垂直方向上的 r_{sV} 的伤害半径小于 r_{sH}（图 3.4），且垂直方向伤害深度相比水平方向更小，这仅仅适用于局部表皮系数。也可认识到水平井与储层接触长度远大于直井，这也导致表皮系数对水平井流动影响小于直井。

3.2 机械表皮系数（与井身结构相关的表皮系数）

井身结构相关的表皮系数主要有两个部分：部分完井表皮系数和定向井表皮系数（斜井表皮系数）。当完井没有覆盖整个产层时，部分完井表皮系数就会出现。这种情况下，表皮系数是正值。斜井表皮系数是偏离直井的表皮系数，是负值。原因是定向井与储层接触面积会更大。

3.2.1 部分完井表皮系数

当一口井是部分完井，产层流体接近井眼时，将汇聚流向完井段。这种汇聚会导致对原始理想路径产生两个改变。首先，当流体流向未完井区域时必然转向流向已完井的区域。相比整个产层都打开，这将会导致流动路径更长。其次，当流体汇聚到井眼打开区域时，垂直流动会受到水平渗透率和垂直渗透率的共同影响，而在完全完井的情况下仅仅水平渗透率起作用。由于垂向渗透率通常小于水平渗透率，这使得流动更加困难。对于部分完井的井来说，与全井段完井相比，流动通道和渗透率的改变都需要额外的压降才能达到相同的流量。在这种情况下，提出了部分完井表皮系数，用以描述附加压降的影响。

Papatzacos（1987）提出了一个非均质渗透率储层部分完井模型。图 3.5 给出了该模型的几何结构。部分完井表皮系数计算公式为

$$S_c = \left(\frac{1}{h_{wD}} - 1\right)\ln\frac{\pi}{2r_D} + \frac{1}{h_{wD}}\ln\left(\frac{h_{wD}}{2+h_{wD}}\sqrt{\frac{A-1}{B-1}}\right) \quad (3.9)$$

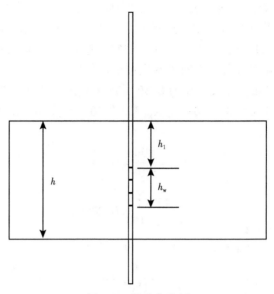

图 3.5　部分完井例

上述方程中的参数 A 和 B 定义为

$$A = \frac{1}{h_{1D} + \dfrac{h_{wD}}{4}} \qquad (3.10)$$

$$B = \frac{1}{h_{1D} + \dfrac{3h_{wD}}{4}} \qquad (3.11)$$

而无量纲变量是

$$h_{wD} = \frac{h_w}{h} \qquad (3.12)$$

$$r_D = \frac{r_w}{h}\sqrt{\frac{K_V}{K_H}} \qquad (3.13)$$

$$h_{1D} = \frac{h_1}{h} \qquad (3.14)$$

在上式中，r_w 为井眼半径，h 为产层厚度，h_w 为完井层厚度，K_H 为水平渗透率，K_V 为垂直渗透率。h_1 是完井区域顶部到生产层顶部的距离（图 3.5）。以上方程式计算时单位需一致。

该模型简明直接。完井区域可以位于生产层任何位置。部分完井表皮系数模型与完井类型无关。无论一口井完井方式是固井、射孔完井还是割缝衬管完井，只要完井不覆盖整个产层，部分完井表皮系数就可以应用。通过增加完井段长或整个产层全部完井能够减少或消除部分完井表皮系数。有时根据储层特性需要部分完井。例如，当储层底水较强时，为避免早期水突破，完井往往位于生产层顶部。尽管部分完井会降低出油率，但是这样设计是为了更好进行生产管理（并且在现场应用非常普遍）。当一口井计划部分完井时，应先进行表皮计算，以确保部分完井不会对油井生产造成伤害。

【例 3.3】地层厚 150ft，井眼半径为 0.4ft。完井覆盖了 80ft 的生产层，覆盖位置从地层顶部开始。水平和垂直方向的渗透率比 K_H/K_V 为 10。计算部分完井表皮系数。

求解：

$$h_{wD} = \frac{80\text{ft}}{150\text{ft}} = 0.53 \tag{3.15}$$

$$r_D = \frac{0.4\text{ft}}{150\text{ft}} \sqrt{\frac{1}{10}} = 0.00084 \tag{3.16}$$

因为完井是从生产层顶部开始的，则 $h_1 = 0\text{ft}$，那么

$$h_{1D} = \frac{0}{150\text{ft}} = 0 \tag{3.17}$$

使用无量纲参数

$$A = \frac{1}{0 + \dfrac{0.53}{4}} = 7.6 \tag{3.18}$$

$$B = \frac{1}{0 + \dfrac{3 \times 0.53}{4}} = 2.5 \tag{3.19}$$

部分完井表皮系数为

$$S_C = \left(\frac{1}{0.53} - 1\right) \ln \frac{\pi}{2 \times 0.00084} + \frac{1}{0.53} \ln\left(\frac{0.53}{2 + 0.53} \sqrt{\frac{7.6 - 1}{2.5 - 1}}\right) = 5.1 \tag{3.20}$$

3.2.2 斜井表皮系数

当井斜角为 a 的井眼穿过渗透带时，与垂直钻井相比，井眼与生产层接触增加。这种接触增加会对储层到井筒流动产生影响。这种影响，通过斜井表皮系数包含在流入关系中。斜井表皮系数有很多种计算模型，本文采用 Besson（1990）提出的模型来阐述斜井表皮系数。对于均质储层：

$$S_\theta = \ln\left(\frac{4r_w \cos\alpha}{h}\right) + \cos\alpha \ln\left(\frac{h}{4r_w \sqrt{\cos\alpha}}\right) \tag{3.21}$$

对于水平渗透率为 K_H，垂直渗透率为 K_V 的非均质储层：

$$S_\theta = \ln\left[\frac{1}{I_{ani}\gamma}\left(\frac{4r_w \cos\alpha}{h}\right)\right] + \frac{\cos\alpha}{\gamma} \ln\left[\frac{2I_{ani}\sqrt{\gamma}}{1 + \dfrac{1}{\gamma}}\left(\frac{h}{4r_w \sqrt{\cos\alpha}}\right)\right] \tag{3.22}$$

这里

$$\gamma = \sqrt{\frac{1}{I_{ani}^2} + \cos^2\alpha\left(1 - \frac{1}{I_{ani}^2}\right)} \tag{3.23}$$

I_{ani} 由式（3.4）定义。

【例 3.4】对于例 3.3 中的井，如果井偏离垂直方向 30°时，斜井的表皮系数是多少？

对于非均质储层，斜井表皮系数可通过式（3.22）计算。先通过式（3.22）计算参数 γ。

$$\gamma = \sqrt{\frac{1}{10} + \cos^2 30°\left(1 - \frac{1}{10}\right)} = 0.88 \tag{3.24}$$

从渗透率比率来看，

$$I_{ani} = \sqrt{10} = 3.16 \tag{3.25}$$

斜井表皮系数为

$$S_\theta = \ln\left[\frac{1}{3.16 \times 0.88}\left(\frac{4 \times 0.4\cos30°}{150}\right)\right] + \frac{\cos30°}{0.88}$$

$$\ln\left(\frac{2 \times 3.16\sqrt{0.88}}{1 + \frac{1}{0.88}}\frac{150}{4 \times 0.4\sqrt{\cos30°}}\right) = -0.2 \tag{3.26}$$

如前所述，斜井表皮系数始终为负值，一般情况下，该数值都很小，除非井斜角非常大。当这两种结构表皮系数都存在于完井当中时，可以简单累加处理。对于例 3.3 和例 3.4，组合表皮系数（5.1-0.2）为 4.9。表 3.1 所示的是例 3.3 和例 3.4 中表皮系数随完井区域和井斜角变化的值。完井区域从 50ft 到 150ft（完全完井），完井位置从顶部到中部，偏移角从垂直（0°）到 45°。从上述表中可以看到，对于相同地层，组合表皮系数从 11.2 变为-0.44，这取决于完井方式的选择。直井（$\alpha = 0°$）完井区域在顶部 50ft 或底部 50ft 的表皮系数最高。部分完井表皮系数模型没有考虑重力效应，且部分完井表皮效应在垂直方向上是对称的。换句话说，储层顶部 50ft 完井和底部 50ft 完井的表皮系数一样。

表 3.1　部分完井和斜井的表皮系数

位置	偏移角，（°）			
	0	15	30	45
50ft/顶部	11.20	11.10	11.00	10.70
50ft/中部	10.23	10.19	10.07	9.79
100ft/顶部	2.89	2.85	2.73	2.45
100ft/中部	2.73	2.69	2.56	2.28
150ft	0	-0.04	-0.17	-0.44

3.3 机械表皮系数（与完井相关的表皮系数）

所有与完井相关的表皮系数可以分为两种，一种是与流动相关的表皮系数，另一种是与流动无关的表皮系数。对于大多数油井，与流动相关的表皮系数很小，与流动无关的表皮系数是主要的。当井的流体流速高时（高产的油井和气井），与流动有关的表皮系数就变得很重要。流动表皮系数很可能是流速（流量）的非线性函数，这使得流动建模变得更复杂。本节重点关注不同完井类型中与流动无关的表皮系数。与流动相关的表皮系数，读者可以参考 Furui 的著作（Furui，2004）。

3.3.1 下套管，固井和射孔

当井眼下套管、固井和射孔时，流动路径将会发生变化。受到射孔的影响，完井区域的渗透率很有可能发生改变。射孔完井的参数包括射孔长度 l_{perf}，射孔半径 r_{perf}，射孔密度 SPF 和射孔相位 θ。如果射孔是对称的，射孔密度是射孔孔眼之间垂直距离的倒数。如图 3.6 所示是射孔完井的几何形状及其参数。

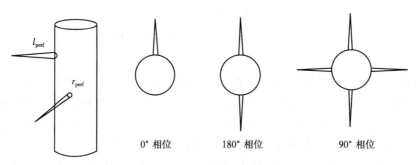

0° 相位　　　　　180° 相位　　　　　90° 相位

图 3.6　完井几何参数

3.3.1.1 直井模型

直井的射孔表皮系数由三部分组成：水平面内汇流面积表皮系数 S_{H}，垂直面上的汇流面积表皮系数 S_{V} 和井眼堵塞引起的汇流面积表皮系数 S_{wb}。射孔表皮系数表示为（Karakas 和 Tariq，1991）：

$$S_{\text{p}} = S_{\text{H}} + S_{\text{V}} + S_{\text{wb}} \tag{3.27}$$

上述方程式中每个分量计算如下。水平方向的表皮系数组成是

$$S_{\text{H}} = \ln \frac{r_{\text{w}}}{r'_{\text{w}}(\theta)} \tag{3.28}$$

井眼有效半径 $r'_{\text{w}}(\theta)$ 是相位角 θ 的函数

$$r'_{\text{w}}(\theta) = \begin{cases} \dfrac{l_{\text{perf}}}{4}, & \theta = 0° \\[2mm] a_{\theta}\ (r_{\text{w}} + l_{\text{perf}}), & \theta \neq 0° \end{cases} \tag{3.29}$$

为了计算 S_V，基于射孔参数定义了两个无量纲变量：

$$h_D = \frac{h_{perf}}{l_{perf}} I_{ani} \qquad (3.30)$$

和

$$r_D = \frac{r_{perf}}{2 h_{perf}} \left(1 + \frac{1}{I_{ani}}\right) \qquad (3.31)$$

上述方程中，I_{ani} 由式（3.4）定义。垂直方向上的表皮系数组成是

$$S_V = 10^a h_D^{b-1} r_D^b \qquad (3.32)$$

这里

$$a = a_1 \lg r_D + a_2 \qquad (3.33)$$

$$b = b_1 r_D + b_2 \qquad (3.34)$$

为了计算 S_{wb}，首先定义一个无量纲参数 r_{wD}：

$$r_{wD} = \frac{r_w}{l_{perf} + r_w} \qquad (3.35)$$

并使用此参数

$$s_{wb} = c_1 e^{c_2 r_{wD}} \qquad (3.36)$$

上述方程中，方程 3.29 中常数 a_θ，方程 3.33 中 a_1 和 a_2，式（3.34）中 b_1 和 b_2，式（3.35）中 c_1 和 c_2 都是与射孔相位相关的，这些参数的值见表 3.2。

表 3.2 射孔表皮系数模型中常数

射孔相位	a_θ	a_1	a_2	b_1	b_2	c_1	c_2
0°（360°）	0.250	−2.091	0.0453	5.1313	1.8672	1.6×10^{-1}	2.675
180°	0.500	−2.025	0.0943	3.0373	1.8115	2.6×10^{-2}	4.532
120°	0.648	−2.018	0.0634	1.6136	1.7770	6.6×10^{-3}	5.320
90°	0.726	−1.905	0.1038	1.5674	1.6935	1.9×10^{-3}	6.155
60°	0.813	−1.898	0.1023	1.3654	1.6490	3.0×10^{-4}	7.509
45°	0.860	−1.788	0.2398	1.1915	1.6392	4.6×10^{-5}	8.791

来源：Karakas 和 Tariq（1991），获得许可使用。

【例 3.5】一口井采用套管固井和射孔完井。射孔相位为 180°，射孔半径 r_{perf} 为 0.25in，长度 l_{perf} 为 8in（0.667ft），射孔密度为 2SPF（$h_{perf} = 0.5$）。如果井眼半径 r_w 为 0.4ft，水平和垂直方向的渗透率比 K_H / K_V 为 10，那么由射孔引起的表皮系数是多少？

通过表 3.2 可得知，当射孔相位为 180°，则 $a_\theta = 0.5$，$a_1 = -2.025$，$a_2 = 0.0943$，$b_1 = 3.0373$，$b_2 = 1.8115$，$c_1 = 0.026$，$c_2 = 0.532$。水平表皮系数为

$$r_w'(\theta) = 0.5 (0.4 + 0.667) = 0.53 \qquad (3.37)$$

$$S_H = \ln\frac{0.4}{0.53} = -0.29 \qquad (3.38)$$

为计算 S_V，我们首先计算两个无量纲参数

$$h_D = \frac{0.5}{0.667} \times 3.16 = 2.4 \qquad (3.39)$$

$$r_D = \frac{0.25}{2 \times 0.5 \times 12}\left(1 + \frac{1}{3.16}\right) = 0.027 \qquad (3.40)$$

$$a = -2.025\lg 0.027 + 0.0943 = 3.27 \qquad (3.41)$$

$$b = 3.0373 \times 0.027 + 1.8115 = 1.89 \qquad (3.42)$$

因此

$$S_V = 10^{3.27} 2.4^{0.89} 0.027^{1.89} = 4.3 \qquad (3.43)$$

为计算 S_{wb}，我们首先计算无量纲参数：

$$r_{wD} = \frac{0.4}{0.667 + 0.4} = 0.375 \qquad (3.44)$$

井眼堵塞表皮系数是

$$S_{wb} = 0.026e^{4.532 \times 0.375} = 0.14 \qquad (3.45)$$

这种情况下，射孔表皮系数是

$$S_p = -0.29 + 4.3 + 0.14 = 4.2 \qquad (3.46)$$

值得注意的是，纵向汇聚效应是射孔表皮系数主要组成部分。射孔表皮系数可以为正值或负值。射孔越长，射孔半径越大，射孔密度越高，射孔表皮系数越低，甚至出现负表皮系数。有时射孔设计会受到生产作业策略的限制。例如，在增产作业中，酸化和压裂成功的关键是注入速度。限流理念建议小射孔密度（低至 0.1SPF）。在设计射孔时，应综合考虑油井作业（完井、生产/注入和增产），并检查射孔表皮系数，以确保达到最佳性能。

3.3.1.2 水平井模型

对于水平井，当渗透率场为各向异性时，射孔表皮系数受射孔方向的影响。如果假设水平方向渗透率高于垂直方向的渗透率，如图 3.7 所示，垂直方向的射孔允许流体从渗透

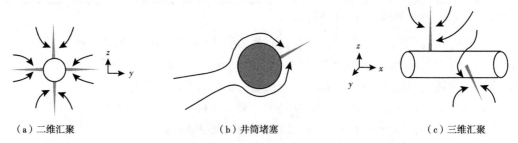

（a）二维汇聚　　　　　　　　（b）井筒堵塞　　　　　　　　（c）三维汇聚

图 3.7　水平井射孔表皮系数组成：二维汇聚、井筒堵塞和三维汇聚组成

率更高的方向流动（即水平渗透率方向），因此水平井应优选该方向上的射孔完井。而只有射孔相位为 0°或 180°时（井筒横截面积内有一个或两个射孔）这种方向效应才显著。射孔在井眼周围的分布越均匀，射孔的方向效应越弱。

为计算射孔定向效应，Furui 等（2008）用新参数 a 修改了 Karakas 和 Tariq 的水平井模型。

$$S_p = S_{2D} + S_{wb} + S_{3D} \tag{3.47}$$

在上述方程中，S_{2D} 解释了 $y—z$ 平面上的流动收敛性。表皮系数可以为正也可以为负，这主要取决于射孔条件和储层各向异性。对于（射孔相位为 0°或 180°）一个或两个射孔：

$$S_{2D} = a_m \ln \frac{4}{l_{pD}} + (1 - a_m) \ln \frac{1}{1 + l_{pD}} + \ln \left(\frac{\sqrt{K_y/K_z} + 1}{2 \left[\cos^2 \alpha + (K_y/K_z) \sin^2 \alpha \right]^{0.5}} \right) \tag{3.48}$$

射孔相位为 120°或 90°

$$S_{2D} = a_m \ln \left(\frac{4}{l_{pD}} \right) + (1 - a_m) \ln \left(\frac{1}{1 + l_{pD}} \right) \tag{3.49}$$

式中

$$l_{pD} = l_p / r_w \tag{3.50}$$

井眼堵塞 S_{wb} 对井筒表皮系数存在影响（流体必须沿着井眼流动以便找到射孔），且对任何条件下射孔都是有利的。井眼堵塞表皮系数方程为

$$S_{wb} = b_m \ln \left[c_m / l_{pD,eff} + \exp (-c_m / l_{pD,eff}) \right] \tag{3.51}$$

有效无量纲射孔长度 $l_{pD,eff}$ 是射孔相位的函数。射孔相位为 0°

$$l_{pD,eff} = l_{pD} \left[\frac{(K_y/K_z) \sin^2 \alpha + \cos^2 \alpha}{(K_y/K_z) \cos^2 \alpha + \sin^2 \alpha} \right]^{0.675} \tag{3.52}$$

如果射孔相位 180°，则

$$l_{pD,eff} = l_{pD} \left[\frac{1}{(K_y/K_z) \cos^2 \alpha + \sin^2 \alpha} \right]^{0.625} \tag{3.53}$$

射孔相位为 120°和 90°时

$$l_{pD,eff} = l_{pD} \tag{3.54}$$

3D 汇聚表皮系数相关的方程考虑了储层各向异性和射孔方向 α，

$$S_{3D} = 10^{\beta_1} h_D^{\beta_2 - 1} \gamma_{pD}^{\beta_2} \tag{3.55}$$

式中

$$\beta_1 = d_m \lg \gamma_{pD} + e_m \tag{3.56}$$

$$\beta_2 = f_m \gamma_{pD} + g_m \tag{3.57}$$

射孔相位为 0°和 180°

$$h_D = \frac{h}{l_p \sqrt{(K_x/K_z) \sin^2 \alpha + (K_x/K_y) \cos^2 \alpha}} \tag{3.58}$$

$$\gamma_{pD}=\frac{\gamma_p}{2h}\left[\cos\ (\alpha''-\alpha')\ \sqrt{\left(\frac{K_x}{K_y}\sin^2\alpha+\frac{K_x}{K_y}\cos^2\alpha\right)}+1\right] \tag{3.59}$$

式中

$$\alpha'=\arctan\left(\sqrt{\frac{K_y}{K_x}}\tan\alpha\right) \tag{3.60}$$

$$\alpha''=\arctan\left(\sqrt{\frac{K_z}{K_y}}\tan\alpha\right) \tag{3.61}$$

射孔相位为 120°和 90°

$$h_D=\frac{h}{l_p}\left(\frac{\sqrt{K_yK_z}}{K_x}\right)^{0.5} \tag{3.62}$$

$$r_{pD}=\frac{r_p}{2h}\left[\left(\frac{K_x}{\sqrt{K_yK_z}}\right)^{0.5}+1\right] \tag{3.63}$$

表 3.3 将把式（3.47）和式（3.57）中 a_m、b_m、c_m、d_m、e_m、f_m 和 g_m 数值列出。射孔数量是由每个井眼截面积决定的。例如，射孔相位为 0°对应射孔数量 $m=1$，射孔相位为 180°，对应射孔数量 $m=2$，以此类推。

表 3.3　水平井射孔表皮系数模型中的常数

m	a_m	b_m	c_m	d_m	e_m	f_m	g_m
1	1	0.9	2	−2.091	0.0453	5.1313	1.8672
2	0.45	0.45	0.6	−2.025	0.0943	3.0373	1.8115
3	0.29	0.2	0.5	−2.018	0.0634	1.6136	1.777
4	0.19	0.19	0.3	−1.905	0.1038	1.5674	1.6935
>4	0	0	0				

3.3.2　割缝衬管完井

割缝衬管的表皮系数是基于割缝的几何形状计算的。割缝是围绕衬管圆周排列（图 3.7）。割缝可以成组（多个）或独立（单个）作为一个单元排列。割缝单元可以对齐（在一条直线上）或彼此偏移（交错）。最常用的割缝类型是一个单元中有多个割缝的交错样式（多个交错割缝）。从流动汇聚出发，多重交错设计产生表皮系数最小。对于成列的割缝衬管，割缝衬管表皮系数 S_{SL} 是以下参数的函数，包括：缝宽 w_s 的函数，缝长是 l_s，围绕衬管圆周长的缝（或缝单元）数量 m_s，缝深比 I（定义为单位管长度内缝长度），单元缝中缝的数量 n_s，缝单元宽度 w_{sj} 和井筒半径 r_w。所有参数都在图 3.8 标出。

割缝衬管完井表皮系数由储层到井筒的径向流动收敛以及且流经割缝衬管时的流动收敛所造成。表皮系数可以表示为

$$S_{SL}=S_{SL,r}+S_{SL,1} \tag{3.64}$$

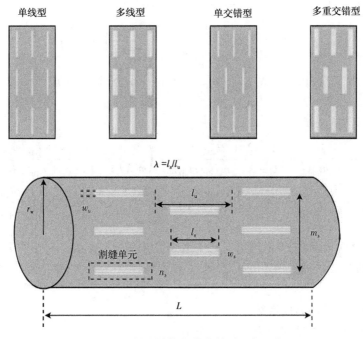

图 3.8　割缝衬管完井参数及几何形状

下标 l 和 r，分别表示为缝的线性流和衬管外部的径向流动。

$$\lambda = \frac{l_s}{l_u} \qquad (3.65)$$

无量纲缝的单位长度 r 为

$$r = \frac{l_u}{2r_w} \qquad (3.66)$$

无量纲缝长 L_{SD} 为

$$l_{sD} = \frac{l_s}{r_w} \qquad (3.67)$$

无量纲缝宽 w_{SD} 为

$$w_{sD} = \frac{w_s}{r_w} \qquad (3.68)$$

无量纲单位宽度 w_{UD} 为

$$w_{uD} = \frac{w_u}{r_w} \qquad (3.69)$$

几何参数 ν 定义为

$$\nu = \begin{cases} \sin\left(\dfrac{\pi}{m_s}\right) & 当\ m_s \neq 1\ 时 \\ 1.5 & 当\ m_s = 1\ 时 \end{cases} \qquad (3.70)$$

对于高缝深比（$\gamma<\nu$），割缝衬管的表皮系数 $S_{SL,r}$ 径向分量 r 为

$$s_{SL,r} = \left(\frac{2}{n_s m_s \lambda}\right)\ln\left(\frac{1-\lambda+2l_{sD}/w_{sD}}{1-\lambda+n_s l_{sD}/w_{uD}}\right) + \left(\frac{2}{m_s}\right)$$

$$\left[\frac{1}{\lambda}\ln(1-\lambda+l_{sD}/w_{uD}) + \ln\left(\frac{2\lambda\nu}{l_{SD}}\right)\right] - \ln(1+\nu) \tag{3.71}$$

低缝深比（$\gamma>\nu$）

$$S_{SL,r} = \left(\frac{2}{n_s m_s \lambda}\right)\ln\left(\frac{1-\lambda+2l_{sD}/\omega_{SD}}{1-\lambda+n_s l_{sD}/\omega_{uD}}\right) + \left(\frac{2}{m_s \lambda}\right)\ln\left[\frac{1-\lambda+l_{sD}/\omega_{uD}}{1-\lambda+l_{sD}/(2\nu)}\right]$$

$$+ \left(\frac{l_{SD}/\lambda}{l_{SD}-2(2-\lambda)}\right)\ln\left\{\left(\frac{\lambda+l_{sD}/2}{1+\nu}\right)\left[1+\frac{2\nu(1-\lambda)}{l_{SD}}\right]\right\} - \ln\left(1+\frac{l_{sD}}{2\lambda}\right) \tag{3.72}$$

【例 3.6】割缝衬管围绕管道圆周设计 4 组线性并联（$m_s=4$），每组有 3 条缝（$n_s=3$）。缝长为 2in，缝口为 0.02in，缝单元长为 4in，其穿透比 λ 为 0.5。W_U 为 0.16in。管道半径为 0.3ft。

计算割缝衬管设计的表皮系数。

我们首先应该计算无量纲变量

$$r = \frac{4in}{2\times 0.3ft\times 12in/ft} = 0.56 \tag{3.73}$$

$$l_{sD} = \frac{2in}{0.3ft\times 12in/ft} = 0.56 \tag{3.74}$$

$$w_{sD} = \frac{0.02in}{0.3ft\times 12in/ft} = 0.0056 \tag{3.75}$$

$$w_{wD} = \frac{0.16in}{0.3ft\times 12in/ft} = 0.044 \tag{3.76}$$

几何参数

$$\nu = \sin\frac{\pi}{4} = 0.707 \tag{3.77}$$

这种情况下 $\gamma<\nu$，割缝衬管设计的径向表皮系数分量为

$$S_{sL,r} = \frac{2}{3\times 4\times 0.5}\ln\left(\frac{1-0.5\dfrac{2\times 0.56}{0.0056}}{1-0.5+\dfrac{3\times 0.56}{0.044}}\right) + \frac{2}{4}\left[\frac{1}{0.5}\ln(1-0.5+\frac{0.56}{0.044})\right]$$

$$+\ln\frac{2\times 0.5\times 0.707}{0.56}\right] - \ln(1+0.707) = 2.7 \tag{3.78}$$

表 3.4 列出了不同衬管的径向流表皮系数。结果表明，当把缝设计为 4 组（$m_s=4$），

每个组有 3 个并联交错单元改成 4 组缝，每组有 2 个交错单元时，表皮系数增加了 3 倍以上，表明衬管完井设计对井性能至关重要。

表 3. 4　割缝衬管的径向表皮系数

n_s	$m_s = 2$	$m_s = 4$
1	10. 5	4. 9
2	7. 1	3. 2
3	6. 1	2. 7

对于线性流汇聚表皮系数，K_1 代表缝的渗透性，线性流组成部分为

$$S_{sL,1} = \left(\frac{2\pi}{n_s m_s w_{sD} \lambda}\right)\left(\frac{K}{K_1}\right) t_{sD} \qquad (3.79)$$

式中，t_{sD} 是衬管的无量纲厚度或缝中部分堵塞的深度，定义为

$$t_{sD} = \frac{t_s}{r_\omega} \qquad (3.80)$$

对于未堵塞缝（$K_1 \gg K$），$s_{sL,1}$ 可以忽略。如果缝被堵塞，作为 K_1 函数的线性流汇聚表皮系数会急剧增加，且会导致缝中流动停止。割缝衬管完井中裂缝被堵塞是一个致命问题。一旦这种情况发生，衬管会很难被清洁，因为流经堵塞的缝需要很大的压降疏通。当槽宽较小时，这种情况更严重。如果是为了防砂而设计割缝衬管，设计时应综合考虑出砂和缝堵塞之间的关系。

交错缝表皮系数预期比线性缝表皮系数小。交错缝以缝隙之间的距离为特征。当 L_{uD}（$= L_{sD}/\lambda$）接近 0 时，围绕衬管圆周的有效缝数会加倍。由这些观测结果，引入以下相关方程，以获得有效的缝角 m_s' 分布

$$m_s' = m_s(1 + e^{-m_s l_{sD}/\lambda}) \qquad (3.81)$$

通过把式（3.70）至式（3.72）中 m 替换 m_s' 来计算交错缝的表皮系数。

【例 3.7】如果在例 3.6 中，不是线性缝，而是交错缝。重新计算表皮系数。对于交错缝解决方法是

$$m_s' = 4\left[1 + \exp\left(-\frac{4 \times 0.56}{0.5}\right)\right] = 4.05 \qquad (3.82)$$

方程式（3.73）中的 r 为 0.57 时，对表皮系数的影响很小。

与套管完井和射孔完井不同，地层渗透率各向异性对割缝衬管完井（衬管圆周有四个或四个以上缝单元）表皮系数影响不明显。相对于割缝长度方向地层渗透率对表皮系数影响不显著。利用坐标变换等效各向同性系统，无量纲割缝长可以通过地层渗透率函数计算：

$$l_{sD} = \frac{2l_s}{r_\omega} \frac{l}{\left(\sqrt{\dfrac{K_x}{K_z}} + \sqrt{\dfrac{K_x}{K_y}}\right)} \qquad (3.83)$$

例 3.6 中，渗透率各向异性比为 3.16，L_{sD} 为 0.13 时，割缝衬管表皮系数为 2.1，而各向同性情况下割缝衬管表皮系数为 2.7。

3.3.3 射孔衬管完井

射孔衬管流场特征与割缝衬管相似。汇聚到射孔中流动更像是半球形流动，而不是径向流动。式（3.66）中，用射孔直径 $2r_p$ 替换 l_s，射孔衬管 r 可由下式给出：

$$r = \frac{r_{pD}}{\lambda} \tag{3.84}$$

射孔衬管的完井表皮系数为

当 $r<\nu$ 时

$$S_{PL} = \frac{2}{m_p \lambda} \left(\frac{3}{2} - \lambda \right) + \left(\frac{2}{m_p} \right) \ln \frac{\nu \lambda}{r_{pD}} - \ln(1+\nu) \tag{3.85}$$

当 $r>\nu$ 时

$$S_{PL} = \frac{2}{m_p \lambda} \left(\frac{3}{2} - \frac{r_{pD}}{\nu} \right) + \left(\frac{r_{pD}/\lambda}{r_{pD} + \lambda - 1} \right) \ln \left[\left(\frac{\lambda + r_{pD}}{1 + \nu} \right) \left(1 + \frac{\nu(1-\lambda)}{r_{pD}} \right) \right] - \ln(1 + r_{pD}/\lambda) \tag{3.86}$$

【例 3.8】射孔衬管的相位为 90°，射孔半径为 0.4in，穿透比 λ 为 0.5。计算完井表皮系数。

管道半径为 0.3ft（3.6in），首先计算无量纲变量：

$$r_{pD} = \frac{r_p}{r_{pipe}} = \frac{0.4}{3.6} = 0.11 \tag{3.87}$$

$$r = \frac{0.11}{0.5} = 0.22 \tag{3.88}$$

当 $r<\lambda$ 时

$$S_{PL} = \frac{2}{4 \times 0.5} \left(\frac{3}{2} - 0.5 \right) + \frac{2}{4} \ln \left(\frac{0.707 \times 0.5}{0.11} \right) - \ln(1 + 0.5) = 1.2 \tag{3.89}$$

当开口面积与总表面积之比相同时，射孔衬管表皮系数小于割缝衬管表皮系数。且值得注意的是，射孔半径为 0.4in 时，防砂效果不好。这是一种典型的基础管结构，用于强化完井机械管柱。

3.3.4 砾石充填完井

正如第二章所述，砾石充填完井通常用在高渗透出砂地层。砾石充填工具可以安装在裸眼完井中和套管/射孔完井中。Furui（2004）提出了流体流过这些类型的完井，会产生机械表皮系数。砾石充填流动模拟是通过砾石、地层中可能伤害区域和井外未伤害区域三个渗透区域建立的。该系统中表皮系数很容易获得

$$S_{GO} = \frac{K}{K_s} \ln \frac{r_w}{r_g} + \left(\frac{K}{K_s} - 1 \right) \ln \frac{r_s}{r_w} \qquad (3.90)$$

通过上述方程式可知，当砾石渗透率 K_g 远高于储层渗透率时，砾石充填对流动影响不大（右侧第一项很小）。砾石渗透率 K_g 相比裸眼砾石充填完井地层中渗透率 K，对生产影响很小。

对于套管砾石充填完井，如图 3.9 所示，流动路径从裸眼完井的径向流汇聚到储层射孔，流过砾石充填射孔，经过套管与筛管或衬管组成的砾石充填环空组合。

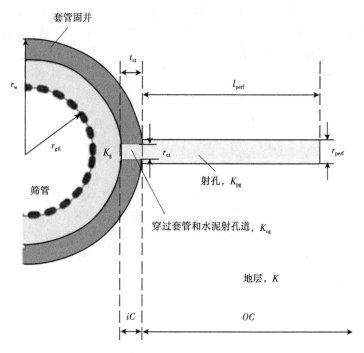

图 3.9 套管砾石充填完井的几何形状

如果筛管和套管之间的环空渗透率高，套管砾石充填完井表皮系数可以分为两个部分：固井和套管完井环空中的流动产生的系数，射孔道内延伸到地层的流动产生的系数。

$$S_{CG} = \left(\frac{2h_{pD}}{r_{tD}^2} \right) \frac{l_{tD}}{K_{gD}} + \left[(1 - K_{gD}^{-0.5}) S_p + K_{gD}^{-0.5} S_{p1} \right] \qquad (3.91)$$

上述方程式右侧第一项为射孔孔道内通过套管和固井的流动，第二项为经过砾石充填射孔的流动。式（3.90）中，无量纲变量定义为

$$r_{tD} = \frac{r_{ct}}{r_w} \qquad (3.92)$$

$$h_{pD} = \frac{h_{perf}}{r_w} \qquad (3.93)$$

$$l_{tD} = \frac{l_{ct}}{r_w} \qquad (3.94)$$

$$K_{gD} = \frac{K_g}{K} \qquad (3.95)$$

上述公式中，r_{ct} 为射孔孔道半径为，L_{ct} 为穿过套管和固井的射孔长度。h_{perf} 为射孔间距（射孔密度的倒数），K_g 为砾石充填通道的渗透率。流体流入砾石充填区域并延伸至地层与流入射孔完井或射孔衬管完井类似，这主要取决于射孔长度和在射孔孔眼中砾石充填的渗透性。如果射孔长度很短或射孔道中砾石的渗透性很低，则完井基本为射孔衬管完井。射孔较长和高渗透性砾石，则需要套管射孔完井。式（3.91）中，S_p 是 3.3.1 节中讨论的标准表皮系数，S_{pl} 是射孔衬管表皮系数。

$$S_{pl} = \frac{3h_{pD}}{2r_{pD}} + \ln\left[\frac{\nu^2}{h_{pD}^2 \ (1+\nu)}\right] - 0.61 \qquad (3.96)$$

$$\nu = \begin{cases} 1.5 & \theta = 360°, \ 0° \\ \sin\left(\dfrac{\pi}{360°/\theta}\right) & \theta \neq 360°, \ 0° \end{cases} \qquad (3.97)$$

【例 3.9】砾石充填设计 r_{ct} 为 0.4in，t_{ct} 为 12in，r_w 为 6in，砾石充填渗透率为 K_g 为 500000mD，填充在套管/固井环空和射孔中。射孔密度为 10SPF（h_{perf} = 0.1），相位为 90°，射孔半径为 0.4in，射孔长度为 6in。储层渗透率为 500mD。计算渗透率 K_g = 500000mD（原始设计）和 K_g = 500mD 下的砾石充填表皮系数。

首先先计算无量纲参数

$$r_{tD} = \frac{0.4}{6} = 0.067 \qquad (3.98)$$

$$h_{pD} = \frac{1}{(SPF)r_w} = \frac{1}{10 \times 0.5} = 0.2 \qquad (3.99)$$

$$l_{tD} = \frac{1.2}{6} = 0.2 \qquad (3.100)$$

$$K_{gD} = \frac{500000}{500} = 1000 \qquad (3.101)$$

根据射孔表皮模型，可以计算射孔表皮系数 S_p，在这种情况下，

$$S_p = -0.298 + 0.128 + 0.08 = -0.16 \qquad (3.102)$$

对于射孔衬管

$$\nu = \sin\left(\frac{\pi 90°}{360°}\right) = 0.707 \qquad (3.103)$$

$$S_{pl} = \frac{3 \times 0.12}{2 \times 0.067} + \ln\left[\frac{0.707^2}{0.2^2 \ (1+0.707)}\right] - 0.61 = 5.86 \qquad (3.104)$$

砾石渗透率为 500000mD

$$S_{CG} = \frac{2 \times 0.2}{0.067^2} \frac{0.2}{1000} + \left[(1-1000^{0.5}) \times (-0.16) + 1000^{-0.5} \times 5.86 \right] = 0.05 \quad (3.105)$$

如果 K_g 为 500mD

$$S_{CG} = \left(\frac{2 \times 0.02}{(0.067)^2} \right) \frac{0.2}{1} + 5.86 = 23.7 \quad (3.106)$$

例 3.9 表明，如果在生产过程中（例如，微粒运移堵塞砾石充填层），砾石充填层渗透率降低，会对流动产生很大的限制。

3.3.5　流入控制装置

流入控制装置产生表皮系数可以平衡沿水平井筒的流量分布。与其他井不同，在完井中用流入装置唯一目的是产生表皮系数。ICD 表皮系数主要取决于 ICD 类型。所有的 ICD 都会产生与流量相关的压降，一般来讲，压降与 q^2 成线性比例

$$\Delta p_{ICD} = Cq^2 \rho_m \quad (3.107)$$

式中，ρ_m 是流体密度。上述方程式中常数 C 是由 ICD 结构决定。例如，对于通道类型 ICD

$$\Delta p_{ICD,通道} = \frac{2 f_f \rho_m u^2 L}{g_c D} \quad (3.108)$$

采用油田单位，流量 q 表示为（Economides 等，2012）

$$\Delta p_{ICD,通道} = \frac{7.35 \times 10^{-7} f_f \rho_m q^2 L}{D^5} \quad (3.109)$$

式中，f_f 为摩擦系数，ρ_m 是流体密度，L 是流入路径长度，D 为通道直径。L 和 D 是设计的参数。

对于围绕中心管的通道

$$L = n_c \pi D_{bc} \quad (3.110)$$

在上面公式中，n_c 是包裹在中心管道上通道的缠绕的次数，D_{bc} 是中心管道直径。我们很清楚知道 ICD 的压降与结构有关。一旦定义了 L、D、D_{bs} 和 n_c，就可以确定式（3.107）中的 C。

$$C = \frac{7.35 \times 10^{-7} f_f L}{D^5} \quad (3.111)$$

【例 3.10】对于通道直径为 0.2in 的 ICD，绕 4.5in 的中心管两圈，建立一个 Δp_{ICD} 与 q_2 的关系图。假设摩擦系数为 0.001，流体平均密度为 58 lb/ft³。

计算通道路径长度为

$$L = 2 \times 2 \times 3.14 \times 4.5 = 56.5 \quad (in) \quad (3.112)$$

摩擦系数为雷诺数的函数，雷诺数与流量有关。因此，压降计算可以通过下式计算：

$$\Delta p_{\text{ICD, 通道}} = \frac{7.35 \times 10^{-7} \times 0.001 \times 58 \times \dfrac{56.5}{12}}{0.2^5} q^2 \tag{3.113}$$

图 3.10 给出流量与 Δp_{ICD} 的关系图。ICD 附加压力通过流量自动调节。在低流量下，压降很小。随着流量增加，压降大大增加。

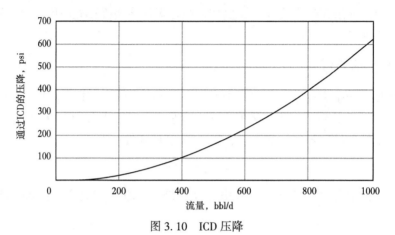

图 3.10 ICD 压降

3.4 综合表皮系数

当近井地带存在地层伤害时，对某些完井而言，完井表皮效应叠加到一个更高水平。这是因为流体不仅偏移理想的流动路径，而且相比原始区域流过的区域属于低渗透区。对于某些完井来说，这种综合的表皮系数远大于伤害表皮系数和完井表皮系数总和。

3.4.1 射孔表皮效应与伤害表皮效应的综合效应

当在伤害区域射孔完井时，综合表皮系数取决于射孔是否延伸出伤害区域。图 3.11 展示了伤害区域存在两种不同的射孔。则表皮系数的计算方式是

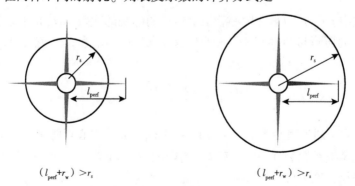

图 3.11 伤害区域的两种射孔表皮

$$(S_{\mathrm{p}})_{\mathrm{d}} = \begin{cases} (S_{\mathrm{d}})_0 + \dfrac{K}{K_{\mathrm{s}}} S_{\mathrm{p}} & \text{当} (l_{\mathrm{perf}} + r_{\mathrm{w}}) < r_{\mathrm{s}} \text{ 时} \\ S'_{\mathrm{p}} & \text{当} (l_{\mathrm{perf}} + r_{\mathrm{w}}) > r_{\mathrm{s}} \text{ 时} \end{cases} \tag{3.114}$$

式中，S'_{p} 是等效射孔表皮系数，根据新参数 l'_{perf} 和 r'_{w}，用相同射孔表皮方程计算

$$l'_{\mathrm{perf}} = l_{\mathrm{perf}} - \left(1 - \frac{K_{\mathrm{s}}}{K}\right)(r_{\mathrm{s}} - r_{\mathrm{w}}) \tag{3.115}$$

$$r'_{\mathrm{w}} = r_{\mathrm{s}} - \frac{K_{\mathrm{s}}}{K}(r_{\mathrm{s}} - r_{\mathrm{w}}) \tag{3.116}$$

【例 3.11】 如果在例 3.3 中射孔完井处于伤害地层，伤害情况如例 3.1 中所描述，那么由伤害和射孔而导致的综合表皮系数是多少？如果射孔长度延伸到 18in，则表皮效应是多少？

从例 3.1 知道伤害区域半径为 1.3ft，伤害表皮系数为 11.3。从例 3.5 知道射孔长度为 0.667ft，射孔表皮系数为 4.2。通过式（3.114）综合表皮系数为

$$(S_{\mathrm{p}})_{\mathrm{d}} = 11.3 + 10 \times 4.2 = 53.3 \tag{3.117}$$

如果 l_{perf} 是 18in

$$l'_{\mathrm{perf}} = 12 - (1 - 0.1) \times (1.4 - 0.4) = 11.1 \tag{3.118}$$

$$r'_{\mathrm{w}} = 1.4 - 0.1 \times (1.4 - 0.4) = 1.3 \tag{3.119}$$

$$S_{\mathrm{p}} = -2.7 + 0.35 + 0.03 = -2.3 \tag{3.120}$$

如例 3.11 所示，在伤害区域中射孔完井时，当射孔深度小于伤害区域，则形成的综合表皮系数比两个表皮系数之和（S_{d} 和 S_{p}）大得多。另外，如果射孔深度小于伤害深度，则形成的综合表皮系数小于（S_{d} 和 S_{p}）两个表皮系数之和。通过对井进行深穿透射孔补孔，本例中表皮系数从 53 变为 -2.3。了解这种现象，有助于更有效地设计射孔完井，以获得更好的井流性能。

3.4.2 地层伤害对割缝/射孔筛管完井的影响

由割缝（射孔）和地层伤害引起的表皮效应只能影响近井眼区域的压降。如果在割缝或射孔衬管周围存在地层伤害，则总表皮效应是地层伤害表皮效应和割缝/射孔表皮效应之和。

对于伤害区域割缝衬管完井，我们采用与伤害区域射孔完井相似的方法（Karakas 和 Tariq，1991），从而得到伤害区域割缝衬管完井表皮方程。

$$(S_{\mathrm{SL}})_{\mathrm{d}} = S_{\mathrm{d}} + S_{\mathrm{SL,l}} + \frac{K}{K_{\mathrm{s}}} S_{\mathrm{SL,r}} \tag{3.121}$$

事实上，与伤害区域射孔完井一样，地层伤害对割缝衬管完井比对裸眼完井影响更严重。由于伤害区域发生收敛流动，因此渗透率低区域表皮效应会变强。式（3.121）中线性

流动项没有乘数 K/K_s，因为线性流动汇聚发生在套管和固井的射孔孔道内。

【例3.12】 在例3.6所示的割缝衬管，如果一口井在伤害区内完井，伤害半径距离井壁1ft，渗透率为伤害区原始渗透率的10%，这种情况下综合表皮系数是多少？

从例3.1知道伤害表皮系数 S_d 是11.3，例3.6中线性割缝衬管表皮系数 S_{sl} 为10.9，如果忽略割缝衬管的线性表皮系数，由式（3.121）得

$$(S_{SL})_d = 11.3 + 10 \times 10.9 = 120.3 \tag{3.122}$$

这个水平的表皮系数将会极大降低油井流量。事实上是，即便在这里描述的伤害并不显著，地层伤害和完井形成的综合表皮效应也会是极其有害的。

3.5 表皮系数对生产的影响

了解表皮系数是如何影响井流入性能，对于优化井性能至关重要。在本章前面各个小节中，讨论了如何计算由钻井、完井和作业产生的表皮系数。使用流入性能关系（IPR）方程，可以评估表皮效应是如何改变直井和水平井的流量。

3.5.1 直井表皮效应

对于稳态下的单相油井，IPR方程为

$$q = \frac{Kh\,(p_e - p_{wf})}{141.2B\mu\left(\ln\dfrac{r_e}{r_w}+S\right)} \tag{3.123}$$

假设在钻井、完井和作业期间，近井眼渗透率和流动路径通过表皮系数来捕获，上述方程式中储层其他总体性质没有变化，则式（3.123）表明表皮系数对流速的影响是由与 $\ln(r_e/r_w)$ 相关的表皮系数的值确定。

$$\frac{J_{skin}}{J_{orig}} = \frac{\dfrac{q_{orig}}{p_e-p_{wf}}}{\dfrac{q_{skin}}{p_c-p_{wf}}} = \frac{\ln\dfrac{r_e}{r_w}}{\ln\dfrac{r_e}{r_w}+S} \tag{3.124}$$

我们可以估算由表皮系数引起的流量变化。

【例3.13】 对于例3.1中有地层伤害的裸眼完井，评估表皮效应对油井性能的影响。

例3.1表皮系数为11.3。使用 r_e 为790ft（泄油半径约为40acre）和 r_w 为0.4ft。

$$\frac{J_{damage}}{J_{orig}} = \frac{\ln\dfrac{790}{0.25}}{\ln\dfrac{790}{0.25}+11.2} = \frac{7.6}{7.6+11.2} = 0.40 \tag{3.125}$$

这简单计算表明，伤害表皮系数为11.2，可以将油井产能降低到未伤害产量的40%，

其对油井性能影响显著。事实上，用来评估表皮效应的 r_e 和 r_w 是两个对数项变量，因此该项的变化是有限的。典型直井对数项值在 6~9 之间。这表明，一旦表皮系数在这个范围内，流量将减少到原始的 50% 左右。表 3.5 显示了其他例子的生产指数比。

表 3.5 例 3.1、例 3.3、例 3.5、例 3.6、例 3.10 和例 3.11 的生产指数比

完井工艺	表皮系数	圆周率	产量变化,%
地层伤害，例 3.1	11.3	0.40	−60
部分完井，例 3.3	5.1	0.59	−41
射孔完井，例 3.5	4.2	0.64	−36
割缝衬管完井，例 3.6	10.9	0.41	−59
伤害区短射孔，例 3.10	53.3	0.13	−87
伤害区长射孔，例 3.10	−2.3	1.36	+36
伤害区割缝衬管完井，例 3.11	120.3	0.06	−94

从表 3.4 可以看出，表皮系数是了解单井性能的一个重要概念。井身结构、完井和地层伤害会显著的改变流量，尤其完井处于伤害区时。例 3.10 中，射孔设计可以改变井性能，从极其不好的（降低 87%）变为显著改善（增加 36%）。例 3.11，在伤害区域使用割缝衬管，几乎可以完全堵塞井的流动（降低 94%）。

第二章强调了完井的重要作用，任何过度设计和不必要生产完井，都会对井性能造成负面影响，应予以避免。

3.5.2 水平井表皮效应

箱型储层中水平井的稳态方程（Furui 等，2003），IPR 为

$$q = \frac{Kb\ (p_e - p_{wf})}{141.2\mu B_0 \left\{ \ln\left[\dfrac{hI_{ani}}{r_w\ (I_{ani}+1)} \right] + \dfrac{\pi y_b}{hI_{ani}} - 1.224 + S + S_R \right\}} \tag{3.126}$$

式中，分母 b 为储层沿井水平方向的尺寸，y_b 为垂直于井方向储层的尺寸，h 为储层的第 3 个尺寸，即产层厚度。S_R 为方程式的分子，也是表皮系数，它解释了当一口井不能完全钻穿储层时（$L<b$）的汇聚效应。式（3.126）把表皮系数对井流动的影响与几个项进行了比较，而不是仅仅用 $\ln\ (r_e/r_w)$，正如在直井情况下一样。py_b/hI_{ani} 和 S_R 有时可能很大，这将减少表皮系数对流速的影响。

【例 3.14】评估例 3.2 表皮损伤效应对井流量计算。储层的长度 5000ft，储层宽度为 2000ft，储层厚度 150ft，假设部分穿透表皮系数 S_R 为 3。

如果储层宽度为 2000ft，y_b 为 1000ft，利用生产指数比，我们可以评估表皮系数对井性能影响。

$$\frac{J_{\text{damage}}}{J_{\text{orig}}} = \frac{\ln\left[\dfrac{hI_{\text{ani}}}{r_{\text{w}}(I_{\text{ani}} + 1)}\right] + \dfrac{\pi y_{\text{b}}}{hI_{\text{ani}}} - 1.224 + S_{\text{R}}}{\ln\left[\dfrac{hI_{\text{ani}}}{r_{\text{w}}(I_{\text{ani}} + 1)}\right] + \dfrac{\pi y_{\text{b}}}{hI_{\text{ani}}} - 1.224 + S + S_{\text{R}}}$$

$$= \frac{\ln\left[\dfrac{150 \times 3.16}{0.4 \times (3.16 + 1)}\right] + \dfrac{3.14 \times 1000}{150 \times 3.16} - 1.224 + 3}{\ln\left[\dfrac{150 \times 3.16}{0.4 \times (3.16 + 1)}\right] + \dfrac{3.14 \times 1000}{150 \times 3.16} - 1.224 + 3 + 6.1}$$

$$= 0.7$$

(3.127)

在这种特殊情况下，地层伤害使产量降低到 38%，与同等伤害条件下的直井相比产量降低较少（0.4 PI 比率或 60%）。这并不总是真的。对于宽厚比（y_{b}/h）小的完全完井（射孔段长等于储层长度），表皮系数对井性能有显著影响。

表 3.6　不同完井结构的表皮系数计算公式

	参数
裸眼完井 $S_{\text{fo}} = \left(\dfrac{K}{K_{\text{s}}} - 1\right) \ln \dfrac{r_{\text{s}}}{r_{\text{w}}}$ 直井 $S_{\text{fo}} = \left(\dfrac{K}{K_{\text{s}}} - 1\right) \ln\left\{\dfrac{1}{I_{\text{ani}} + 1}\left[\dfrac{r_{\text{sH}}}{r_{\text{w}}} + \sqrt{\left(\dfrac{r_{\text{sH}}}{r_{\text{w}}}\right)^2 + I_{\text{ani}}^2 - 1}\right]\right\}$ 水平井	
裸眼割缝衬管完井 $S_{\text{sl}} = S_{\text{fo}} + S_{\text{sl,I}}^0 + \dfrac{K}{K_{\text{s}}} S_{\text{sl,r}}^0$ 这里 $S_{\text{sl,I}}^0 = \left(\dfrac{2\pi}{n_{\text{s}} m_{\text{s}} \lambda}\right)\left(\dfrac{K}{K_{\text{I}}}\right) t_{\text{sD}}$ $S_{\text{sl,r}}^0 = \left(\dfrac{2}{n_{\text{s}} m_{\text{s}} \lambda}\right) \ln\left(\dfrac{1 - \lambda + 2I_{\text{sD}}/w_{\text{sD}}}{1 - \lambda + n_{\text{s}} I_{\text{sD}}/w_{\text{UD}}}\right)$ $+ \left(\dfrac{2}{m_{\text{s}}}\right)\left[\dfrac{1}{\lambda}\ln\left(1 - \lambda + I_{\text{sD}}/w_{\text{uD}}\right) + \ln\left(\dfrac{2\lambda\nu}{I_{\text{sD}}}\right)\right]$ $-\ln(1 + \nu)$　当 $r < \nu$ 时 $S_{\text{sl,r}}^0 = \left(\dfrac{2}{n_{\text{s}} m_{\text{s}} \lambda}\right) \ln\left(\dfrac{1 - \lambda + 2I_{\text{sD}}/w_{\text{sD}}}{1 - \lambda + n_{\text{s}} I_{\text{sD}}/w_{\text{uD}}}\right)$ $+ \left(\dfrac{2}{m_{\text{s}}}\right)\left[\ln\left(\dfrac{1 - \lambda + 2I_{\text{sD}}/w_{\text{uD}}}{1 - \lambda + I_{\text{sD}}/2\lambda}\right)\right]$ $+ \left[\dfrac{I_{\text{sD}}/\lambda}{I_{\text{sD}} - 2(1 - \lambda)}\right] \ln\left\{\left(\dfrac{\lambda + I_{\text{sD}}/2}{1 + \nu}\right)\left[1 + \dfrac{2\nu(1 - \lambda)}{I_{\text{sD}}}\right]\right\}$ $-\ln\left(1 + \dfrac{I_{\text{sD}}}{2\lambda}\right)$，当 $r > \nu$ 时	$t_{\text{sD}} = t_{\text{s}}/r_{\text{w}}$ $w_{\text{sD}} = w_{\text{s}}/r_{\text{w}}$ $I_{\text{sD}} = I_{\text{s}}/r_{\text{w}}$ $\lambda = I_{\text{s}}/I_{\text{u}}$ $\nu = (\sin\pi/m_{\text{s}})$ $\gamma = I_{\text{SD}}/(2\lambda)$

续表

	参数
裸眼射孔衬管完井 $S_p I = S_f O + K/K_s S_p I^\circ$ 这里 $S_{pl}^\circ = \left(\dfrac{2}{m_p\lambda}\right)\left(\dfrac{3}{2} - \lambda\right) + \left(\dfrac{2}{m_p}\right)\ln\left(\dfrac{v\lambda}{r_{pD}}\right) - \ln(1+v)$，当 $\lambda < v$ 时 $S_{pl}^\circ = \left(\dfrac{2}{m_p\lambda}\right)\left(\dfrac{3}{2} - \dfrac{r_{PD}}{v}\right) + \left(\dfrac{r_{PD}/\lambda}{r_{PD}+\lambda-1}\right)$ $\times\left\{\left(\dfrac{r_{PD}+\lambda}{1+v}\right)\left[1 + \dfrac{v(1-\lambda)}{r_{PD}}\right]\right\} - \ln\left(1 + \dfrac{r_{PD}}{\lambda}\right)$，当 $\lambda > v$ 时	$r_{pD} = r_p/r_w$ $r = r_{pD}/\lambda$
裸眼砾石充填完井 $S_{og} = S_{fo} + \dfrac{K}{K_g}\ln\dfrac{r_w}{r_g}$	
套管,射孔完井 $S_p = S_H + S_v + S_{wb}$ $S_H = \ln\dfrac{r_w}{r_w'\theta}\quad S_v = 10^a h_D^{b-1} r_D^b \quad S_{wb}$ $= c_1\exp\left[c_2\left(\dfrac{r_w}{l_{perf}+r_w}\right)\right]$	$r_w'(\theta) = \begin{cases} \dfrac{l_{perf}}{4} & \text{当 } \theta = 0 \text{ 时,}\\[2mm] a_\theta(r_w + l_{perf}) & \text{当 } \theta = 0 \text{ 时}\end{cases}$ $h_D = \dfrac{h_{perf}}{l_{perf}}\sqrt{\dfrac{K_H}{K_v}}$ $r_D = \dfrac{r_{perf}}{2h_{perf}}\left(1 + \sqrt{\dfrac{K_H}{K_v}}\right)$
套管砾石充填完井 $S_{cg} = \left(\dfrac{2h_{DP}}{r_{Dct}^2}\right)\dfrac{t_{Dct}}{K_{Dcg}} + (1 - K_{Dpg}^{-0.5})S_p + K_{Dpg}^{-0.5}S_{pl}$	$r_{Dct} = r_{ct}/r_w$ $h_{Dp} = h_p/r_w$ $t_{Dct} = t_{ct}/r_w$
水力压裂完井 $S_{fr} = \ln\left(\dfrac{x_f/r_w}{\dfrac{\pi}{C_{fD}}+1}\right)$	$C_{fD} = \dfrac{K_f w}{K x_f}$
基质酸化井 $S_{wf} = \left(\dfrac{K}{K_{wh}} - 1\right)\ln\dfrac{r_{wh}}{r_w}$	

参 考 文 献

Besson, J. (1990, January 1). Performance of Slanted and Horizontal Wells on an Anisotropic Medium. *Society of Petroleum Engineers*. doi: 10. 2118/20965-MS.

Furui, K. (2004, May). "A Comprehensive Skin Factor Model for Well Completions Based on Finite

Element. Simulations," Ph. D. Dissertation, The University of Texas at Austin.

Furui, K. , Zhu, D. , and Hill, A. D. (2008, September 1) . "A New Skin – Factor Model for Perforated Horizontal. Wells," *SPE Drilling & Completion*, Vol. 23 (3), pp. 205–215. doi: 10. 2118/77363–PA.

Furui, K. , Zhu, D. , and Hill, A. D. (2003, August 1). "A Rigorous Formation Damage Skin Factor and Reservoir Inflow Model for a Horizontal Well," *SPE Production & Facilities*, Vol. 18 (3), pp. 151 – 157. doi: 10. 2118/84964–PA.

Hawkins, M. F. Jr. (1956). "A Note on the Skin Effect," *Transactions of AIME*, Vol. 207, pp. 356–357.

Karakas, M. , and Tariq, S. M. (1991, February 1). "Semianalytical Productivity Models for Perforated Completions," *SPE Production Engineering*, Vol. 6 (1), pp. 73–82. doi: 10. 2118/18247–PA.

Papatzacos, P. (1987, May 1). "Approximate Partial–Penetration Pseudoskin for Infinite– Conductivity Wells," *SPE Reservoir Engineering*, Vol. 2 (2), 227–234. doi: 10. 2118/13956–PA.

Sui, W. , Zhu, D. , Hill, A. D. , and Ehlig-Economides, C. (2008, January 1). "Model for Transient Temperature and Pressure Behavior in Commingled Vertical Wells," presented at SPE Russian Oil and Gas Technical. Conference and Exhibition, Moscow, Russia, 28–30 Oct. doi: 10. 2118/115200–MS.

4 压裂完井

1947 年，水力压裂首次在美国堪萨斯州的 Hugoton 气田应用（Gidley 等，1989）。水力压裂技术在油气生产历史上发挥了巨大作用，是当今高效经济开发油气田的重要技术之一，特别在非常规储层。压裂技术随着泵注能力的提高，已经从简单地向直井泵注高压压裂液发展为如今的数百万磅支撑剂和数百万加仑压裂液的长水平井多级压裂。水力压裂技术发展在很大程度上取决于完井技术的进步。许多特殊的完井方法已经被开发出来应对当前压裂作业挑战。本章将回顾压裂设计和完井需求的基本知识，并讨论当今用于现场的压裂完井技术。

4.1 水力压裂增产基础

关于石油工程中水力压裂技术方面有大量的的文献，从岩石力学、压裂施工设计、压裂液体系和支撑剂选择、压力分析压裂诊断到压裂井性能模拟。这部分主要回顾压裂设计基础中的完井方式和压裂设计。有关压裂理论，设计和现场实施的详细信息，建议阅读以下书籍：《水力压裂最新进展》（Gidley 等，1989），《现代压裂技术》《提高天然气产量》（Economides 和 Martin，2007），《水力压裂》（Smith 和 Montgomery，2015），《水力压裂要点：垂直井和水平井》（Veatch 等，2017），《石油生产系统》（Economides 等，2012），《应用于压裂的岩石力学》《水力压裂力学》（Yew 和 Wong，2015）。

4.1.1 原地应力及其对水力压裂的影响

储层条件下地层岩石单元暴露在三维原地应力场中。了解原地应力对压裂设计很重要，因为其决定了裂缝起裂的破裂压力、裂缝延伸方向、裂缝尺寸以及闭合后裂缝的最终导流能力。

图 4.1 展示的是三维原地应力条件下的岩石单元。三个主应力分别为垂向应力 σ_V、最大水平应力 σ_H 和最小水平应力 σ_h。一般而言，如果不是浅地层，σ_V 通常是三个主应力中的最大的。随着地层深度增加，垂向应力和水平应力差值越来越大。因此，水力压裂产生的大多数裂缝为垂直裂缝，除非地层很浅并且垂向应力是最小应力（裂缝总是垂直于最小应力）。

这里延伸讨论一下如何评估地应力场（主应力方向和大小）。裸眼测井，井壁崩落信息，井径测井和岩石力学实验都能为应力场评价提供信息。因为裂缝延伸受原地应力场控制，在压裂施工设计前尽可能准确的描述原地应力场

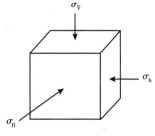

图 4.1 储层条件下三维应力场中的岩石单元

是必要的。

为了压开裂缝，井底的注入压力必须高于地层破裂压力。破裂压力与岩石力学性质相关。对于线弹性体，破裂压力由下式确定（假设压应力为正）：

$$p_{bd} = 3\sigma_h - \sigma_H + T_0 - p_p \tag{4.1}$$

【例 4.1】 计算破裂压力。

计算深度为 8000ft 的目标压裂层破裂压力。在该深度处，垂向应力为 9360psi。根据垂向应力，估算最小水平应力为 4829psi，最大水平应力为 6329psi。用正常静水压力梯度估算孔隙压力，岩石抗拉强度为 1200psi。

解：首先使用正常静水压力梯度估算孔隙压力。

$$p_p = 0.433\,\frac{\text{psi}}{\text{ft}} \times 8000\text{ft} = 3464\text{psi} \tag{4.2}$$

则破裂压力为

$$p_{bd} = 3 \times 4829 - 6329 + 1200 - 3463 = 5894 \; (\text{psi}) \tag{4.3}$$

4.1.2 大斜度井的破裂压力

当井眼与垂直方向呈一定井斜角时，井眼可能与主应力场不对齐，破裂压力主要取决于井斜角，因为剪切力成为决定破裂压力的重要部分。

Yew 等（1989）基于三维弹性理论对斜井井壁破裂压力和裂缝方位进行了分析。图 4.2 显示了坐标系。坐标系（1，2，3）与主应力（σ_1，σ_2，σ_3）对齐，在这种情况下，它们是（σ_h，σ_H，σ_V）。第一步是将坐标（1，2，3）转换到与斜井井眼对齐的坐标系。井眼方位角 α 是井延伸方向与坐标 a_{xis}-1 的夹角（与 σ_h 对齐）。β 是井眼偏离水平面的角度。如图 4.2 所示坐标变换主要是将坐标轴 A_{xis}-1 旋转 α 角，将坐标轴 A_{xis}-2 旋转 β 角来实现

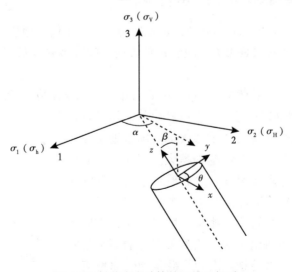

图 4.2　斜井应力计算的三维坐标系

的。在新转换坐标系中，x 轴总是与井眼横截面积的最高点相交，y 轴垂直于 x 轴，z 轴沿井筒。从坐标系（1，2，3）到新坐标系（x，y，z）可以通过以下计算：

$$\begin{pmatrix} \sigma_{xx} & \sigma_{xy} & \sigma_{xz} \\ \sigma_{yx} & \sigma_{yy} & \sigma_{yz} \\ \sigma_{zx} & \sigma_{zy} & \sigma_{zz} \end{pmatrix} = A \begin{pmatrix} \sigma_1 & 0 & 0 \\ 0 & \sigma_2 & 0 \\ 0 & 0 & \sigma_3 \end{pmatrix} A^{\mathrm{T}} \tag{4.4}$$

其转换矩阵 A 被定义为

$$A = \begin{pmatrix} \cos\alpha\cos\beta & \sin\alpha\cos\beta & \sin\beta \\ -\sin\alpha & \cos\alpha & 0 \\ -\cos\alpha\sin\beta & -\sin\alpha\sin\beta & \cos\beta \end{pmatrix} \tag{4.5}$$

式（4.5）中，A^{T} 是矩阵 A 的转置。井壁周向应力分布（在 $r=r_{\mathrm{w}}$ 处）是井周位置的函数。当在井周最高点（与 x 轴对齐）时，我们定义一个新角 θ，$\theta=0$，则极坐标下应力计算方法如下：

$$\begin{aligned} \sigma_{rr} &= -p_{\mathrm{bd}} \\ \sigma_{\theta\theta} &= p_{\mathrm{bd}} + \sigma_{xx}(1-2\cos2\theta) + \sigma_{yy}(1+\cos2\theta) - 4\sigma_{xy}\sin2\theta \\ \sigma_{zz} &= \sigma_{zz}^{\infty} + v[2(\sigma_{xx}-\sigma_{yy})\cos2\theta + 4\sigma_{xy}\sin2\theta] \\ \sigma_{r\theta} &= \sigma_{rz} = 0 \\ \sigma_{\theta z} &= -2\sigma_{xz}\sin\theta + 2\sigma_{yx}\cos\theta \end{aligned} \tag{4.6}$$

式中，n 为岩石的泊松比；σ_{zz}^{∞} 为（x，y，z）坐标中的 σ_{zz}［式（4.4）］。

注意，式（4.6）里面假设压力为负值。角度 θ 是围绕井圆周测量的（零被定义为井眼的最高点）。当井壁上最大（主）应力达到拉伸破坏应力时即 σ_{T}（$=T_0$），在井壁会产生裂缝，最大应力可由下式计算：

$$\sigma_{\max}(\theta) = \frac{\sigma_{zz} + \sigma_{\theta\theta}}{2} \sqrt{\left(\frac{\sigma_{zz} - \sigma_{\theta\theta}}{2}\right)^2 + \sigma_{\theta z}^2} \tag{4.7}$$

当最大应力 $\sigma_{\max}$ 值等于 σ_{T} 时可以计算井眼破裂压力。对于均质岩石破裂最可能发生在 θ 等于 0°和 180°时。可以通过以下方程式计算：首先假设井眼压力为 p_{bd}，然后反复计算，直到根据式（4.7）计算出最大应力 σ_{T}。裂缝的方向 γ 与井眼表面（θ—z 平面）对齐，可由以下公式计算：

$$\gamma = \frac{1}{2}\tan^{-1}\left(\frac{2\sigma_{\theta z}}{\sigma_{\theta\theta} - \sigma_{zz}}\right) \tag{4.8}$$

【例 4.2】 对例 4.1 案例计算破裂压力，如果井偏离垂直方向 65°（$\beta=65°$）但与水平方向主应力一致（$\alpha=0°$）。

解：基于式（4.5）首先计算 A 矩阵及其转置。由于井斜角是相对于垂直方向的偏移，当井偏离垂直角度 65°时，即 $\beta=65°$。这 A 矩阵是

$$A = \begin{pmatrix} \cos0^\circ\cos65^\circ & \sin0^\circ\cos65^\circ & \sin65^\circ \\ -\sin\theta & \cos0 & 0 \\ -\cos0^\circ\sin65^\circ & -\sin0^\circ\sin65^\circ & \cos65^\circ \end{pmatrix} \quad (4.9)$$

$$A = \begin{pmatrix} 0.42 & 0 & 0.91 \\ 0 & 1 & 0 \\ -0.91 & 0 & 0.42 \end{pmatrix} \quad (4.10)$$

有效应力是原始绝对应力与孔隙压力之差。以 3464psi 作为孔隙压力，原始有效应力为

$$\begin{bmatrix} \sigma'_1 \\ \sigma'_2 \\ \sigma'_3 \end{bmatrix} = \begin{bmatrix} \sigma_1+p_p \\ \sigma_2+p_p \\ \sigma_3+p_p \end{bmatrix} = \begin{bmatrix} -4829+3464 & 0 & 0 \\ 0 & -6329+3464 & 0 \\ 0 & 0 & -9360+3464 \end{bmatrix} = \begin{bmatrix} -1365 & 0 & 0 \\ 0 & -2865 & 0 \\ 0 & 0 & -5896 \end{bmatrix}$$

$$(4.11)$$

通过式（4.6）进行坐标变换后的合成应力场为

$$\begin{bmatrix} \sigma_x \\ \sigma_y \\ \sigma_z \end{bmatrix} = \begin{bmatrix} 0.42 & 0 & 0.91 \\ 0 & 1 & 0 \\ -0.91 & 0 & 0.42 \end{bmatrix} \begin{bmatrix} -1365 & 0 & 0 \\ 0 & -2865 & 0 \\ 0 & 0 & -5896 \end{bmatrix} \begin{bmatrix} 0.42 & 0 & -0.91 \\ 0 & 1 & 0 \\ 0.91 & 0 & 0.42 \end{bmatrix}$$

$$= \begin{bmatrix} -577 & 0 & -5344 \\ 0 & -2865 & 0 \\ 1237 & 0 & -2499 \end{bmatrix} \begin{bmatrix} 0.42 & 0 & -0.91 \\ 0 & 1 & 0 \\ 0.91 & 0 & 0.42 \end{bmatrix} = \begin{bmatrix} -5087 & 0 & 1735 \\ 0 & -2865 & 0 \\ 1735 & 0 & -2174 \end{bmatrix} \quad (4.12)$$

为了得到破裂压力，需要在假设的 p_{bd} 下，用式（4.7）和式（4.8）计算 σ_{max}。通过迭代，当 σ_{max} 等于拉伸破坏应力（1200 psi）时，裂缝将在井眼位置 $\theta=0$ 处形成。对于给定条件下假设破裂压力为 4708psi，计算如下。

$$\sigma_{rr} = -4708 \text{（psi）}$$

$$\sigma_{\theta\theta} = 4708-5087 \text{（}1-2\cos0^\circ\text{）}-2865 \text{（}1+2\cos0^\circ\text{）}-0 = 1200 \text{（psi）}$$

$$\sigma_{zz} = -2174-0.2 \left[2(-5078+2865) \cos0^\circ+0 \right] = -1286 \text{（psi）} \quad (4.13)$$

$$\sigma_{r\theta} = \sigma_{rz} = 0$$

$$\sigma_{\theta z} = -0$$

和

$$\sigma_{max}（\theta） = \frac{-1286-1200}{2} \sqrt{\left(\frac{-1286+1200}{2}\right)^2+0} = 1200 \text{（psi）} \quad (4.14)$$

正如失效准则规定当 σ_{max} 等于 $-T_0$ 时（对于本例而言为 -1200psi），将开启裂缝。这个例子表明有效的破裂压力需要 2086psi 才能开启裂缝。计算出的破裂压力为有效的破裂压力，此时的绝对破裂压力为

$$p_{bd} = p'_{bd}+p_p = 4708+3464 = 8172 \text{（psi）} \quad (4.15)$$

当井有斜度时（例 4.1 和例 4.2 对比）破裂压力增加。破裂压力仅用于起裂裂缝，一旦裂缝形成，就使用压裂压力来估算裂缝延伸所需的井底压力。压裂注入压力通常比压裂

压力（闭合压力）高几百磅/平方英寸。在现场，闭合压力近似等于最小水平应力。裂缝内注入压力和闭合压力之间的差值被定义为净压力。这将在下一节讨论。

4.1.3 裂缝参数预测

压裂设计的第一步是预测裂缝参数（裂缝宽度、长度和高度）。有三种不同方法来预测裂缝参数：二维（2D）解析模型、拟三维模型和全三维模型。在二维几何模型中，假设裂缝扩展过程中裂缝高度是一个常数。在假定几何形状情况下泵注过程中只有裂缝宽度和长度会增长。在拟三维模型中，除了假设宽度和长度增长以外，裂缝高度也是逐步增长，并根据几项参数相关性来估算高度增长值。在全三维模型中，三维坐标中真实的应力场中，模拟岩石的破坏以及裂缝在长度和宽度上的扩展。

常用的二维裂缝模型有 Perkins–Kern–Nordgren（PKN）模型、Kristianovich–Geertsma–de–Klerk（KGD）模型和 penny 模型，每种模型都假设了理想的裂缝几何特征，从而得到解。图 4.3 显示了 PKN 模型、KGD 模型和径向裂缝模型（硬币型裂缝）假设几何形状。所有模型都假设所产生的裂缝是双翼线性裂缝。

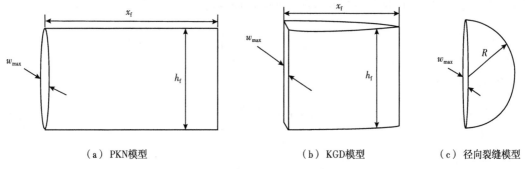

（a）PKN模型　　　　　　（b）KGD模型　　　　　　（c）径向裂缝模型

图 4.3　PKN 模型、KGD 模型和径向裂缝模型假设的几何形状

PKN 模型（Perkins and Kern，1961；NordGrand，1972）假设在井筒中所形成的裂缝是椭圆形，裂缝最大宽度位于缝高方向上的中间位置。沿着缝长方向裂缝开口形态也呈椭圆形。裂缝高度是一个常数。在假定的形状下，注入速度为 q_i，对于杨氏模量为 E 的岩石井眼处的最大裂缝宽度 w_{max} 和裂缝半长 x_f 为

$$w_{max} = 3.27 \left(\frac{q_i \mu x_f}{E'} \right)^{1/4} \tag{4.16}$$

式中 E' 为平面应变模量，与杨氏模量 E 的关系为

$$E' = \frac{E}{1-\nu^2} \tag{4.17}$$

式中，μ 为流体黏度；ν 为泊松比。

式（4.16）的单位一致。井眼处最大的裂缝宽度可以用裂缝平均宽度来表示，这更便于设计。转换为油田单位，q 单位为 bbl/min；μ 单位为 cP；x_f 单位为 ft，E' 单位为 psi，则平均宽度为

$$\overline{w} = 0.19\left[\frac{q_i \mu x_f}{E'}\right]^{1/4} \tag{4.18}$$

由式（4.18）计算出平均宽度，单位为 in。

KGD 模型 ［Khristianovic（h）和 Zheltov，1955；Geertsma 和 de Klerk，1969］假设井眼处裂缝剖面为矩形，沿着缝长方向裂缝宽度减小的形状呈椭圆形。同样，遵循式（4.16）和式（4.18）使用的单位。最大宽度和平均宽度可以通过 KGD 模型计算为

$$w_{\max} = 2.7\left(\frac{q_i \mu x_f^2}{E' h_f}\right)^{1/4}\frac{\pi}{4} = 2.12\left(\frac{q_i \mu x_f^2}{E' h_f}\right)^{1/4} \tag{4.19}$$

和

$$\overline{w} = 0.34\left(\pi\frac{q_i \mu x_f^2}{E' h_f}\right)^{1/4}\frac{\pi}{4} = 0.27\left(\pi\frac{q_i \mu x_f^2}{E' h_f}\right)^{1/4} \tag{4.20}$$

对于硬币裂缝，宽度方程式取决于井眼裂缝开口的假设，PKN（图 4.3）或 KGD 模型也是一样。对于 PKN 模型开口裂缝（Gidley 等，1989），单位一致

$$w_{\max} = 1.66\left(\frac{q_i \mu R}{E'}\right)^{1/4} \tag{4.21}$$

和

$$\overline{w} = 0.79\left(\frac{q_i \mu R}{E'}\right)^{1/4} \tag{4.22}$$

对于 KGD 模型的缝宽

$$w_{\max} = 2.65\left(\frac{q_i \mu R}{E'}\right)^{1/4} \tag{4.23}$$

和

$$\overline{w} = 1.36\left(\frac{q_i \mu R}{E'}\right)^{1/4} \tag{4.24}$$

【例 4.3】用 PKN 模型计算裂缝宽度

在排量为 65bbl/min、压裂液黏度为 100cP 的情况下，计算泵注期间的平均裂缝宽度。压裂液密度为 64lb/ft³，杨氏模量为 10^6 psi，泊松比为 0.2。

解：应用式（4.4），可以建立裂缝宽度和半缝长的关系。

$$\overline{w} = 0.19\left[\frac{65 \times 100(1-0.2^2)x_f}{10^6}\right]^{1/4} = 0.053x_f^{1/4} \tag{4.25}$$

图 4.4 所示为由 PKN 模型定义的裂缝半长与裂缝平均宽度之间的关系。对于 700ft 长的裂缝，井眼处的平均宽度为 0.272in。

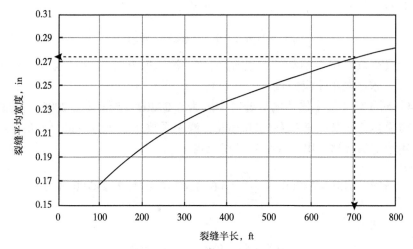

图 4.4　例 4.2PKN 模型的裂缝几何计算

4.1.4　施工设计

一旦通过裂缝几何模型定义了裂缝宽度和半长，就可以进行施工设计，以确定如何压出目标裂缝。

4.1.4.1　泵注时间

根据裂缝模型计算出裂缝的几何形状，利用体积平衡法估算泵注时间。泵注总体积 V_i 是产生裂缝体积 V_{frac} 和流入地层液体漏失体积 V_{leakoff} 之和，即

$$V_i = V_{\text{frac}} + V_{\text{leakoff}} \tag{4.26}$$

注入量 V_i 是注入速度与时间的乘积

$$V_i = q_i t_i \tag{4.27}$$

产生的裂缝体积 V_{frac} 为

$$V_{\text{frac}} = 2x_f \overline{w} h_f \tag{4.28}$$

V_{leakoff} 可以用式（4.29）计算

$$V_{\text{leakoff}} = K_{\text{L}} C_{\text{L}} 2 (x_f h_f) r_p t_i^{\frac{1}{2}} \tag{4.29}$$

式（4.29）中，C_{L} 为漏失系数，在压裂泵注前可以进行小型压裂试验或在实验室用相似岩石、压裂液以及泵注条件下进行测量。K_{L} 是与压裂液效率相关的参数，定义为（Nolte，1986）

$$K_{\text{L}} = \frac{1}{2} \left[\frac{8}{3} \eta + \pi (1 - \eta) \right] \tag{4.30}$$

压裂液效率 η 定义为

$$\eta = \frac{V_{\text{frac}}}{V_i} \tag{4.31}$$

用式（4.27）至式（4.31）中的表达替换式（4.26），得

$$q_i t_i = 2x_f h_f \overline{w} + K_L C_L \ (2A_f) \ r_p \sqrt{t_i} \tag{4.32}$$

式中，r_p 为产层有效厚度 h 与裂缝高度 h_f 的比。注入时间 t_i 可通过式（4.32）求得。注意，式（4.32）求解时单位应一致。

【例4.4】 对于例4.2中描述的裂缝（宽度为0.272in，半缝长为700ft，高度为100ft），其泵注时间需要多长？泵注速率为65bbl/min，滤失系数为0.001ft/min$^{0.5}$，K_L 为1.47。

解：使用给定的数据，用式（4.32）可求得

$$65 \times 5.615 t_i = 2 \times 700 \times \frac{0.272}{12} \times 100 + 1.47 \times 0.001 \times 2 \times 2 \times 700 \times 100 \sqrt{t_i} \tag{4.33}$$

式（4.33）化简后

$$365 t_i - 411.6 \sqrt{t_i} - 3173.3 = 0 \tag{4.34}$$

则 t_i 为

$$t_i = \left(\frac{-(-411.6) + \sqrt{(-411.6)^2 - 4 \times 365 \times (-3173.3)}}{2 \times 365} \right)^2 = 12.7 \ (\text{min}) \tag{4.35}$$

总泵注时间为13min，则

$$V_i = 65 \ \frac{\text{bbl}}{\text{min}} \times 5.615 \ \frac{\text{ft}^3}{\text{bbl}} \times 13 \ (\text{min}) = 4745 \text{ft}^3 \tag{4.36}$$

和

$$\eta = \frac{3173.3}{4745} = 0.67 \tag{4.37}$$

4.1.4.2 前置液泵注

为了建立有支撑剂支撑的裂缝，泵注开始时使用无支撑剂的压裂液，称作前置液。在前置液阶段形成部分裂缝以后才使用支撑剂。前置液用量取决于滤失速度和压裂液效率，滤失速率高的地层需要更多前置液。Nolte（1986）提出用式（4.38）来估算前置液用量及泵送时间。

$$V_{\text{pad}} \approx V_i \left(\frac{1-\eta}{1+\eta} \right) \tag{4.38}$$

定义

$$\varepsilon = \frac{1-\eta}{1+\eta} \tag{4.39}$$

则

$$V_{\text{pad}} = V_i \varepsilon \tag{4.40}$$

泵注时间

$$t_{\text{pad}} = \frac{v_{\text{pad}}}{q_i} \tag{4.41}$$

【例 4.5】 对于例 4.2 和例 4.3 中压裂设计，计算前置液用量和泵注时间，可以先通过式（4.39）计算参数 ε

$$\varepsilon = \frac{1-0.67}{1+0.67} = 0.2 \tag{4.42}$$

从式（4.40）和式（4.41），可得

$$V_{\text{pad}} = 0.2 \times 4745 = 949 \ (\text{ft}^3) \tag{4.43}$$

和

$$t_{\text{pad}} = \frac{942}{65 \times 5.615} = 2.9 \ (\text{min}) \tag{4.44}$$

实例表明要在井筒中形成长为 700ft、平均宽度为 0.27in 的裂缝，需要总泵注时间为 13min，且前置液先泵送 3min。

4.1.4.3　加砂程序

在裂缝被前置液开启后，逐渐向压裂液中加入支撑剂完成压裂。加入支撑剂的压裂液又称为携砂液。在泵送携砂液过程中，支撑剂应满足两个添加要求，携砂液中支撑剂浓度增加速度不能过快避免发生砂堵，在泵送的最后阶段支撑剂最大浓度必须低于限制值，这通常由固体处理泵送能力决定。泵注时间（支撑剂浓度与泵送时间存在函数关系）主要取决于地层滤失程度。指数函数的准则为

$$c_{\text{p}}(t) = c_{\text{f}} \left(\frac{t - t_{\text{pad}}}{t_i - t_{\text{pad}}} \right)^{\varepsilon} \tag{4.45}$$

式中，c_{f} 是泵的固体处理能力，也被称作为作业结束时浓度。在现场操作中，支撑剂浓度按照式（4.45）定义的曲线以阶梯函数增加。

【例 4.6】 引用例 4.3 至例 4.5 为压裂设计建立一套泵注程序，压裂结束的最终浓度 C_{f} 是 6 lb/gal。

解：应用式（4.45）支撑剂浓度随泵注时间的变化见表 4.1。前 8min 泵送前置液，且在此期间支撑剂浓度为 0。建议支撑剂泵注程序中支撑剂浓度采用阶梯变化，与浓度曲线相匹配。图 4.5 所示为理论浓度及建议的真实浓度。

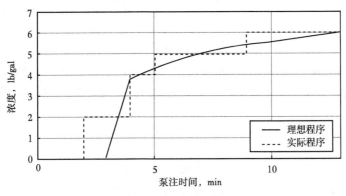

图 4.5　泵注程序

表 4.1　压裂泵注期间加砂程序

注入时间，min	支撑剂浓度，lb/gal
0~3	0
3~4	3.8
4~5	4.4
5~6	4.7
6~7	5.0
7~8	5.2
8~9	5.4
9~10	5.6
10~11	5.7
11~12	5.9
12~13	6.0

4.1.4.4　支撑剂质量和裂缝闭合宽度

假设裂缝中所有支撑剂都是均匀铺置的（实际过程中是不可能），创建几何形状为 x_f、h_f 和 $\overline{w}$ 裂缝所需要的支撑剂总质量，是

$$M_p = \overline{c}_p \ (V_i - V_{pad}) \tag{4.46}$$

$\overline{c}_f$ 为支撑剂平均浓度，对于支撑剂均匀分布：

$$\overline{c}_p = \frac{1}{t_i - t_{pad}} \int_{t_{pad}}^{t_i} c_f \left(\frac{t - t_{pad}}{t_i - t_{pad}} \right)^{\varepsilon} \mathrm{d}t \tag{4.47}$$

式（4.47）简化后

$$\overline{c}_p = \frac{c_f}{\varepsilon + 1} \ (1-0) \ = \frac{c_f}{\varepsilon + 1} \tag{4.48}$$

则

$$M_p = \frac{c_f}{\varepsilon + 1} \ (V_i - V_{pad}) \tag{4.49}$$

当压裂完成停止泵送后，产生的裂缝将闭合在固体支撑剂上。为了估算闭合后的裂缝宽度，假设裂缝长度不变。对于完全均匀填充的裂缝，裂缝宽度减小与固体支撑剂体积相关。

$$w_p = \frac{M_p}{2x_f h_f \rho_p \ (1 - \Phi_p)} \tag{4.50}$$

式中，ρ_p 是支撑剂密度，lb/ft^3；Φ_p 是支撑剂孔隙度。在选择支撑剂时，供应商会提供有关支撑剂渗透率、尺寸和抗压强度这类信息。式（4.50）计算的裂缝宽度为闭合后的宽

度。它小于通过几何模型 [式 (4.18)、式 (4.20) 和式 (4.24)] 计算出的平均裂缝宽度。这是计算生产中裂缝导流能力使用的宽度。

【例4.7】 支撑剂质量和已支撑裂缝宽度。

计算如例 4.5 描述的产生裂缝所需要的支撑剂总质量。如果支撑剂的密度为 180lb/ft³、孔隙度为 0.38，则闭合后的裂缝宽度为多少？

解：该情况下泵注体积 V_i 为 4745ft³（例 4.3），前置液体积 V_{pad} 为 942ft³（例 4.4）。用（例 4.4）指数参数 $e = 0.2$，以及例 4.5 中作业结束后的浓度，$c_f = 6$ lb/gal，结合式（4.49），得

$$M_p = \frac{6}{0.2+1} \ (4745-942) \ \frac{lb}{gal} \times 7.48 \ \frac{gal}{ft^3} = 142232 \ lb \tag{4.51}$$

结合式 (4.50) 得

$$w_p = \frac{142232}{2 \times 700 \times 100 \times 180 \times (1-0.38)} = 0.009 \ (ft) = 0.11 \ (in) \tag{4.52}$$

4.1.5 裂缝导流能力和压裂井产能

裂缝导流能力测量的是裂缝闭合后的流动能力。它被定义为支撑裂缝宽度与支撑剂渗透率的乘积。

$$C_f = wK_f \tag{4.53}$$

裂缝导流能力常用的单位是 mD·ft。为了将裂缝流动能力与压裂井性能联系起来，使用无量纲导流能力 C_{FD}，定义为

$$C_{FD} = \frac{wK_f}{x_f K} \tag{4.54}$$

式中，x_f 为裂缝半长，ft；K 为储层渗透率，mD。式（4.54）提出了一个重要的概念，已产生的裂缝应与储层相匹配，保障地层流体从裂缝中产出。式（4.54）中分子表示裂缝流动能力，分母表示储层流动能力。显然，两者应该是平衡的。Economides（2002）等阐述了最佳裂缝无量纲导流能力满足最有效的裂缝设计。对于低渗透油藏，裂缝半长 x_f 十分关键。对于中—高渗透油藏，裂缝宽度 w 对于提高生产性能很重要。裂缝几何形状主要取决于地层岩石性质，压裂设计参数（泵注速率，体积，支撑剂类型和选择的压裂液）对裂缝几何形状也有一定的影响。一旦储层中产生裂缝，式（4.54）中 4 个参数已知，就可以预测油井产能。

为了预测压裂井产量，可以采用简单解析模型、半解析解或油藏数值模拟完成该预测。这里用两种解析方法来介绍步骤。

4.1.5.1 压裂井生产的拟稳态条件下拟径向流方程

Meyer 和 Jacot（2005）提出了一种拟径向流动条件下有限导流裂缝压裂井产能拟稳态解析法。它采用等效井眼半径来等效在径向流中的裂缝。如图 4.6 所示为流动方式。该方程适用条件是裂缝半长 x_f 小于储层泄流半径。

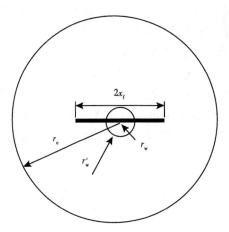

图 4.6　径向流假设的压裂井流量解析方程

压裂井等效井眼半径为

$$r'_w = \frac{x_f}{\left(\dfrac{\pi}{c_{FD}} + 2\right)} \qquad (4.55)$$

压裂后表皮系数为

$$S_f = -\ln\left(\frac{r'_w}{r_w}\right) = -\ln\left[\frac{x_f}{r_w\left(\dfrac{\pi}{c_{FD}} + 2\right)}\right] \qquad (4.56)$$

值得注意的是，压裂后的表皮系数始终为负值。可以采用压裂后的表皮系数来计算无量纲生产指数 J_D。

$$J_D = \frac{1}{\ln\left(\dfrac{0.472r_e}{r_w}\right) + S_f} \qquad (4.57)$$

一旦已知 J_D，可以通过它计算出生产指数 PI 和流量 q。对于单相液井，其液体流量为

$$q = PI\Delta p = J_D\left(\frac{Kh}{141.2B\mu}\right)\Delta p \qquad (4.58)$$

对于单相气井，气体流量为

$$q = PI\Delta p^2 = J_D\left(\frac{Kh}{1424TZ\mu}\right)\Delta p^2 \qquad (4.59)$$

式（4.59）中附加参数是 Rankin 的平均储层温度 T 和流体压缩系数 Z。

【例4.8】 导流能力和生产速率

例 4.6 中，计算出闭合后的裂缝宽度为 0.018ft。如果储层渗透率为 0.1mD，用于形成裂缝的支撑剂的孔隙度为 0.38，渗透率为 16D，密度为 180lb/ft³，裂缝的导流能力是多少？

生产压差为1000psi时的流速是多少？储层流体黏度为0.8cP，地层体积系数为1.1，井眼半径为0.25ft，泄流半径为879ft。

解：由式（4.37），可得

$$C_{FD} = \frac{0.009 \times 16000}{700 \times 0.1} = 2.1 \qquad (4.60)$$

压裂后等效半径为

$$r'_w = \frac{700}{\frac{\pi}{2.1} + 2} = 200 \quad (\text{ft}) \qquad (4.61)$$

即

$$S = -\ln \frac{200}{0.25} = -6.7 \qquad (4.62)$$

则

$$J_D = \frac{1}{\ln \frac{0.427 \times 879}{0.25} + (-6.7)} = 1.4 \qquad (4.63)$$

$$q = \frac{1.4 \times 0.1 \times 100 \times 1000}{141.2 \times 1.1 \times 0.8} = 108 \quad (\text{bbl/d}) \qquad (4.64)$$

当支撑剂质量确定时，裂缝几何形状、导流能力变化，产能也随之变化。图4.7所示为无量纲产量与支撑剂总量为150000 lb的裂缝半长的函数关系图。随着裂缝长度的增加，当储层渗透率为0.1mD，裂缝半长约为720ft时，产能最高。当裂缝长度超过该长度时，不会产生的较高的J_D。裂缝无量纲导流能力约为2。这符合Economides等（2002）的最优理论。当储层渗透率较小（0.01mD）时，在合理的裂缝半长范围内，达不到最佳产能状态。只要现场操作条件允许，应以最佳目标指导压裂施工；泵注速率、泵压、支撑剂浓度和其

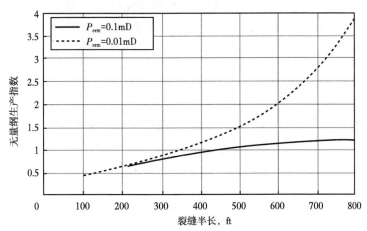

图4.7 无量纲生产率指数J_D和裂缝半长的关系

他参数的限制会使得现场达不到最佳目标。

4.1.5.2 多级压裂水平井瞬态流动条件下线性流动方程

显然,当储层渗透率非常低时(例如在非常规储层中),在大多数生产时间内,压裂井的流动以裂缝区域周围的线性流为主,相比拟稳态,瞬态更容易产生线性流。Bello 和 Wattenbarger(2010)针对多级压裂水平井建立了其不同流动阶段的解析模型。采用瞬态流(Bello 和 Wattenbarger 研究中的第 4 部分)条件下基质主导线性流方程来评估井流量。这个区域是长期生产区域。图 4.8 显示了简化线性流动模式。在图 4.8 中,x_e 为井眼长度,y_e 为裂缝半长,h 为裂缝高度,L 为裂缝间距。

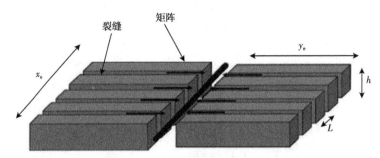

图 4.8 低渗透非常规储层多级压裂井线性流模式(Bello 和 Wattenbarger,2010)

该模型假设所有裂缝间距是常数,并且储层是均匀的。为了计算所有裂缝的流量,首先定义无量纲时间为

$$t_{DAcm} = \frac{0.000633K_m t}{(\varphi \mu c_t)_m A_{cm}} \tag{4.65}$$

式(4.65)中下标 m 表示基质。基质接触面积 A_{cm} 定义为

$$A_{cm} = \frac{2x_e h 2 y_e}{L} \tag{4.66}$$

式(4.65)和式(4.66)中涉及的储层参数是渗透率 K_m,单位为 mD,生产时间 t,单位为 d,孔隙度 f,流体黏度 m,单位为 cP,总压缩系数 c_t,单位为 1/psi。在无量纲时间 t_{DAcm} 下,线性基质流动的无量纲生产指数为

$$q_{DL,m} = \frac{1}{2\pi \sqrt{\pi t_{DAcm}}} \tag{4.67}$$

类似于径向流动方程,对于产液井,可以通过以下公式计算液体流量(bbl/d):

$$q = \frac{K_m \sqrt{A_{cm}} (p_i - p_{wf})}{141.2 B\mu} q_{DLm} \tag{4.68}$$

对于产气井,可以通过以下公式计算每日气体流量:

$$q = \frac{K_m \sqrt{A_{cm}} (p_i^2 - p_{wf}^2)}{1424 T\mu Z} q_{DLm} \tag{4.69}$$

式（4.69）中，温度单位为°R，流速单位为 10^3 ft/d。

【例4.9】在气藏中一口长度为5000ft 水平井计划进行水力压裂，沿井眼布置100 条裂缝（$L=50$ft）。裂缝半长 y_e 为300ft，裂缝高度为100ft。储层渗透率为0.005mD，孔隙度为0.05，总压缩系数为 10^{-4} 1/psi，储层流体黏度为0.02cP，平均气体压缩系数 Z 为0.9，平均温度为640°R。如果初始储层压力为4000psi，生产压差（p_i-p_{wf}）为1000 psi 应用于生产井，则计算7天（一周）的气体流量。

解：首先，先通过以下方程式计算无量纲组合数：

$$A_{cm} = \frac{2 \times 5000 \times 100 \times 2 \times 300}{50} = 1.2 \times 10^7 \tag{4.70}$$

和

$$t_{DAcm} = \frac{0.00633 \times 0.005 \times 7}{0.05 \times 0.02 \times 10^{-4} \times 1.2 \times 10^7} = 0.000185 \tag{4.71}$$

无量纲生产指数

$$q_{DL,m} = \frac{1}{2\pi \sqrt{\pi \times 0.0000185}} = 6.6 \tag{4.72}$$

采用式（4.53）求和

最后，在给定条件下，产量为

$$q = \frac{0.005 \sqrt{1.2 \times 10^7} \ (4000^2 - 3000^2)}{1424 \times 640 \times 0.02 \times 0.9} \times 6.6 = 49 \times 10^6 \text{ft}^3/\text{d} \tag{4.73}$$

4.2 压裂材料

压裂材料包括在裂缝闭合后保持裂缝张开的固体颗粒（支撑剂），产生裂缝并携带支撑剂的压裂液，以及由于各种原因添加到压裂液中的化学物质。

4.2.1 压裂支撑剂

压裂施工选择支撑剂和压裂液需要考虑许多因素。这包括技术评估和经济因素。

支撑剂的主要功能是用可渗透路径支撑闭合后裂缝开启。支撑剂可以是天然砂或人造陶粒。支撑剂通过其强度、密度、尺寸分布、孔隙度和渗透率等评价其性能。评估支撑剂的两个重要参数是抗压强度和支撑剂渗透率。此外，支撑剂应易于以最小沉降输送到裂缝中，因此，支撑剂密度也是一个重要因素。

压裂实践初期，天然砂支撑剂已应用于工业生产中。直到今天，在油田中使用的大部分支撑剂仍然是天然砂。使用它最大好处是其具有经济价值。总体而言，与人造支撑剂相比，天然砂的质量较差。虽然其所有性质（密度、强度、孔隙率和渗透率）是自然确定的，但也有尺寸分布均匀、形状较规则球形以及强度较高的优质天然砂。图4.9（Brannon，2011—2012）所示为常用的支撑剂类型。两种天然砂位于左栏：棕砂和渥太华白砂。如

图 4.9 所示，渥太华白砂的尺寸更均匀，形状更规则，与棕砂相比是更好的支撑剂。另一方面，人造陶粒支撑剂的质量可以根据特定要求进行设计。例如，轻质支撑剂在泵送过程中更容易运输，沉降更少，因此产生的填充裂缝更均匀（图 4.9 第一排中间和右侧图片）。铝土矿具有很高的强度，能够防止被闭合裂缝压碎，产生更高的导流能力（图 4.9 第二排右侧图片）。相比天然砂，陶粒具有更高的强度。其尺寸和形状可以控制，具有较高的孔隙率和渗透率。

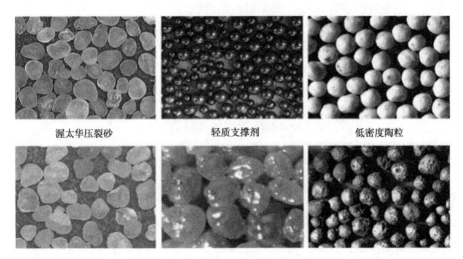

渥太华压裂砂　　　　　　　轻质支撑剂　　　　　　　低密度陶粒

图 4.9　不同类型支撑剂（Brannon，2011—2012）

天然砂和陶粒有时都有树脂涂层。树脂涂层支撑剂的主要目的是防止支撑剂在生产过程中发生回流，用以保持所产生裂缝的导流能力。

在设计压裂施工时，支撑剂用目数表示。其尺寸由两个数字表示，例如 20/40 目；为超过 90% 的颗粒粒径在筛孔尺寸目数的最大值与最小值之间。表 4.2 列出了常用的支撑剂尺寸和相应的粒径。

表 4.2　支撑剂尺寸

支撑剂目数	粒径范围，μm
16/20	850~1180
16/30	600~1180
20/40	420~850
30/50	300~600
40/70	212~420
70/140（100）	106~212

大尺寸支撑剂具有较高导流能力，但由于其重量大在压裂中也更难以携带。相比之下，小尺寸支撑剂更易携带，但其导流能力较低。从生产性能来看，中—高渗透性地层应选择大尺寸支撑剂，确保其产生足够的导流能力；低渗透地层适合小尺寸支撑剂，尤其设计的裂缝宽度较小时。对于常规储层，标准支撑剂尺寸约为 20/40 目。随着非常规资源的开发，

现场使用的支撑剂的尺寸越来越小。非常规储层中常用的支撑剂尺寸为 40/70 目，有时甚至 100 目。这是有两个原因导致的。首先，为了避免压裂井中的凝胶伤害，在低渗透性地层中使用较低浓度的聚合物凝胶，这降低了携带大尺寸支撑剂的能力。小尺寸支撑剂降低了砂堵概率。此外，大多数非常规页岩地层都存在天然裂缝，使用较小尺寸的支撑剂可以增加支撑剂向天然裂缝的输送。

混合方法是将小尺寸支撑剂和大尺寸支撑剂结合起来。首先，在整个处理过程中泵送较小尺寸的支撑剂，然后在处理结束时泵送较大尺寸的支撑剂在井眼附近建立高渗透支撑剂充填层以提高产量，即增加向井眼的流量。

4.2.2 压裂液

压裂液的作用是开启裂缝，将支撑剂输送到裂缝中，并使其尽可能均匀地分布。压裂液需要具备的特性是，当压裂作业结束时，用于携带支撑剂的压裂液黏度必须降低，只有这样，生产开始时，压裂液才可以很容易返排到地面。压裂液黏度是由聚合物与水混合成胶液后产生的，并且在需要时添加破胶剂以破坏胶液。根据以上压裂液作用，压裂液表观黏度是选择/设计压裂液的关键参数。

早期水力压裂用的压裂液主要是水或油。随着压裂技术的进步，聚合物、表面活性剂和其他添加剂广泛应用在如今水基压裂液中，以保障储层条件下具有稳定流变性质和防止伤害压裂井性能。其他添加剂包括黏弹性表面活性剂（VES），发泡剂和化学反应性流体如 HCl 和乙酸。目前在压裂施工中广泛适用的有线性胶，冻胶和滑溜水。在混合压裂中，交替使用多种类型压裂液。

4.2.2.1 线性胶

自 20 世纪 50 年代以来，线性胶一直作为工业压裂中的压裂液（Jennings，1996）。最常见的线性胶聚合物是来自天然瓜尔豆的瓜尔胶。干粉状的瓜尔胶分子，长链紧密地缠绕在一起。当瓜尔胶水合物加入水基压裂液，长链松弛成直链，并在水相中产生非牛顿黏度。瓜尔胶可以改性为羟丙基瓜尔胶（HPG）或羧甲基羟丙基瓜尔胶（CMPGH）。瓜尔胶衍生物是更先进的线性胶压裂液，与瓜尔胶相比具有稳定的流变性。瓜尔胶和 HPG 的化学结构如 4.10 所示。

4.2.2.2 冻胶

随着水力压裂技术的发展，从 20 世纪 70 年代开始，大量油田水力压裂作业泵入支撑剂浓度和用量一直在增加。线性胶不能满足压裂设计工作要求。冻胶作为压裂液因其黏度高、稳定性好而广受欢迎。它含有瓜尔胶基线性胶和添加剂。硼酸盐含有大量硼氧阴离子，在低 pH 值环境下可使冻胶聚合物形成复杂的聚合物结构，如图 4.11 所示。冻胶的表观黏度在几百厘泊到几千厘泊之间，且在高温下是稳定的。当 pH 值增加时，分子的复杂结构是可逆的，这一特性被用于压裂后破胶。

4.2.2.3 滑溜水

低渗透率地层压裂普遍采用低浓度支撑剂或没有支撑剂。从 20 世纪 70 年代俄克拉荷马州的"河流压裂"到 20 世纪 80 年代奥斯汀白垩岩中水平井的"水压裂"（Meehan，1995），该方法在具有天然裂缝系统异常发育的低渗透性碳酸盐岩地层中成功应用。随着非

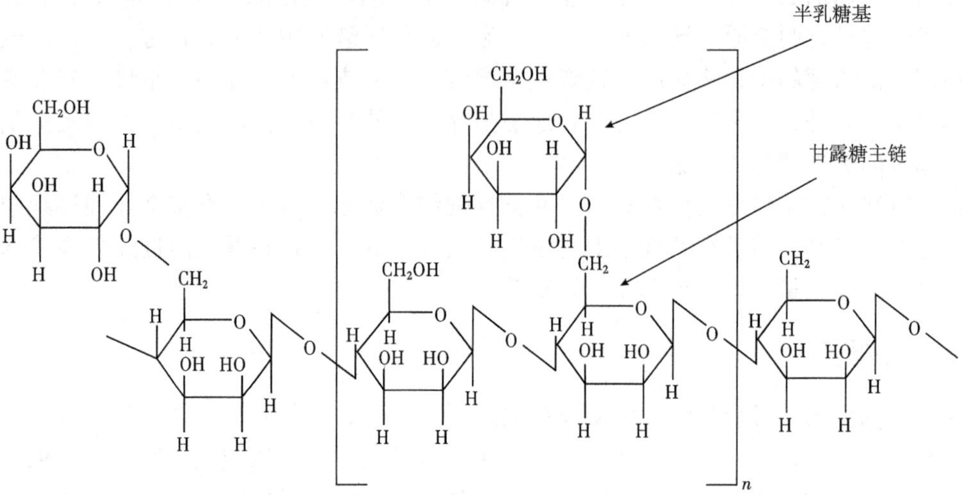

CH₂OH CH₂OH

半乳糖基

甘露糖主链

（a）瓜尔胶

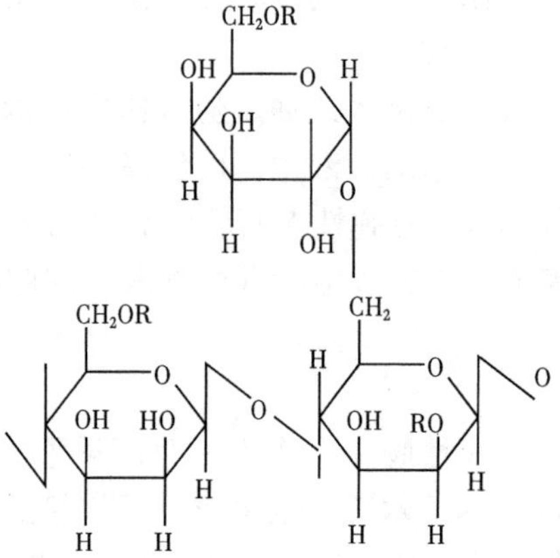

CH₂OR

（b）羟丙基瓜尔胶

图 4.10　瓜尔胶和羟丙基瓜尔胶的化学结构

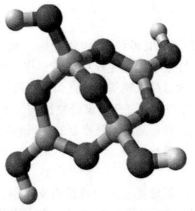

图 4.11　硼酸盐冻胶的化学结构（深色：氧，灰色：硼，白色：氢）（维基百科）

常规油藏压裂增多，引入了滑溜水作为压裂液。对于非常规储层，裂缝宽度更窄，通过裂缝网格提升与储层的连通，减少支撑剂携带，避免了对渗透率敏感地层的伤害，但排量显著增加。滑溜水是一种非黏性的水基压裂液。较低的黏度确保了较高的排量。为了降低摩阻，可以添加低浓度的丙烯酰胺聚合物作为降阻剂。

在北美，由于滑溜水压裂在 Barnett 页岩应用取得巨大成功，滑溜水压裂作业量占比从 1998 年的 21%提高到 2009 年的 40%以上，翻了近一番（Brannon，2012）。Marcellus 页岩，Woodford 页岩，Utica 页岩和 Fayetteville 页岩中应用的压裂液主要是滑溜水（Ely 等，2014）。在 Bakken 页岩和 Eagle Ford 页岩中也常用滑溜水和线性胶（混合压裂液）的组合。

降阻剂可增强层流，可将摩阻降低80%。在实验室规定时间内评估了降阻剂在井下的性能和稳定性。图 4.12 所示为 6 种降阻剂的摩阻与聚合物浓度的函数关系（Baser 等，2010）。将有无降阻剂的摩阻进行比较。可观察到大多数测试样品的最佳浓度（曲线图上峰值降低处），其性能从降阻率近80%（样品 A、样品 C 和样品 D）到降阻率约50%（样品 F）。样品 A、样品 C 和样品 D 在较低浓度聚合物（小于 3lb/gal）下其性能达到峰值。与测试的其他样品相比，这三种样品更有效，降阻效率更高。在选择降阻剂时，另一个关注点是化学品的持续稳定性随时间变化。在整个泵注过程中，降阻剂的性能应保持稳定性。

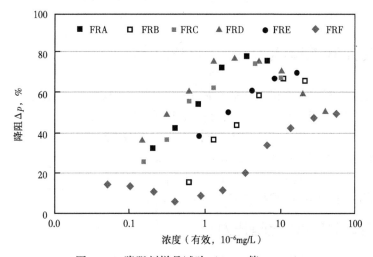

图 4.12　降阻剂样品试验（Baser 等，2010）

4.2.2.4　掺混纤维压裂液

掺混纤维压裂液在多个方面改善了压裂液性能。最初应用主要是防支撑剂返排。此外，还观察到有降低漏失和控制缝高的优势。压裂液中使用的纤维可以由玻璃、陶瓷、金属或碳制成（Card 等，1995）。

纤维最显著的功能之一是提高支撑剂输送能力。纤维可以有效地携带支撑剂，沉降较少，从而使裂缝充填更均匀，支撑裂缝长度更长。纤维将支撑剂输送与黏度分离。压裂液稠化剂浓度大大降低。对于胶液伤害敏感的地层采用纤维压裂液，有助于改善压裂后的井性能（Bustos 等，2007）。

压裂后纤维可降解且自清洁。在设计掺混纤维压裂液时，降解特性至关重要。如果在泵注作业完成前发生降解，则支撑剂可能无法按计划铺置，从而降低压裂效率。另一方面，如果纤维不降解，纤维本身会堵塞压裂充填层，使支撑剂充填层的渗透率降低。在实验室中测试纤维稳定性、降解性与时间的函数关系。测试结果如图 4.13 所示（Bustos 等，2007）。与样品 A 相比，样品 B 承受温度更高。

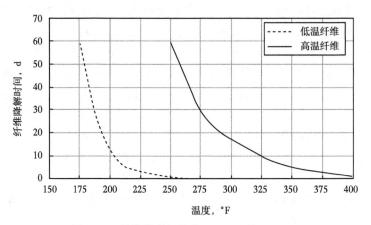

图 4.13　纤维的降解特性（Bustos 等，2007）

4.3　压裂的井底处理压力和地面泵注压力

井底处理压力是实时反映压裂作业进展的重要信息。根据预估井底的破裂压力值计算破坏地层和开启裂缝所需的地面泵注压力；并根据井底所需的净压力来计算裂缝的扩展。几乎所有的压裂施工都记录了地面压力。对于破裂地层和前置液泵注使用无支撑剂压裂液（线性胶或滑溜水）。本节给出了无支撑剂压裂液和携砂液的泵注压力计算方法。此处介绍的压力计算有两个应用：确定压裂作业设计的地面泵注压力，无井底压力监测时估算井底压力，从而监测压裂过程中的裂缝扩展。

4.3.1　确定破裂时所需的地面压力

用式（4.1）表述井底破裂压力，考虑油管摩阻，计算地面泵注压力 p_{ti}

$$p_{ti} = p_{bd} - \Delta p_{PE} + \Delta p_f \tag{4.74}$$

式中的 Δp_{PE} 是由油管内液柱重量产生的静水压力；Δp_f 是油管内流体流动引起的摩阻。对于不含固相的单相液体泵注（如前置液泵注）：

$$\Delta p_{PE} = \rho g h \tag{4.75}$$

和

$$\Delta p_f = \frac{2 f_f \rho q^2 L}{\left(\frac{\pi D^2}{4}\right)^2} \tag{4.76}$$

式中，ρ 为压裂液密度，lb/ft^3；h 为井的垂直深度，ft；L 为油管长度，ft；f_f 为摩擦系数；q 为排量，bbl/d；D 为油管直径，in。摩擦系数 f_f 可从穆迪图或相关方程（Economides 等，2012）中获得，采用油田单位：

$$\Delta p_{PE} = \frac{\rho h}{144} \tag{4.77}$$

和

$$\Delta p_f = \frac{7.35 \times 10^{-7} f_f \rho q^2 L}{D^5} \tag{4.78}$$

式（4.74）表明较高的静水压降有助于降低地面泵压，但较高的摩阻导致较高的地面泵压。泵注时高密度压裂液有助于降低地面泵压，但是高排量可导致摩阻升高。对于瓜尔胶压裂液，加入聚合物不仅可以增加黏度，也可用作降阻剂。对于滑溜水，加入低浓度聚合物作为降阻剂。降阻剂可降低摩擦系数 f_f，从而降低了地面高泵压。

【例4.10】地面泵压计算。

计划压裂的目的层深度8000ft。油道内径为3½in。压裂液为加降阻剂的水（滑溜水），降阻剂的平均加量为0.001。压裂液的密度为66.8lb/ft^3，黏度为5cP，排量为65bbl/min。计算实施例4.1中破裂压力下的地面泵压。

解：用式（4.60）和式（4.61）可得

$$\Delta p_{PE} = \frac{66.8 \times 8000}{144} = 3711 \text{（psi）} \tag{4.79}$$

和

$$\Delta p_f = \frac{7.35 \times 10^{-7} \times 0.001 \times 66.8 \times (65 \times 24 \times 60)^2 \times 8000}{3.5^2} = 6552 \text{（psi）} \tag{4.80}$$

因此，地面泵压为

$$p_{ti} = 5424 - 3711 + 6552 = 8265 \text{（psi）} \tag{4.81}$$

地面泵压必须低于所有设备和管汇的安全压力，通常规定为10000~15000psi。此例的排量为65bbl/min。如果排量增加到70bbl/min，则摩阻将升高到7599psi，地面泵压为9312psi。摩阻与排量的平方成正比。提高排量可以快速提高泵压。

4.3.2 评估泵注期间的井底压力用于监测施工情况

破裂后裂缝扩展过程中，井底压力必须高于地层的闭合压力，井底压力和闭合压力（也认为是破裂压力）之间的差值称为净压力。净压力是控制裂缝扩展的参数之一。在压裂过程中，需要保持足够高的泵压以提供所需的井底处理压力，因此为裂缝生长提供设计净压力。对于不含支撑剂的滑溜水，根据记录的泵压，可用上述计算反演井底压力。当泵送携砂液（瓜尔胶液中有支撑剂）时，摩阻计算是不同的。Lord 和 McGowen（1986）提出了摩阻与聚合物浓度、支撑剂浓度（也称为支撑剂载荷）呈函数关系。

$$\Delta p_{G,P} = \sigma (\Delta p_0) \tag{4.82}$$

式中，$\Delta p_{G,P}$ 为携砂液摩阻；Δp_0 为清水摩阻。摩阻比 σ，由下式计算：

$$\ln\left(\frac{1}{\sigma}\right) = 2.1505 - \frac{8.024}{\nu} - \frac{0.2365G}{\nu} - 0.1639G - 0.05266C_p \exp\frac{1}{G} \qquad (4.83)$$

式中，G 为交联胶添加剂浓度，$lb/10^3 gal$；C_p 为支撑剂浓度，lb/gal；ν 为排量：

$$\nu = \frac{q}{A} \qquad (4.84)$$

采用油田单位

$$\nu = \frac{17.15q}{D^2} \ (ft/s) \qquad (4.85)$$

式中，换算系数为 17.15 时，q 为排量，bbl/min；D 为管径，in。根据式（4.83）估算 σ，摩阻可通过式（4.82）计算：

$$\Delta p_0 = 0.40429 D^{-4.8} q^{1.8} L \qquad (4.86)$$

这里 D 单位是 in，q 单位是 bbl/min，L 单位是 ft

【例 4.11】携砂液泵注时的地面泵压计算

当裂缝延伸压力梯度为 0.8 psi/ft 时，计算所需的地面泵压。井深 8000ft，油管内径为 3½in，排量为 65bbl/min，支撑剂浓度为 2lb/gal，聚合物浓度为 150lb/10^{6}gal。携砂液密度为 90lb/ft^3，净压力为 400psi。

解：首先，通过式（4.86）计算水的摩阻：

$$\Delta p_0 = 0.40429 \times 3.5^{-4.8} \times 65^{1.8} \times 8000 = 14504 \ (psi) \qquad (4.87)$$

排量 ν 为

$$\nu = \frac{17.15 \times 65}{3.5^2} = 91 \ (ft/s) \qquad (4.88)$$

之后计算摩阻比

$$\ln\left(\frac{1}{\sigma}\right) = 2.1505 - \frac{8.024}{91} - \frac{0.2365 \times 150}{91} - 0.1639\ln150 - 0.05266 \times 2 \times \left(\exp\frac{1}{150}\right) = 0.7452 \qquad (4.89)$$

$$\sigma = 0.475 \qquad (4.90)$$

和

$$\Delta p_{G,P} = \sigma(\Delta p_0) = 0.475 \times 14504 = 6890 \ (psi) \qquad (4.91)$$

地面泵压为

$$p_{ti} = 6400 + 400 + 6890 - \frac{90 \times 8000}{144} = 8690 \ (psi) \qquad (4.92)$$

相比破裂地层开启裂缝所需的地面压力，裂缝扩展期间所需的较小。一旦携砂液进入井筒，地面压力就会降低，因为较重的携砂液会产生较高的静水压降［式（4.92）］。

4.3.3 压裂数据分析

通常在压裂施工期间记录泵压、排量和支撑剂浓度。这些信息对施工监测和压后评价非常有用。如果未测量井底压力，则可采用上述章节中介绍的方法进行计算。图 4.14 所示为一个典型的压裂施工记录。在图上，带有正方形和三角形符号的曲线分别是地面和井底的支撑剂浓度（lb/gal）；注意两条曲线的时间延迟。圆形符号曲线是排量，在泵送 14min 后大致恒定在 70bbl/min。菱形符号的曲线是由仪表测量井底压力，交叉符号曲线代表的是计算的井底压力。计算的井底压力与实测压力吻合。记录的地面泵压和计算/记录的井底压力反映了地层破裂（持续升高的压力，早期骤然下降）和裂缝扩展（井底压力略降表明 PKN 形态裂缝扩展和井底压力略增表明 KGD 形态裂缝扩展）。随着支撑剂浓度增加，当井底压力保持恒定时，泵压逐渐降低，因为随着支撑剂重量增加静水压力下降。泵压突然升高可能是砂堵迹象，泵压突然降低可能是缝高失控。无须定量计算，简单的 Nolte-Smith 图可以识别压裂期间的泵注问题。图 4.15 所示为一个 Nolte-Smith 图例（Gidley 等，1989）。

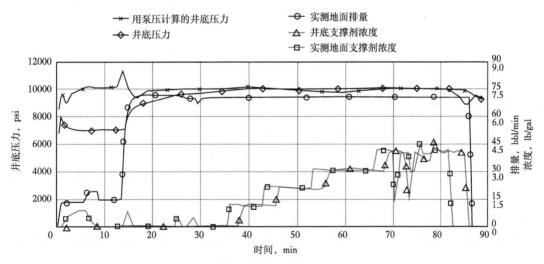

图 4.14　压裂处理记录（Bazan 和 Meyer，2015）

在 Nolte-Smith 图中，泵压与泵注时间呈对数函数关系，曲线被分成五个区域，每个区域代表裂缝扩展的理想化特点。在区域Ⅰ中，曲线斜率在 1/8 到 1/4 之间，表明裂缝扩展正常（高度增长受限和长度增长不受限）。在区域Ⅱ中，曲线为斜率为 0 的平线，表明稳定的高度增长。Ⅲ区分为两个部分；Ⅲ-a 的斜率为 1（单位斜率），Ⅲ-b 的斜率为 2（双斜率）。随着斜率突然增加，区域Ⅲ-a 表明出现砂堵，裂缝长度增长受限。区域Ⅲ-b 被表明尖端砂堵，通常被迫停泵使压裂结束。另一方面，如果斜率正在减小（区域Ⅳ），则表示高度的增长不受限制。这并不是想要的结果，因为裂缝很可能延伸出产油层。Nolte-Smith 图是一种简单有用的压裂诊断工具。

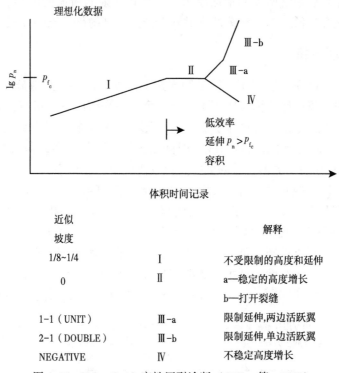

近似坡度		解释
1/8~1/4	I	不受限制的高度和延伸
0	II	a—稳定的高度增长
		b—打开裂缝
1-1（UNIT）	III-a	限制延伸,两边活跃翼
2-1（DOUBLE）	III-b	限制延伸,单边活跃翼
NEGATIVE	IV	不稳定高度增长

图 4.15　Nolte-Smith 定性压裂诊断（Gidley 等，1989）

4.3.4　测试压裂

测试压裂（DFIT）是最常用方法之一，其根据断裂前注入压力确定裂缝和储层参数。该概念是从 Nolte（1979）提出的微压裂基础上的修改和扩展，并与瞬态压力分析方法相结合（Craig 和 Blasingame，2006；Barree 等，2009）。微压裂的主要参数是滤失系数和裂缝闭合压力，而 DFIT 还可用于估算其他储层参数如孔隙压力，渗透率和储层储量。如图 4.16 所示，Barree 等（2015）总结 DFIT 操作程序。以低排量注入压裂液至地层破裂。地层破裂后排量增加至主压裂排量，然后保持 3~5min 以建立稳定压力。排量分两次降低，首先降至

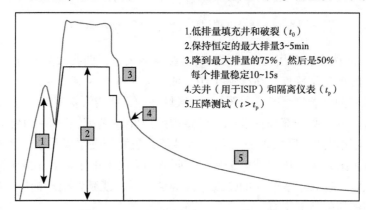

图 4.16　DFIT 测试程序（Barre 等，2015）

75%，然后降至 50%。每个步骤持续 10~15s 以获得泵压。然后停止泵注，记录瞬时关闭压力（ISIP）。从此刻起，记录压力降以估算漏失系数。由于流体流入储层导致压力下降，当裂缝完全闭合时，通过瞬时压力分析可以估算渗透率、储层初始压力和裂缝形状。闭合压力由压力导数变化识别确定，并且近似为地层的最小闭合应力。

这里只介绍估算漏失系数和闭合压力的方法。（Nolte，1979；Barre 等，2009）定义的 G 函数为

$$G(\Delta t_D) = \frac{4}{\pi}\left[g(\Delta t_D) - g_0\right] \tag{4.93}$$

这里

$$g(\Delta t_D) = \frac{4}{3}\left[(1+\Delta t_D)^{\frac{2}{3}} - (\Delta t_D)^{\frac{2}{3}}\right] \tag{4.94}$$

和

$$\Delta t_D = \frac{t-t_0}{t_0} \tag{4.95}$$

式中，t_0 为泵注时间；t 为总时间（泵注和关井）。

利用 G 函数，通过下面的关系式可以估算滤失系数 C_L

$$\Delta p(\Delta t_{D,1}, \Delta t_{D,0}) = \frac{C_L h_f E' \sqrt{t_0}}{h^2} G(\Delta t_{D,0}, \Delta t_{D,1}) \tag{4.96}$$

式中，h_f 为裂缝高度；h 为渗透地层厚度。

如图 4.17 所示，从导数曲线 $G\mathrm{d}p/\mathrm{d}G$ 与 G，我们还可以确定闭合应力。Barree 等（2009）表明，当通过原点的切线偏离 $G\mathrm{d}p/\mathrm{d}G$ 曲线时，闭合压力是偏离点处的压力，如虚线 $\boxed{1}$ 所示。

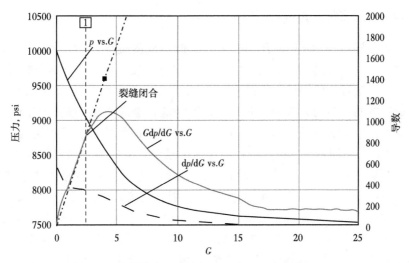

图 4.17　导数曲线图确定闭合压力（Barree 等，2009）

4.4 确保压裂成功的完井工作

除了第 2 章中提到的完井的基本功能外，水力压裂完井设计还有其独特的要求。压裂完井应在井筒与地层岩石之间建立良好沟通减少近井摩阻，易于破裂和开启裂缝，并能够将具有所需尺寸和数量的支撑剂放入裂缝中，在井眼附近没有支撑剂桥堵或在裂缝中的任何地方砂堵（Behrmann 和 Nolte，1999；Ceccarelli 等，2010）。有限的压裂完井设计是为了更好地分配压裂液。储层渗透率是生产完井的关键参数，与生产完井不同，岩石力学性质如地应力分布是设计成功水力压裂完井的最重要参数。从井身结构设计到完井选择、完井设计，每个阶段都需要考虑岩石力学性质的影响。

水力压裂完井主要有两类：固井套管/衬管完井和射孔完井，不固井完井（通常称为裸眼完井）。对于常规储层中的直井，多年来最常用的压裂完井方法是套管固井射孔完井。

近年来，随着非常规资源的开发，极低渗透率储层中水平井被用于开发生产，给水力压裂完井设计带来了新的挑战。为了应对这一挑战，开发了具有与储层连通能力的衬管和滑套裸眼完井技术。目前，水平井压裂既采用套管/固井/射孔完井，也采用裸眼/衬管/套管完井。通常压裂施工分多段泵注，沿水平井孔放置多条裂缝，以提高产量。

4.5 直井和斜井压裂完井

直井和斜井最常用的完井方法是套管固井射孔完井。如前所述，生产射孔和水力压裂射孔之间的最大区别是地应力的影响。当用于生产射孔时，地应力对井的生产性能影响最小。射孔对生产影响需要考虑表皮系数，在第 3 章已经阐述过。水力压裂射孔时，裂缝最好沿垂直于最小应力方向传播；射孔方向对压裂成功至关重要。水力压裂射孔设计相比生产射孔需要考虑一些特别的因素。

4.5.1 近井应力影响和射孔相位

近井压裂射孔问题与近井区域压力过大和弯曲造成的裂缝砂堵有关。这些问题都与射孔有关。因射孔产生的裂缝，其扩展方向与射孔方向一致。当射孔方向与裂缝扩展方向不一致时，一旦延伸出近井区裂缝应尝试扭转或转向，在地应力场作用下重新调整延伸方向。理论上讲，射孔方向应与最大应力方向一致，因为这是裂缝扩展的最佳方向。这表明射孔相位角应该为 180°，与最大应力方向一致，其他射孔方向将增加裂缝扩展的难度。这种理想情况如图 4.18（a）所示。实际上，这需要两个条件：地应力场和定向射孔的准确信息。定向射孔并不罕见，尤其在水平井中应用。另一方面，应力场的精确评估很难实现。如果应力场信息具有不确定性（一般都是如此），定向射孔会失去其价值，因为虽然可以精确射孔方向，但它可能不是有利方向。图 4.18（b）显示了射孔方向与有利应力方向不对应。

当射孔与主应力方向不一致时，如果偏差在 15°～30° 范围内，则可能起裂裂缝（Behrmann 和 Nolte，1998）。对于角度偏差更高时，近井眼弯曲度会影响裂缝的扩展。近井弯曲是指裂缝在扩展过程中，受地应力的影响而发生扭转和（或）旋转的现象。当从射孔处起裂的裂缝到远场后受地应力场影响发生偏转，其转折点处的裂缝较窄。这可能导致支撑剂在转折点处桥堵并导致砂堵。为避免近井弯曲发生，Abass 等（1994）根据实验观察，建议使用 60°相位而不是 180°相位。该建议的理由是在不确定的情况下，至少一些射孔将是朝有利方向并且能够起裂裂缝。

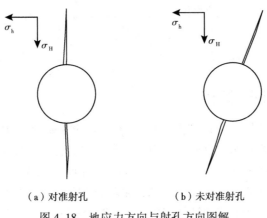

（a）对准射孔　　　　　（b）未对准射孔

图 4.18　地应力方向与射孔方向图解

如图 4.19 所示，压裂射孔的另一个常见问题是，在射孔或压裂泵注初期，套管和水泥之间会产生微环空（Romero 等，2000）。如果未对准射孔，在这种情况下，裂缝可能首先在井眼周围扩展，并在有利方位进入地层。图 4.19 中的箭头表示流动路径。限制区域或挤压点（图 4.19）可能会导致砂堵。随着射孔数量的增加，更容易形成多级裂缝，而不是单个或双翼裂缝。当从井眼进入远场时，与主应力方向不一致的裂缝就会停止扩展。此外，当开始泵注携砂液时这些未扩展的裂缝可能导致砂堵。

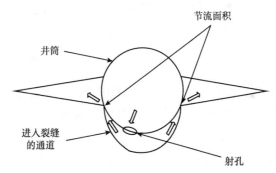

图 4.19　套管与水泥之间产生的微环空，在主应力场未对准射孔的情况下，
裂缝扩展会受到限制（Romero，2000）

Behrmann 和 Nolte 比较了不同射孔相位压裂设计的优点和缺点（Behrmann 和 Nolte，1998）。表 4.3 数据采用的是他们的研究结果。总之，0°/180°相位射孔可以避免产生多级裂缝，但产生微环空可能性较高。当射孔数量增加（120°/60°相位）时，微环空减少，但产生多级裂缝可能性增加。当地应力场较为确定时定向射孔有助于起裂和扩展裂缝。

表 4.3 射孔枪，垂直井，非定向，微环空比较（来自 Behrmann 和 Nolte，1998）

射孔枪	裂缝起裂压力	微环空挤压点	多级裂缝
0°，1SPF	坏的	最差	最好
180°，1SPF	坏的	坏的	好的
90°，2SPF	好的	坏的	坏的
120°，1.5SPF	最好	好的	坏的
60°，3SPF	最好	最好	最差

4.5.2 射孔长度，孔径和间距

在生产射孔中，射孔长度延伸到损伤区域外是十分重要的（第 3 章）；与生产射孔不同，压裂射孔的射孔长度不那么重要，因为裂缝会延伸到更远的地层中。粗略估算 6in 的射孔长度应足以起裂和扩展裂缝（Behrmman 和 Nolte，1999）。据观察，深穿透射孔可能有利于绕过近井弯曲（Ceccarelli 等，2010），尤其是深部地层（超过 4000m 或 12000ft）。从实验观察来看，深穿透射孔有助于降低破裂压力（Wutherich 和 Walker，2012）。另一方面，压裂射孔中，射孔直径变得十分重要。射孔尺寸必须足够大，以便支撑剂进入裂缝中。小尺寸孔眼产生大的孔眼摩阻，这仅在限流压裂设计中可取（稍后在 4.5.4 节讨论）。当射孔孔眼太小时，支撑剂会在射孔入口处桥堵，导致地面泵压过高或甚至发生砂堵。因此，射孔直径大于支撑剂尺寸的 6 倍。当不同支撑剂混合使用时，应根据其最大粒径来设计射孔直径。例如，对于 20/40 目支撑剂，射孔尺寸应大于 20 目尺寸的 6 倍。

压裂射孔间距设计不同于生产射孔间距。生产射孔时射孔段应覆盖大部分产油层，以实现更高的油藏接触和更好的生产性能。压裂射孔时较大射孔间距具有产生更多条裂缝的可能性，而不是单翼或双翼裂缝。多级裂缝通常导致一些裂缝更窄，支撑剂输送到裂缝中更难，从而增加了失败风险（砂堵）。实际上，建议射孔间距应为井筒直径的 2~4 倍。

4.5.3 孔眼摩阻

孔眼摩阻是指穿过套管射孔孔眼的压降。该摩阻增加了地面泵压的额外压降。当孔眼摩阻变大时，它可以显著增加地面泵压。压降的计算方法为

$$\Delta p_{\text{perf}} = 0.2369 \left(\frac{q}{n} \right)^2 \frac{\rho}{d_p^4 C_d^2} \qquad (4.97)$$

式中，q 是排量，bbl/min；ρ 是压裂液密度，lb/gal；n 是射孔数；d_p 是孔眼直径，in；C_d 是流量系数。

上述方程中的常数 0.2369 是所述油田单位转换系数。流量系数 C_d 是流体流变学的函数。

通过实验研究，给出了特定射孔尺寸的流量系数的数值（Lord，1994）。El-Rabba 等（1999）还给出了流量系数的经验表达式。对于无支撑剂的线性胶：

$$C_d = \left[1 - \exp \left(\frac{-2.2 d_p}{\mu_a^{0.1}} \right) \right]^{0.4} \qquad (4.98)$$

对于冻胶：

$$C_{d} = \left[1 - \exp\left(\frac{-3.79 d_{p}^{0.32}}{\mu_{a}^{0.25}} \right) \right]^{0.6} \tag{4.99}$$

式中，μ_{a} 是流体的表观黏度。请注意式（4.98）和式（4.99）的相关性是基于有限的测试数据，应谨慎使用。

在计算地面泵压时，应将孔眼摩阻压降加到式（4.71）：

$$p_{ti} = p_{bd} - \Delta p_{PE} + \Delta p_{f} + \Delta p_{perf} \tag{4.100}$$

【例 4.12】计算孔眼摩阻压降，并重新计算例 4.1 中破裂时的地面泵压。泵注速率为 65bbl/min，压裂液密度为 70lb/ft³，线性胶的表观黏度为 100cP，冻胶的表观黏度为 150cP，射孔为 2SPF，20in，射孔直径为 0.375in。根据式（4.98），首先计算线性胶的流量系数为

$$C_{d} = \left[1 - \exp\left(\frac{-2.2037 d_{p}^{0.32}}{100^{0.1}} \right) \right]^{0.4} = 0.69 \tag{4.101}$$

在 20in 的完井段有 40 个射孔，根据式（4.77）计算孔眼摩阻为

$$\Delta p_{perf} = 0.2369 \times \left(\frac{65}{40} \right)^{2} \frac{70(\text{lb/ft}^{3})}{7.48 \times (0.375^{4}) \left(\frac{\text{gal}}{\text{ft}^{3}} \right) \times (0.69^{2})} = 622\text{psi} \tag{4.102}$$

如例 4.1 和例 4.10 所示，将孔眼摩阻与破裂压力相加时，其地面泵压为

$$p_{ti} = 5424 - 3711 + 6652 + 622 = 8987 \ (\text{psi}) \tag{4.103}$$

对于冻胶：

$$C_{d} = \left[1 - \exp\left(\frac{(-3.79) \times (0.37^{0.32})}{150^{0.25}} \right) \right]^{0.6} = 0.694 \tag{4.104}$$

流量系数对凝胶的类型或流体的表观黏度不敏感。

4.5.4 限流法概念

限流法是利用控制射孔数来平衡多层裂缝扩展技术。当多个地层具有不同性质时，裂缝会在更容易破裂和扩展地层中形成。限流法使用少量射孔和小孔眼尺寸在裂缝扩展层产生大的孔眼摩阻，从而减缓裂缝扩展，并将压裂液重新引导至其他层。这起到了机械分流的作用。限流法成功的关键是正确设计射孔参数以产生所需的孔眼摩阻（Cramer，1987）。

在携砂液泵注过程中，当压裂液中加入支撑剂时，由于两者组合，孔眼摩阻开始减小。首先，因砂粒磨蚀，射孔边缘变得光滑，这增加了流变系数。第二个事实由于砂粒磨蚀，射孔尺寸变大。支撑剂磨蚀与泵支撑剂的总量、支撑剂粒径、浓度和排量有关。基于 20/40 目砂试验，Crump 和 Conway（1988）提出了支撑剂量和流量系数之间的关系

$$C_d = 0.56 + 1.65 \times 10^{-4} M_p \tag{4.105}$$

式中，M_p 是支撑剂质量，lb。

假设式（4.105）最小流量系数为 0.56，并且限制其 C_d 最大值 0.89。Cramer（1987）提出了射孔直径与支撑剂泵入量的关系：

$$d_p = d_{p,\text{initial}} + 4.29 \times 10^{-6} M_p \tag{4.106}$$

式（4.105）和式（4.106）是经验方程式。它们只能用做参考。

【例 4.13】限流法，计算孔眼摩阻。重新计算例 4.12 孔眼摩阻。将 50000 lb 支撑剂泵入 20 in 2 SPF 射孔段。

射孔总数为 4050000 lb 支撑剂泵入，根据式（4.85）计算出新的流变系数为

$$C_d = 0.56 + 1.65 \times 10^{-4} \times \left(\frac{5000}{40}\right) = 0.766 \tag{4.107}$$

和

$$d_p = 0.375 + 4.29 \times 10^{-6} \times \left(\frac{50000}{40}\right) = 0.38(\text{in}) \tag{4.108}$$

使用这两个参数重新计算摩阻压降，可得

$$\Delta p_{\text{perf}} = 0.2369 \times \left(\frac{65}{40}\right)^2 \frac{70}{7.48 \times (0.38^4) \times (0.766^2)} = 478(\text{psi}) \tag{4.109}$$

穿过射孔的摩阻压降比最初设计的摩擦低 24%（例 4.12，622 psi）。

近井筒压降是多种效应的组合，穿过套管射孔的压降仅是其中的一部分。其他压降组分包括射孔孔道流动，射孔压实和地层伤害引起的压降，以及由应力变化、射孔方向和裂缝扩展引起的近井眼弯曲。限流法仅控制套管射孔压降，所有其他成分均受地层属性控制。一旦裂缝形成，与支撑剂通过套管上的射孔所引起的磨蚀相比，所有其他压降的变化更快且更剧烈，限流和支撑剂磨蚀的影响减少。

4.6 水平井压裂完井

在过去的三十余年中，水平井压裂技术取得了巨大的进步。20 世纪 80 年代，该技术在奥斯汀白垩岩储层开发中做出了巨大贡献，从 20 世纪 90 年代到今天的北海海上开发，它是非常规页岩油气实现经济生产的关键部分。在目前的实践中，水平井压裂有两种主要的完井方式：裸眼衬管和滑套、套管固井射孔和桥塞。详细的设计差异很大。最常见的方法是从趾端开始沿水平井眼向跟端连续压裂。

水平井压裂设计的一个重要参数是每个压裂段的长度。根据井眼长度决定压裂段数。段间距取决于水平井的生产性能、储层力学和流动特性以及钻井和完井限制。

水平井压裂完井需要具备以下功能：（1）各段的分隔；（2）压裂段井筒与储层的连通；（3）裂缝起裂和扩展；（4）已压裂段保护。

4.6.1　桥塞和射孔

桥塞和射孔是一种套管井压裂完井技术，对套管井射孔可以更好地控制裂缝的起裂和扩展。首先在水平井段放置套管，并在压裂前将套管固井到位。水平段固井和洗井后，井与储层无连通，开始准备压裂。

首先从水平井趾端压开裂缝，然后从趾端部移至跟端，一次一段。在每段通常有多个射孔簇，目的是在一段内产生多条裂缝。

压裂作业是使用桥塞和射孔工具对固井套管射孔并在各段之间进行隔离。该工具串通常在末端有一个桥塞，在桥塞坐封工具之后连接射孔枪。根据射孔簇数，射孔枪可串联连接。图4.20(a)显示了一个带有两个射孔簇的桥塞+射孔枪组合。桥塞是由复合可钻材料制成，这种材料可暂时阻断套管内已压裂井段和即将压裂井段之间的连通。图4.20(b)显示一个复合塞的示意图。当被两个卡瓦挤压时，橡胶材料膨胀，并使桥塞紧贴套管。在完成所有压裂步骤后，这些桥塞应易于钻磨。

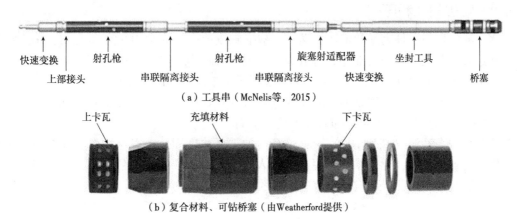

（a）工具串（McNelis等，2015）

（b）复合材料、可钻桥塞（由Weatherford提供）

图4.20　桥塞和射孔压裂完井技术

电缆射孔工具串在井眼垂直段主要靠重力作用下入，在水平井眼中泵注到设计位置。由于在首段射孔前，固井衬管和地层之间没有连通，因此需要在井筒中建立连通以协助首段钢丝绳的泵送。这通常是按照指定压力打开环空循环阀来实现的。

桥塞和射孔压裂程序的主步骤如下：

（1）将电缆上的射孔枪工具串放入井中目标位置。首段在水平井趾端，没有桥塞。通过压力控制连接点向下泵送工具串。

（2）用多支射孔枪串联进行多簇射孔。

（3）将桥塞和射孔枪从井中提出。

（4）开始首段压裂作业，泵注所有支撑剂后清洁井眼。

（5）将桥塞和射孔枪插入井眼中，下一段位置。

（6）坐封复合桥塞

（7）开始第二段射孔，之后将工具串从井中提出。

（8）开始第二段压裂。

重复这些步骤，直到所有阶段都施工完。完成最后一段施工后钻掉桥塞，井就可以生产了。将桥塞和工具串送到井筒中有不同的方法。最常用的方法是使用电缆测井车的电缆下入组件。该组件连接到钢缆上并泵送到所需的位置。该工具串也可通过连续油管或钻杆坐封在井筒中。

电缆操作的桥塞和射孔压裂程序如图 4.21 所示。

图 4.21　钢丝绳操作桥塞和射孔压裂

4.6.2　喷砂射孔和压裂

水力喷射作为一种完井和增产技术，在酸措施改造中更为常用。21 世纪初，水力喷射射孔和压裂工艺被引入到工业中，并在世界各地成功应用（Surjaatmadja 等，2005）。这种方法也被称为"精准压裂"。喷射射孔和压裂可用于未固井和固井完井。

完井使用带有喷头的连续油管对套管或井壁（在裸眼完井的情况下）喷孔。根据射孔设计（相位和密度），喷头可以布置在射孔工具周围。

喷射输送高速流（高达 700ft/min），其中加入低浓度固体，以磨蚀套管并在地层中形成空腔。射孔结束后，无支撑剂压裂液被泵入连续油管和套管之间的环空，以起裂和扩展裂缝。当裂缝形成后，泵注携砂液来完成压裂程序。对于多级压裂，在每段压裂后井眼不完全清理干净，井眼中的支撑剂被用作已压裂段和将压裂段的隔离塞，以防止压裂液流入已压裂段。

对于水平井多级压裂，喷砂射孔和压裂的主要步骤如下。

（1）用连续油管下入喷射工具至第一段压裂位置；

（2）采用高速喷射含砂流体，射穿套管并在地层中形成空腔；

（3）通过套管和连油间的环空泵注无支撑剂压裂液起裂和扩展裂缝；

（4）将支撑剂添加到压裂液中形成设计的裂缝几何形状；

（5）所有支撑剂泵入并压裂完成后，循环清洗井筒；

（6）将油管柱提到二段位置；

（7）重复步骤（2）至（5）压裂第二段。

水力喷砂压裂程序如图 4.22 所示。

该技术最大优点是一次起钻中实现射孔和压裂，且不需要按照桥塞和射孔程序要求，在每个阶段都要把增产管柱从井中提出。更短的操作时间使该技术具有经济吸引力。与射孔枪相比，喷砂压裂的另一个优点是，在射孔过程中引起与应力相关的弯曲较小，可提高裂缝起裂和扩展。

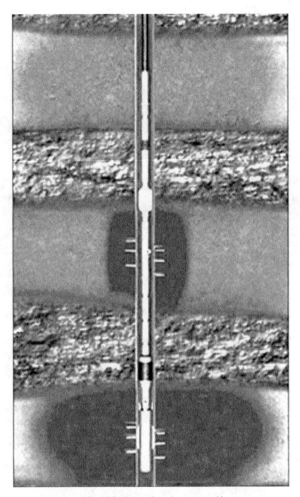

图 4.22 水力喷砂压裂程序（East 等，2008）

4.6.3 实时射孔压裂（JITP）

类似桥塞和射孔技术，实时射孔压裂（JITP）完井可应用于固井衬管井。该程序使用射孔工具串制造多段裂缝，并使用密封球隔离已压裂段。对于多级压裂，将射孔枪下入至第一级的第一簇射孔。而不是像桥塞和射孔那样要求拉动射孔工具，将射孔工具保持在井筒内，并进行压裂。当第一段压裂结束时，射孔工具定位到第二段。在对第二段进行射孔之前，将一些密封球泵入井中，强制将密封球坐到射孔孔眼上，封闭井筒与地层的连通。确认封堵后，起爆射孔枪开始二级射孔。开始二段压裂，第二批密封球被泵送至井下，以封堵射孔。重复此过程，直到所有段施工结束。实时射孔压裂（JITP）过程如图 4.23 所示。球形密封材料的尺寸相同，其尺寸由射孔尺寸决定。

射孔和使用球形密封剂进行压裂的主要优点是整个压裂过程可以一次泵送，无须在每个阶段将射孔工具从井中拉出。没有套管封隔器全通径井眼允许更高排量更好的裂缝扩展。对于水平井和斜井，密封球可能不是最佳的封隔手段。在压裂过程中为了将密封球牢牢地

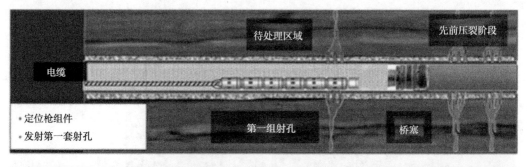

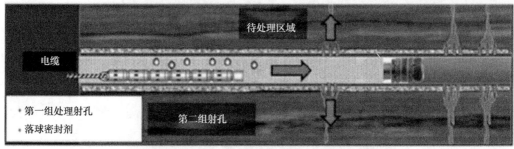

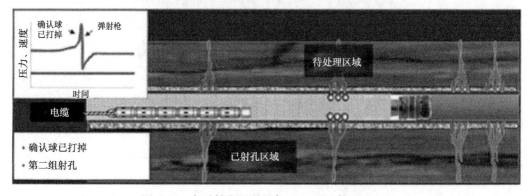

图 4.23　实时射孔压裂程序（Angeles 等，2012）

压在射孔孔眼上，必须对井眼加压。另一个关键问题是在整个压裂作业期间射孔枪存在卡在井眼中的风险。

4.6.4　投球滑套裸眼完井

　　无固井衬管裸眼压裂是水平井多段压裂的常用方法之一。它起源于非常规储层压裂，目前在非常规储层和常规储层中都有应用。完井使用管外封隔器，隔离环空各压裂段，滑套阀（也称为压裂端口）建立井眼和储层之间流动路径。管外封隔器是完井管柱的一部分。滑套由一系列压裂球投球打开。用于压裂的裸眼未固井衬管完井示意图，如图 4.24 所示。

　　用于压裂的裸眼滑套完井主要有两个部分：管外封隔器和滑套。管外封隔器的主要功能是隔离井眼和完井管柱之间环空各压裂段的联通。在第 2 章讨论过管外封隔器。膨胀封隔器和充气封隔器都用于裸眼压裂。如第 2 章所述，膨胀式封隔器操作相对简单更经济。

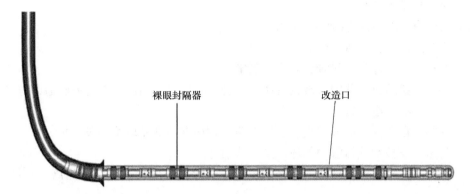

图 4.24　未固井衬管和滑套的压裂完井示意图（Appleton 等，2013）

一旦坐封好封隔是可靠的。但由于坐封时间不好控制，可能会产生更多的不确定性。有时需要很长时间才能坐封封隔器。这是压裂完井面临的一个问题。

在压裂过程中使用一系列球来激活滑套。钢球有两个功能，隔离衬管内的连通和打开滑套进行压裂。每个球都有一个特定尺寸，尺寸从第一段到最后一段逐渐增加。衬管内有相应尺寸球座。在每一段，当一个球被泵送到球座时，它会坐封球座，切断联通，并将衬管与上一段隔离。进一步向井眼加压打开滑套阀。每个滑套阀也有一个特定打开压力；从趾端到跟端每个阀打开压力设置越来越高。由于球尺寸和滑套压力不同，从趾端到跟端实现是一次一段连续压裂。图 4.25 所示为在多段压裂作业中使用的一组压裂球（图中显示了24 种不同尺寸）。当压裂段变多时，球尺寸可能会大不相同。用这种完井方法限制了压裂作业段数。当球尺寸太小时，正确设置坐封位置和实现其功能的不确定度较高。为了确保球的密封性，阀座有时会从锐角改为斜面。这不仅提高了密封效率，而且降低了施加在钢球上的应力，从而减少了钢球失效。

图 4.25　裸眼滑套压裂的压裂球（Buffington 等，2010）

压裂的主要步骤如下。

（1）将带有 ECP 的衬管放入井中至目标位置。

（2）坐封封隔器在各压裂段间建立分隔。

（3）投放第一个球封堵衬管，并进行隔堵压力测试。

（4）将第一级球放入井中。球具有两个功能：隔离衬套内部与上游的联通，打开滑套。第一级始终位于水平井趾端。

（5）在第一段泵注压裂液起裂和扩展裂缝。添加支撑剂完成第一段压裂。

（6）将多余支撑剂从衬管中循环出来，清洁井筒。

（7）投第二个球入井。球有两个功能；将第一段与衬管内的其余段隔离，并打开第二段压裂端口。

（8）第二段压裂完成后，清洁井眼。

（9）重复步骤（7）和步骤（8），直到所有阶段泵注结束。

（10）使油井重新流动，球将随储层流体一起回流，油井已准备好生产。

裸眼套管压裂完井最显著的优点是作业时间短。在整个压裂泵注过程中，无论段数如何，只要操作按设计进行，就不会出现完井管柱的起下钻。

4.6.5　裸眼地面控制压裂滑套

第 4.6.4 节中讨论的滑套的裸眼完井，钢球用于打开滑套并隔离各压裂段，但其可能会引发问题，例如钢球破裂或回流时钢球卡在井眼中。作为解决压裂球问题的一种改进，使用在地面控制的液压滑套阀代替压裂球。阀门由地面上的液压动力控制。由于在井眼中没有球座就像是球启动滑套一样。另外的好处还包括实现全通径。理想情况下，不需要从井底开始第一段，并且压裂不必按位置顺序排列。滑套可以在生产期间用作流量控制阀，以便从所需井段选择性生产。

4.7　非常规储层完井技术

对于常规储层而言，业界已充分认识到，在硬度高的岩石（高杨氏模量）中，裂缝缝长更容易延长，从生产的角度出发，对于低渗透储层也是如此。相比高硬度岩石，在低硬度岩石中的裂缝缝宽更容易延伸。如果在中—高渗透率储层，则足够缝宽对生产来说更重要。对于高渗透疏松地层，压裂充填完井对于防砂和增产都是有效的。常规储层中最常见的压裂完井方式是套管固井射孔完井。通过压裂泵注设计和支撑剂/流体选择来实现优化。

非常规储层压裂更具挑战性。极低渗透率（数百纳达西）地层生产的关键是通过压裂建立与储层更大接触面积。这也是今天在非常规油藏中常用的技术：水平井多级压裂。由于低渗透率导致低产，因此对非常规储层的钻井、完井、增产和生产作业成本极为敏感。压裂施工的结果取决于一系列参数，包括但不限于储层流动特性和岩石力学性质、完井类型、压裂液和支撑剂选择以及泵注条件的限制。裸眼滑套完井和桥塞射孔完井是两种主要的完井技术，在所有页岩地层中已得到广泛应用，且应用也非常成功。

　　从 Barnett 页岩早期开发，人们就意识到，对于具有层状结构天然裂缝的复杂的页岩地层，岩石更容易碎裂成网状结构。这种地层水力裂缝不太可能出现双翼平面裂缝。裂缝网络沿着岩层节理薄弱处形成，并延伸为一个大宽带（Fisher 等，2004；Warpinski 等，2008）。通过对天然裂缝和水力压裂产生的裂缝相结合形成的裂缝网络的理解，引出了复杂裂缝"储层生产带"的概念（图 4.26，Fisher 等，2004）。复杂裂缝网络概念的突破，改变了传统的压裂实践。复杂的地层结构增加了支撑剂铺置的难度，特别是在层面节理的转角处。泵注期间易形成裂缝网络，即使支撑剂浓度极低或没有支撑剂情况下，由于压裂过程中产生的裂缝面不光滑，以及可能发生剪切位移，在施工之后裂缝的导流能力仍能保持一部分。这种导流能力被称为"未支撑的导流能力"，首先由 Fredd 等（2001）提出。张等（2013）把 Barnett 页岩样品在实验室进行了测试。结果表明，未支撑的裂缝导流能力有利于非常规页岩地层的流动。为了促进裂缝网络形成，在现场使用了较大量的液体和较小粒径的支撑剂。在 Barnett 页岩储层中，无支撑剂的滑溜水压裂或滑溜水与胶液携砂液交替也成为一种常见的方法。在这种类型的页岩储层中，采用裸眼滑套完井可以一次成功隔离各个压裂段，每一段压裂段都是几百英尺长，并且在段内薄弱处裂缝起裂。这种完井可以在一段压开多条裂缝并形成裂缝网络。

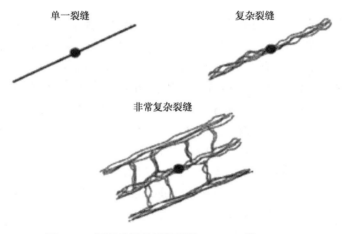

图 4.26　页岩地层的裂缝网络（Fisher 等，2004）

　　与 Barnett 页岩相比，一些页岩地层具有非常不同的地质构造。Eagle Ford 和 Bakken 页岩中富含液体的地层中碳酸盐含量都较高（在产油区超过 50%，有时甚至超过 80%）。这些页岩地层中确实存在天然裂缝，但与 Barnett 页岩相比，它们更为孤立，规模更大，密度更低。地层岩石非均质性较高。Eagle Ford 页岩露头如图 4.27 所示。Eagle Ford 页岩分为五个相：A 相到 E 相（由下而上）（Donovan 等，2012）。由 A 相和 B 相组成下 Eagle Ford 区域具有较高的总有机物含量（TOC），是较好的油气生产目标。与上 Eagle Ford（C 相，D 相和 E 相）相比，下 Eagle Ford 颜色较深，层理较少。与 Barnett 页岩相比，在下 Eagle Ford 进行水力压裂，裂缝网络具有较小的裂缝密度。Eagle Ford 储层中采用了裸眼滑套完井和桥塞射孔完井。桥塞射孔完井为裂缝扩展提供更好的起裂点，并在 Eagle Ford 页岩中应用非常成功。桥塞射孔完井可以更好地控制裂缝的起裂和延伸，2015 年在 Eagle Ford 页岩中，大约 85%的富液井采用桥塞射孔压裂完井。

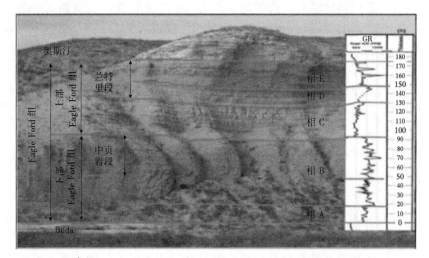

图 4.27　Eagle Ford 露头：Eagle Ford 页岩的五个不同的地质相及其相应的伽马射线响应和地层
行业命名—在得克萨斯州西南部的 Lozier 峡谷（Donovan 等，2012）

　　现场实践表明油井产量与完井和压裂设计密切相关。为了形成复杂的裂缝网络，压裂期次一直在增加，裂缝间距一直在减小。泵送支撑剂体积和液体流量也呈增加趋势。图 4.28 显示了 Eagle Ford 泵注流体和支撑剂的设计趋势，以及统计了与生产历史相关的段间距、支撑剂体积和泵注流体体积（Centurion 等，2014）。如图 4.28 所示，很显然，3 个月的产量与支撑剂总泵入量存在正相关系，而油井产量与压裂段间距呈反相关。基于对历史生产结果的观察，改进现场压裂设计。从 2011—2014 年，泵送支撑剂总量和液体流量一直在增加。如图 4.29 所示，Lolon 等（2016）提出了与 Bakken 类似的研究。Bakken 压裂施工研究结果与 Eagle-Ford 结果趋势相同。井的性能与压裂液体积及支撑剂质量呈正相关，与簇间距呈反相关。2015 年，在 Eagle Ford 和 Bakken 油田，簇间距一直在减小，从早期页岩开发时的几百英尺的减少到如今的 25~50ft。

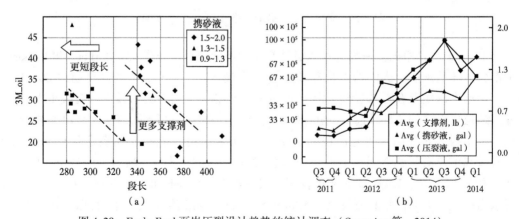

图 4.28　Eagle Ford 页岩压裂设计趋势的统计调查（Centurion 等，2014）

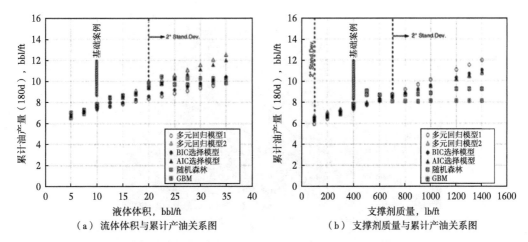

图 4.29 与产量相关的压裂设计参数（Bakken）（a）流体体积和（b）支撑剂质量（Lolon 等，2016）

Rassenfoss（2017）总结了非常规储层压裂完井的演变，以二叠纪盆地最大产能之一的 Pioneer 储层为例（表 4.4），2013—2016 年，泵注的支撑剂和压裂液一直在增加，簇间距和段间距一直在减小。这些变化是基于对较好油井性能观察而做出的。尽管没有裂缝扩展和压裂井性能的裂缝模型来解释观察结果，但在所有页岩地层中数据驱动的演化都是一致的，较大规模施工设计与较小簇间距，生产性能更好。

表 4.4 2013—2017 年 Pioneer 储层压裂实践总结

参数	1.0 版本初始压裂设计 （2013—2014）	2.0 版本当前压裂设计 （Q3 2015—2017）	3.0 版本测试中 （Q1—Q4 2016）
支撑剂，lb/ft	1000	1400	加到 1700
压裂液，bbl/ft	30	36	加到 50
簇间距，ft	60	30	缩小至 15
段间距，ft	240	150	缩小至 100

除了完井技术的进步之外，还对页岩地层压裂工艺进行了改进，以应对技术和经济挑战。同步压裂是指相邻两口或多口水平井同时压裂的过程。理想状态下，如果两个平行的水平井同时压裂，则在井间建立裂缝网络的可能性较大。

另一个例子是利用完井和压裂程序来提高多级压裂效率，被称为"拉链压裂"。在拉链压裂过程中，两口井采用交替桥塞射孔压裂完井。当一口井进行射孔时，另一口井进行压裂。这个程序克服了桥塞射孔完井将电缆工具提出井筒操作时间较长的缺点。该程序通过切换管汇来控制两口井的射孔和压裂。当操作正确时，该程序大大缩短了停机时间（几分钟），提高了桥塞射孔程序的效率。图 4.30 所示为拉链压裂过程。

拉链压裂的好处不仅在于节省操作时间，也节省了完井的成本。由于两口井的裂缝是同时产生，为裂缝网络形成提供了更高可能性。复杂裂缝系统具有较高的油气运移能力。

（a）两个井口，左侧井口射孔，右侧井口压裂

（b）桥塞

（c）射孔工具组装

图 4.30　拉链压裂程序示意图

参 考 文 献

Abass, H. H. , Brumley, J. L. , and Venditto, J. J. （1994, January 1）. "Oriented Perforations—A Rock Me-
chanics View," *Society of Petroleum Engineers*. doi：10. 2118/28555-MS.

Angeles, R. , Cole, S. W. , Benish, T. G. , Tolman, R. C. , Gupta, J. , and Ross, K. B. （2012, January 1）.
"One Year of Just-in-Time Perforating as Multi-Stage Fracturing Technique for Horizontal Wells," *Society of
Petroleum Engineers*. doi：10. 2118/160034-MS.

Barree, R. D. , Barree, V. L. , and Craig, D. （2009, August 1）. "Holistic Fracture Diagnostics：Consistent In-
terpretation of Prefrac Injection Tests Using Multiple Analysis Methods," *Society of Petroleum Engineers*. doi：
10. 2118/107877-PA.

Barree, R. D. , Miskimins, J. , and Gilbert, J. （2015, May 1）. "Diagnostic Fracture Injection Tests：Common
Mistakes, Misfires, and Misdiagnoses," *Society of Petroleum Engineers*. doi：10. 2118/169539-PA.

Baser, B. , Shenoy, S. , Gadiyar, B. , Jain, S. , and Parlar, M. （2010, September 1）. "An Alternative Method of
Dealing with Pressure：Friction Reducer for Water Packing of Long Horizontal Open Holes in Low-Fracturing-
Gradient Environments," *Society of Petroleum Engineers*. doi：10. 2118/123155-PA.

Bazan, L. W. , and Meyer, B. R. （2015, November 9）. "Fracture Complexity：Analysis Methodology and Signature Pressure Behavior of Hydraulic Fracture Propagation from Horizontal Wellbores," *Society of Petroleum Engineers.* doi: 10. 2118/176919-MS.

Behrmann, L. A. , and Nolte, K. G. (1999, December 1). "Perforating Requirements for Fracture Stimulations. *Society of Petroleum Engineers*," *SPE Drilling and Completion Journal*, Vol. 14, No. 4. doi: 10. 2118/59480-PA.

Bello, R. O. , and Wattenbarger, R. A. (2010, January 1). "Multi-stage Hydraulically Fractured Horizontal Shale Gas Well Rate Transient Analysis," *Society of Petroleum Engineers.* doi: 10. 2118/126754-MS.

Bocaneala, B. , Barrett, C. , Holland, B. , Langford, M. E. , McIntosh, K. , Nitters, G. , Norris, M. R. , and Orski, K. (2015, September 8). "The Evolution of Completion Practices and Reservoir Stimulation Techniques in the North Sea," *Society of Petroleum Engineers.* doi: 10. 2118/175443-MS.

Brannon, H. D. (2011-2012). Hydraulic Fracturing Materials: Trends and Considerations. SPE Distinguished Lecturer Program.

Bustos, O. A. , Powell, A. R. , Olsen, T. N. , Kordziel, W. R. , and Sobernheim, D. W. (2007, January 1). "Fiber-Laden Fracturing Fluid Improves Production in the Bakken Shale Multi-Lateral Play," *Society of Petroleum Engineers.* doi: 10. 2118/107979-MS.

Card, R. J. , Howard, P. R. , and Feraud, J. -P. (1995, November 1). "A Novel Technology To Control Proppant Backproduction," *Society of Petroleum Engineers.* doi: 10. 2118/31007-PA.

Craig, D. P. , and Blasingame, T. A. (2006, January 1). "Application of a New Fracture-Injection/Falloff Model Accounting for Propagating, Dilated, and Closing Hydraulic Fractures," *Society of Petroleum Engineers.* doi: 10. 2118/100578-MS.

Ceccarelli, R. L. , Pace, G. , Casero, A. , Ciuca, A. , and Tambini, M. (2010, January 1). "Perforating for Fracturing: Theory vs. Field Experiences," *Society of Petroleum Engineers.* SPE doi: 10. 2118/128270-MS.

Centurion, S. , Junca-Laplace, J. -P. , Cade, R. , and Presley, G. (2014, October 27). "Lessons Learned from an Eagle Ford Shale Completion Evaluation," *Society of Petroleum Engineers.* doi: 10. 2118/170827-MS.

Cramer, D. D. (1987, January 1). "The Application of Limited-Entry Techniques in Massive Hydraulic Fracturing Treatments," *Society of Petroleum Engineers.* doi: 10. 2118/16189-MS.

Crump, J. B. , and Conway, M. W. (1988, August 1). "Effects of Perforation-Entry Friction on Bottomhole Treating Analysis," *Society of Petroleum Engineers.* doi: 10. 2118/15474-PA.

Donovan, A. D. , Staerker, T. S. , Pramudito, A. , Li, W. , Corbett, M. J. , Lowery, C. M. , Romero, A. M. , et al. (2012). "The Eagle Ford Outcrops of West Texas: A Laboratory for Understanding Heterogeneties within Unconventional Mudstone Reservoirs," *CGAGS Journal*, Vol. 1, pp. 162-185.

East, L. E. , Bailey, M. B. , and McDaniel, B. W. (2008, January 1). "Hydra-Jet Perforating and Proppant Plug Diversion in Multi-Interval Horizontal Well Fracture Stimulation: Case Histories," *Society of Petroleum Engineers.* doi: 10. 2118/114881-MS.

Economides, M. J. , Hill, A. D. , Ehlig-Economides, C. , and Zhu D. (2012). *Petroleum Production Systems*, 2nd ed. , Prentice Hall. ISBN: 0-13-703158-0.

Economides, M. J. , Martin, T. ; BJ Services Company. (2007). *Modern Fracturing: Enhancing Natural Gas Production.* ET Publishing, Houston, TX.

Economides, M. J. , Oligney, R. , and Valko, P. (2002). *Unified Fracture Design.* Orsa Press. ISBN- 10: 0971042705.

El-Rabba, A. M. , Shah, S. N. , and Lord, D. L. (1999, February 1). "New Perforation Pressure-Loss Correlations for Limited-Entry Fracturing Treatments," *Society of Petroleum Engineers.* doi: 10. 2118/54533-PA.

Ely, J. W. , Fowler, S. L. , Tiner, R. L. , Aro, D. J. , Sicard, Jr. , G. R. , and Sigman, T. A. (2014, October 27). "Slick Water Fracturing and Small Proppant: The Future of Stimulation or a Slippery Slope?" *Society of Petroleum Engineers*. doi: 10. 2118/170784-MS.

Geertsma, J. , and de Klerk, F. (1969, December). "A Rapid Method of Predicting Width and Extent of Hydraulically Induced Fractures," *Journal of Petroleum Technology*, pp. 1571-1581.

Gidley, J. L. , Holditch, S. A. , Nierode, D. E. and Veatch, R. W. Jr. (1989). "Recent Advances in Hydraulic Fracturing," *SPE Monograph Series*, Vol. 12. *Society of Petroleum Engineers*. ISBN: 978-1-55563-021-1.

Gulbis, J. (1987). "Fracturing Fluid Chemistry," Reservoir Stimulation, M. J. Economides and K. G. Nolte (eds.), Schlumberger Educational Services.

Jennings, A. R. (1996, July 1). "Fracturing Fluids—Then and Now," *Society of Petroleum Engineers*. doi: 10. 2118/36166-JPT.

Khristianovic (h), S. A. , and Zheltov, Y. P. (1955). "Formation of Vertical Fractures by Means of Highly Viscous Liquid," *Proceedings of Fourth World Petroleum Congress*, Sec. II, pp. 579-586.

Koloy, T. R. , Sorheim, T. , Braekke, K. , and Lonning, P. (2014, October 27). "The Evolution, Optimization and Experience of Multistage Frac Completions in a North Sea Environment," *Society of Petroleum Engineers*. doi: 10. 2118/170641-MS.

Lolon, E. , Hamidieh, K. , Weijers, L. , Mayerhofer, M. , Melcher, H. , and Oduba, O. (2016, February 1). "Evaluating the Relationship between Well Parameters and Production Using Multivariate Statistical Models: A Middle Bakken and Three Forks Case History," *Society of Petroleum Engineers*. doi: 10. 2118/179171-MS.

Lord, D. L. , and McGowen, J. M. (1986, January 1). "Real-Time Treating Pressure Analysis Aided by New Correlation," *Society of Petroleum Engineers*. doi: 10. 2118/15367-MS.

Lord, D. L. (1994, January 1). "Study of Perforation Friction Pressure Employing a Large-Scale Fracturing Flow Simulator," *Society of Petroleum Engineers*. doi: 10. 2118/28508-MS.

Fredd, C. N. , McConnell, S. B. , Boney, C. L. and England, K. W. (2001). "Experimental Study of Fracture Conductivity for Water-Fracturing and Conventional Fracturing Applications," *SPE Journal*, Vol. 6, No. 3, pp. 288-298.

"Fracturing Flow Simulator," *Society of Petroleum Engineers*. doi: 10. 2118/28508-MS

Romero, J. , Mack, M. G. , and Elbel, J. L. (2000, May 1). "Theoretical Model and Numerical Investigation of Near-Wellbore Effects in Hydraulic Fracturing," *Society of Petroleum Engineers*. doi: 10. 2118/63009-PA.

Meehan, D. N. (1995, May 1). "Stimulation Results in the Giddings (Austin Chalk) Field," *Society of Petroleum Engineers*. doi: 10. 2118/24783-PA.

McNelis, L. , Salt, W. , and Scharf, T. S. (2015, September 28). "High-Performance Plug-and-Perf Completions in Unconventional Wells," *Society of Petroleum Engineers*. doi: 10. 2118/174922-MS.

Meyer, B. R. , and Jacot, R. H. (2005, January 1). "Pseudosteady-State Analysis of Finite Conductivity Vertical Fractures," *Society of Petroleum Engineers*. doi: 10. 2118/95941-MS.

Nolte, K. G. (1979, January 1). "Determination of Fracture Parameters from Fracturing Pressure Decline," *Society of Petroleum Engineers*. doi: 10. 2118/8341-MS.

Nolte, K. G. (1986, July). "Determination of Proppant and Fluid Schedules from Fracturing Pressure Decline," *SPEPE*, pp. 255-265.

Nordgren, R. P. (1972, August). "Propagation of Vertical Hydraulic Fracture," SPEJ, pp. 306-314.

Palmer, I. D. , and Veatch, R. W. , Jr. (1990, August). "Abnormally High Fracturing Pressures in Step-Rate Tests," SPEFE, pp. 315-323.

Perkins, T. K. , and Kern, L. R. (September 1961). "Widths of Hydraulic Fracture," *JPT*, pp. 937-949.

Prats, M. (1961, June). "Effect of Vertical Fractures on Reservoir Behavior—Incompressible Fluid Case," SPEJ, pp. 105-118.

Rassenfoss, S. (2017, February 1). "Rebound to Test If Cost Cuts Will Last," *Society of Petroleum Engineers*. doi: 10. 2118/0217-0035-JPT.

Smith, B. M. , and Montgomery, C. (2015) . *Hydraulic Fracturing*. CRC Press 2015. Print ISBN: 978-1-4665-6685-9. eBook ISBN: 978-1-4665-6692-7.

Surjaatmadja, J. B. , East, L. E. , Luna, J. B. , and Hernandez, J. O. E. (2005, January 1). "An Effective Hydrajet-Fracturing Implementation Using Coiled Tubing and Annular Stimulation Fluid Delivery," *Society of Petroleum Engineers*. doi: 10. 2118/94098-MS.

Surjaatmadja, J. B. , Willett, R. M. , McDaniel, B. W. , Rosolen, M. A. , Franco, M. , dos Santos, F. R. , Cortes, M. (2007, June 1). "Selective Placement of Fractures in Horizontal Wells in Offshore Brazil Demonstrates Effectiveness of HydraJet Stimulation Process," *Society of Petroleum Engineers*. doi: 10. 2118/90056-PA.

Yew, C. H. , Schmidt, J. H. , and Li, Y. (1989, January 1). "On Fracture Design of Deviated Wells," *Society of Petroleum Engineers*. doi: 10. 2118/19722-MS.

Yew, C. and Wong, X. (2015). *Mechanics of Hydraulic Fracturing*, *Second Edition*. Gulf Professional Publishing. Waltham, MA. ISBN 978-0-12-420003-6.

Veatch, R. W. , King, G. E. , and Holditch, S. A. (2017). *Essentials of Hydraulic Fracturing: Vertical and Horizontal Wellbores*. PennWell. Tulsa, Oklahoma. ISBN-13: 978-1593703578, ISBN-10: 1593703570.

Wutherich, K. , and Walker, K. J. (2012, January 1). "Designing Completions in Horizontal Shale Gas Wells: Perforation Strategies," *Society of Petroleum Engineers*. doi: 10. 2118/155485-MS.

Zhang, J. , Kamenov, A. , Zhu, D. , and Hill, D. (2013, March 26). "Laboratory Measurement of Hydraulic Fracture Conductivities in the Barnett Shale," *International Petroleum Technology Conference*. doi: 10. 2523/IPTC-16444-MS.

5　酸化改造完井技术

酸化改造是一种将反应性化学物质注入地层以提高油井产能或水井注入能力的过程。酸化改造完井设计的目标是实现最佳改造效果。要了解完井设计，我们首先回顾一下酸化改造的基本原理，然后讨论完井设计是如何改善改造效果并提高油井产量的。为了使酸化在地层中波及更大的范围，我们讨论了酸化过程中的关键问题，包括层间流动控制与隔离、流体分流以及地层中的注酸速度。为解决上述问题，本文将详细介绍成功的酸处理的完井设计。

5.1　酸化改造的基本原理

在本节中，将介绍砂岩基质酸化和碳酸盐岩酸化改造中的化学反应和反应化学计量。砂岩和碳酸盐岩的酸化机理具有显著的差别。在进行酸化设计（包括酸液体系和添加剂选择，泵送条件和酸化改造完井）时，应考虑这些差异。

5.1.1　酸处理的类型

酸化涉及多种改造措施，如果使用得当，可以在许多井中实现令人瞩目的改造效果。根据地层类型可以将酸化措施分为两类：砂岩酸化和碳酸盐岩酸化。碳酸盐岩酸化可以进一步分为两种不同的工艺技术：基质酸化和酸压。图 5.1 说明了砂岩基质酸化、碳酸盐岩基质酸化和酸压工艺技术。这里的"基质"一词表示酸保持在地层的破裂压力以下注入，注入的流体通过多孔介质流入地层。

如第 2 章所述，在井的生命周期中，许多作业过程都可能造成近井伤害，例如，钻井和完井过程。砂岩酸化会在井筒附近区域溶解部分矿物，以消除地层基质中孔喉堵塞和桥

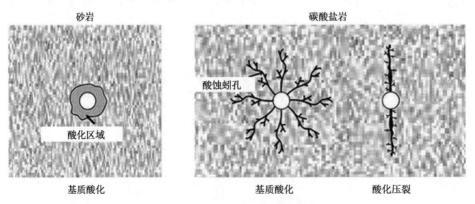

图 5.1　砂岩和碳酸盐岩地层的酸处理

接造成的地层伤害，从而在理想条件下可以恢复原始储层渗透率。在大多数情况下，砂岩地层酸化的目的是在不压裂地层的同时改善或恢复近井地带的渗透率。由酸溶解某些矿物质引起的孔隙结构变化是基质酸化增加渗透率的机理。由钻井液或完井液引起的滤液侵入会导致完全不同的化学环境。酸能将各种伤害储层的物质与地层物质一起溶解。而在未受伤害的地层中，基质酸化作业带来的产量增长非常有限。这是因为砂岩基质酸化是一种近井处理措施，所有酸都在井筒周围约 1ft 范围内反应。

在碳酸盐岩地层中，注入的酸进入地层并溶解一部分岩石，从而提高了岩石的原始渗透率。与砂岩酸化类似，基质酸化也可应用于碳酸盐岩地层。然而，砂岩和碳酸盐岩孔隙结构变化的方式完全不同。在砂岩中，酸遵循地层的渗透率分布，并且更有可能形成沿渗透率等值线分布的注入流体带；而在碳酸盐岩中，酸会产生高渗通道，称为酸蚀蚓孔，这种现象如图 5.1 所示。由于砂岩和碳酸盐岩中酸化的不同，需要采用不同的方法模拟这两种岩层中的碳化过程。碳酸盐岩基质酸化在井筒周围形成径向延伸的高渗透带，降低了由于流动引起的压降并显著提高了井的生产能力。该技术可成功应用于所有类型的碳酸盐岩，包括高渗透和低渗透油藏。但在中高渗透油藏中，该方法则更为成功。与砂岩酸化不同，即使是未受伤害的井也可以通过酸化改造来提高碳酸盐岩储层的生产能力。现场观察表明，在碳酸盐岩地层中进行高排量基质酸化时，酸可以突破几英尺远的距离，从而使表皮系数达到 -4（Furui 等，2012）。这意味着即使没有受到伤害，在高排量基质酸化处理后，井的生产能力也可以提高一倍。这种结果适用于直井和水平井，无论是采用裸眼完井还是套管完井技术。碳酸盐岩储层中的酸化基本都可以改善油井性能。

在酸化压裂中，流体（反应性或非反应性）均在高于地层破裂压力的条件下泵送。由于碳酸盐岩的天然非均质性，酸沿着水力形成的裂缝平面运动，刻蚀裂缝的表面，使其变得凹凸不平，或者沿着裂缝壁形成可渗透的流动通道。泵送停止后，凹凸不平的表面不会完全闭合，从而为产生的裂缝提供了流动性。如果酸液在泵送期间沿着裂缝面产生通道，则与蚀刻的凹凸表面相比，裂缝导流能力通常会更高且更可持续。酸化压裂导致的流动路径变化降低了油气生产所需的压降，并改善了井的流动性。酸化压裂在低渗透碳酸盐岩储层中最为成功，在这些储层中，液体滤失量最小且形成更长的水力裂缝。与较软的岩石相比，较硬的碳酸盐岩类型具有更好的压后导流能力，而软岩中的酸蚀裂缝随着时间推移会在闭合压力下闭合。碳酸盐岩地层中的基质酸化和酸压均具有显著提高产量的潜力。然而，这些改造工艺的机理是不同的。

5.1.2 酸化：化学和酸—矿物反应化学计量

就地层矿物学而言，酸化化学可分为两类。碳酸盐岩储层（包括石灰岩、白垩和白云岩）可以通过简单的酸体系（例如 HCl）进行改造。砂岩储层用更复杂的酸体系（包括 HF 或 HF/HCl 混合物）处理，以溶解含硅酸盐的矿物（例如黏土和长石）。

溶解给定数量的矿物所需的酸量由化学反应的化学计量确定，化学计量描述了反应中涉及的每种物质的摩尔数。例如，盐酸（HCl）与方解石和白云石之间的简单反应可以写成下述反应式（Schechter，1992）。

$$方解石：2HCl+CaCO_3 \longrightarrow CaCl_2+CO_2+H_2O \tag{5.1}$$

$$白云石：4HCl+CaMg(CO_3)_2 \longrightarrow CaCl_2+MgCl_2+2CO_2+2H_2O \tag{5.2}$$

对于砂岩酸化，当氢氟酸与硅酸盐矿物反应时，可能发生许多次生反应，其影响反应的总体化学计量。例如，当氢氟酸与石英反应时，初级和次生反应分别为

$$4HF+SiO_2 \longrightarrow SiF_4+2H_2O \quad （四氟化硅） \tag{5.3}$$

$$SiF_4+2HF \longrightarrow H_2SiF_6 \quad （氟硅酸） \tag{5.4}$$

初级反应中会产生四氟化硅和水。产生的 SiF_4 也可以在次生反应中与 HF 反应生成氟硅酸。复杂之处在于，氟硅酸盐可能以各种形式存在，因此溶解给定数量的石英所需的 HF 总量取决于溶液浓度。

上述反应的化学计量可用于计算各种酸在一定浓度范围内的矿物理论溶解度。酸与普通碳酸盐岩矿物的溶解能力可表示为溶解的碳酸盐矿物的质量或体积。质量溶解指数 β 定义为给定质量的酸所消耗的矿物质量，公式为

$$\beta = \frac{\nu_{矿物}M_{矿物}}{\nu_{酸}M_{酸}} \tag{5.5}$$

其中 ν 是化学计量系数，M 是分子量。通常，单位体积处理酸可溶解的碳酸盐岩矿物的体积相对密度比更受关注。通过将 β 值乘以矿物和酸的密度比，可以将上面计算的质量溶解指数 β 转换为体积溶解指数 χ：

$$\chi = \beta\frac{\rho_{酸溶液}}{\rho_{矿物}} \tag{5.6}$$

【例5.1】28%HCl 溶液的相对密度约为 1.14，$CaCO_3$ 的密度为 169lb/ft^3。对于这些物质的反应，计算体积溶解指数。

解： 100%的 HCl 和 $CaCO_3$ 之间的质量溶解指数是

$$\beta_{100}=\frac{1\times100.1}{2\times36.5}=1.37\left[\frac{bl\ CaCO_3}{bl\ HCl}\right] \tag{5.7}$$

下标 100 表示 100%HCl。任何其他浓度的酸的溶解指数是 β_{100} 乘以酸溶液中酸的质量分数。对于 28%的 HCl，体积溶解指数的计算公式为

$$\chi=(0.28\times1.37)\frac{lb\ CaCO_3}{lb\ 28\%HCl}\left(\frac{1.14\times62.4\dfrac{lb\ 28\%HCl}{ft^3\ 28\%HCl}}{169\dfrac{lb\ CaCO_3}{ft^3\ CaCO_3}}\right)$$

$$=0.161\left[\frac{ft^3 CaCO_3}{ft^3 28\%HCl}\right] \tag{5.8}$$

对于碳酸盐岩基质酸化措施，如果注入体积 75gal/ft 的 28%HCl，那么每英尺将会有 1.6ft^3 的 $CaCO_3$ 被溶解。溶解指数计算是基于所有酸在碳酸盐矿物存在下完全反应的假设。对于弱有机酸，情况可能并非如此。

5.1.3 酸与碳酸盐岩和砂岩矿物的反应速率

矿物的溶解速率对酸处理液进入储层的突破方式有很大的影响。碳酸盐矿物的溶解速率由酸处理液与碳酸盐岩化合物的反应速率以及酸向矿物表面的转移速率来控制。酸与碳酸盐矿物的反应速率非常快，并且在大多数情况下，限制反应的是酸向矿物表面的运移。正是这种对传质的敏感性导致在井筒或裂缝面处形成蚓孔。

盐酸是一种强酸，这意味着当 HCl 溶解在水中时，分子几乎完全离解形成 H⁺ 和 Cl⁻。HCl 和碳酸盐矿物之间的反应实际上是 H⁺ 与矿物质的反应。对于弱酸，例如乙酸或甲酸，反应也发生在 H⁺ 和矿物质之间，复杂的是弱酸不能完全解离，因此限制了可用于反应的 H⁺ 的供应。因为 H⁺ 是反应性物质，考虑酸的解离平衡，HCl 反应的动力学也可以用于弱酸。

Schechter（1992）总结了 HCl 与碳酸盐的反应速率 r_{HCl}：

$$-r_{HCl} = E_f C_{HCl}^{\alpha} \tag{5.9}$$

$$E_f = E_f^0 \exp\left(-\frac{\Delta E}{RT}\right) \tag{5.10}$$

其中 T 是温度，E_f 是反应速率常数，C_{HCl} 是酸浓度。常数 α，E_f^0 和 $\frac{\Delta E}{R}$ 在表 5.1 中给出。在这些表达式中使用 SI 单位，因此 C_{HCl} 的单位为 $kg \cdot mol/m^3$，T 的单位为 K。

表 5.1 HCl–矿物反应动力学模型中的常数（摘自 Economides 等，2012）

矿物	α	E_f^0	$\frac{\Delta E}{R}$ (K)
方解石	0.63	7.314×10^7	7.55×10^3
白云石	$\dfrac{6.32 \times 10^{-4} T}{1 - 1.92 \times 10^{-3} T}$	4.48×10^5	7.9×10^3

弱酸和碳酸盐矿物反应的动力学可以通过 HCl 反应动力学获得（Schechter，1992）：

$$-r_{弱酸} = E_f K_d^{\frac{\alpha}{2}} C_{弱酸}^{\frac{\alpha}{2}} \tag{5.11}$$

其中 K_d 是弱酸的解离常数，而 E_f 是 HCl 与矿物反应的反应速率常数。

对于砂岩地层，氢氟酸实际上会与砂岩的许多矿物成分发生反应。含硅酸盐矿物的反应动力学都可以表示为

$$-r_{矿物} = E_f[1 + K(C_{HCl})^{\beta}]C_{HF}^{\alpha} \tag{5.12}$$

$$E_f = E_f^0 \exp\left(-\frac{\Delta E}{RT}\right) \tag{5.13}$$

常数 α、β、E_f^0 和 $\frac{\Delta E}{R}$ 在表 5.2 给出。

表 5.2　HF-矿物反应动力学模型中的常数（摘自 Economides 等）

矿物	α	β	K	E_f^0	$\dfrac{\Delta E}{R}$
石英（SiO_2）	1.0	—	0	2.32×10^{-8}	1150
钾长石（$KAlSi_3O_8$）	1.2	0.4	$5.66\times10^{-2}\exp\ (956/T)$	1.27×10^{-1}	4680
钠长石（$NaAlSi_3O_8$）	1.0	1.0	$6.24\times10^{-2}\exp\ (554/T)$	9.50×10^{-3}	3930
高岭石 $[Al_4Si_4O_{10}(OH)_8]$	1.0	—	0	0.33	6540
蒙皂石 $[Al_4Si_8O_{20}(OH)_4\cdot nH_2O]$	1.0	—	0	0.88	6540
伊利石 $[K_{0-2}Al_4(Al,Si)_8O_{20}(OH)_4]$	1.0	—	0	2.75×10^{-2}	6540
白云母 $[KAl_2Si_3(OH)_2]$	1.0	—	0	0.49	6540

【例 5.2】计算在 100℉（310.8K）下 100%方解石和 28%HCl 的反应速率。

解：反应速率通过下式计算

$$E_f = 7.314\times10^7\exp\left(-\frac{7.55\times10^3}{310.8}\right)=2.062\times10^{-3}\ \frac{kg\cdot mol(方解石)}{m^2\cdot s\left[\dfrac{kg\cdot mol(盐酸)}{m^3(处理体积)}\right]} \quad (5.14)$$

对于上述等式，需要将 28%（质量分数）盐酸转化为正确的单位（浓度单位为 $kg\cdot mol/m^3$），

$$浓度=\frac{(质量浓度)(密度)}{分子量}$$

$$=\frac{0.28\times1076}{36.5}=8.25\left[\frac{kg\cdot mol}{m^3}\right] \quad (5.15)$$

$$r_{HCl}=2.062\times10^{-3}\times(0.825^{0.63})=0.0076\ \frac{kg\cdot mol}{m^2\cdot s} \quad (5.16)$$

5.1.4　酸液中的添加剂

　　除了酸之外，大多数酸处理中还包括各种添加剂。添加剂用于防止过度腐蚀，酸渣，乳化和铁沉淀。它们还用于改善清洁效果，降低阻力，使流体转向以提高波及面积，并防止反应产物沉淀。以下部分简要介绍了碳酸盐岩和砂岩储层中常用的各种添加剂。更多详细信息可参考 Ali 等（2016）和 Economides 和 Nolte（2000）的相关研究内容。

　　（1）缓蚀剂。

　　缓蚀剂是最重要的酸液添加剂。所有酸体系都需要添加缓蚀剂，以最大限度地减少对钻杆、油管或酸化过程井筒中任何与酸液接触的金属部件的酸蚀影响。套管或油管的酸腐蚀可导致井失效。尤其要注意在使用高浓度的 HCl 或 HF 时，特别是井底温度过高的酸化井。可以使用多种化合物来防止酸腐蚀，常用作缓蚀剂的化合物有无机和有机缓蚀剂。典

型的无机化合物包括砷、铜、锌、镍和锑。有机化合物包括炔醇、胺、硫脲和苯硫酚。

已经开发出标准测试方法来评估在特定酸配方中使用代表性金属样品（试样）的缓蚀剂性能。另外，建议在井底温度和 1000~1500psi 的压力条件下进行这些试验（Smith 等，1978）。一般来说，在温度高达 250°F、暴露时间小于 24h 的低浓度 HCl（≤15%）中，可以获得有效的缓蚀作用。在高于 250°F 的温度和/或更长的暴露时间下，可能需要降低 HCl 浓度或使用较弱的有机酸（乙酸或甲酸）来充分控制腐蚀速率。

酸体系中使用的常见添加剂，例如互溶剂、短链醇、抗污垢剂（阴离子）和阴离子表面活性剂，会对腐蚀抑制产生不利的影响（Ali 等，2016）。溶剂或表面活性剂可能会阻碍抑制剂在金属表面的吸附。因此，所有腐蚀试验都应在有添加剂的酸液中进行。

（2）互溶剂。

互溶剂是可溶于水和烃的化合物。通常在酸体系中加入互溶剂（Hall，1975；King 和 Lee，1988）以降低酸的表面张力，提高地层表面亲水性，并且增溶可能干扰岩石矿物表面酸反应的碳氢化合物。除了改善酸与矿物表面的接触之外，互溶剂还降低了酸处理过程中生成的乳液的稳定性。如前所述，互溶剂会影响缓蚀剂的有效性，在进行现场使用前应先测试缓蚀剂的性能。

（3）表面活性剂。

表面活性剂是同时具有油溶性（亲脂性）和水溶性（亲水性）官能团的化学物质。通常，表面活性剂根据亲水基团的离子性质分类。例如，许多表面活性剂是具有正电荷的季铵盐，被称为阳离子表面活性剂。由中和的磺酸制备的表面活性剂带有负电荷，被称为阴离子表面活性剂。一些表面活性剂不带电荷，而是极性的，例如乙氧基化壬基酚，这些表面活性剂被称为非离子表面活性剂。最后，取决于 pH 值环境，某些表面活性剂可含有正电荷或负电荷。通常，在低 pH 值下，这些表面活性剂是阳离子的，而在高 pH 值下，表面活性剂是阴离子的。

表面活性剂降低了酸和油或气体之间的表面张力，并改善了酸与碳酸盐矿物表面的接触。表面活性剂还可以改善酸化后的洗井效果。另外，表面活性剂可用于预防或处理酸渣（Houchin 等，1992；Ali 等，1994）。酸渣是烃和酸反应产物中天然成分的结块。表面活性剂可以促进这些颗粒的分散，防止颗粒聚集。

表面活性剂可以改变矿物表面的润湿性，矿物表面上的电荷和表面活性剂的亲水基团上的电荷决定了岩石是水润湿的还是油润湿的。矿物表面上的电荷取决于 pH 值环境。常见矿物质具有确定的零电荷点，其是导致中性表面的 pH 值。在低于零电荷点的 pH 值下，矿物表面带正电荷；而在高于零电荷点的 pH 值下，表面带负电。

特别要记住的是，表面活性剂可以增加酸与某些原油的乳化倾向。因此，必须对含表面活性剂的酸和原油进行配伍性测试。

（4）醇。

在酸处理中可以使用醇（通常是甲醇或异丙醇）来降低酸的表面张力并增强处理后的返排（Ali 和 Hinkel，2000）。通常在干气井和低渗透地层中使用，在这些地方可能发生水锁并影响产量。为有效起见，添加的酒精体积分数不得超过 25%。酸处理液中的酒精会降低缓蚀剂的有效性。

(5) 破乳剂/非乳化剂。

破乳剂通常是油溶性表面活性剂，其被添加到乳液中以打破在酸和原油混合时形成的油—水乳液。破乳剂的有效性和破乳率取决于其在油/水界面上的浓缩速度（Ali 和 Hinkel，2000）。如果在储层中形成乳液，通常很难做到这一点。

非乳化剂是添加到酸体系中防止乳化的表面活性剂。这些表面活性剂通常是表面活性剂和溶剂的混合物，它们混合可得到具有更广泛应用的最终组合物（Ali 和 Hinkel，2000）。由于非乳化剂添加到酸体系中可以防止形成乳液，因此性能通常优于破乳剂。

(6) 铁离子稳定剂。

在酸化处理过程中，铁可以被酸性流体溶解。铁源自管柱和/或储层中含铁矿物（赤铁矿、黄铁矿、绿泥石、磁铁矿等）。最初，铁处于亚铁（Fe^{2+}）氧化态。随着酸的消耗，亚铁离子转化为三价铁离子（Fe^{3+}），并开始在 pH 值为 1~2 的情况下以 $Fe(OH)_3$ 的形式沉淀（Taylor 等，1999）。然而，当 pH 值大于 6 时，氢氧化亚铁 $Fe(OH)_2$ 开始沉淀。由于碳酸盐酸化后形成的废酸的 pH 值约为 4.5（Chang 等，2008），因此只有废液中氢氧化铁的沉淀是值得关注的。为了防止由于储层内 $Fe(OH)_3$ 沉积而导致渗透率降低，酸处理液中通常包含铁离子稳定剂。

铁离子稳定剂通常是防止铁沉淀的螯合剂或还原剂。还原剂将 Fe^{3+} 转化为 Fe^{2+}，以防止随着酸的消耗而沉淀。常用的还原剂是柠檬酸，抗坏血酸和异抗坏血酸。螯合剂与 Fe^{2+} 或 Fe^{3+} 结合，形成稳定的可溶性化合物，随着酸的消耗和 pH 值的升高，它将保留在溶液中。用于酸化处理的常用螯合剂是柠檬酸，乙二胺四乙酸（EDTA）和次氮基三乙酸（NTA）。

(7) 减阻剂。

通常情况下，酸化改造需要达到可以在井筒中形成湍流的排量下进行。这会导致摩阻的增加，从而增大地面注入压力。当地面注入压力达到设备极限（设备规格允许的最大压力）时，必须降低施工排量。通过添加少量的某种聚合物，可以降低摩阻损失。酸液中常见的减阻剂包括黄胞胶、瓜尔胶和合成聚合物，例如聚丙烯酰胺。

(8) 黏土稳定剂。

黏土分散和/或溶胀可导致渗透率显著降低，并伴有油井产量的损失。修井、改造、注水或油藏中流体速度极端扰动引起的储层水环境中离子不平衡都可能触发黏土分散。黏土膨胀通常由离子环境的变化和/或含水流体的引入引起的。有多种化学产品可以最大限度地减少黏土对储层条件不断变化的敏感性。黏土的稳定可以通过水溶液中的特定阳离子（盐），例如 K^+，NH_4^+，Ca^{2+}，Mg^{2+}，Al^{3+} 和 Zr^{4+} 或酸处理液中的阳离子有机化合物，如胺、多胺或季胺来实现。周等（1995）讨论了各种黏土稳定剂的优缺点。

5.1.5 酸化措施施工

进行酸化措施时，应遵循以下准则：
(1) 应该测试所有解决方案以确保符合设计公式；
(2) 应采取一切必要的预防措施，以尽量减少酸化过程本身造成的伤害；
(3) 应通过测试排量和压力（地面和/或井下）来监测酸化过程。

对于碳酸盐岩酸化处理，目的是改善储层中的流动条件，同时除去近井筒地层伤害。因此，即使对于未受伤害的井，酸处理仍然可以提高井的产量。另一方面，有明确的迹象表明，砂岩地层油井产量低至少一部分原因是酸溶性地层的伤害。这可以通过进行改造前的试井确定表皮效应、分析其他可能的表皮效应来源以及评估地层伤害来源。在多层段井和长水平井的措施方案时，改造前的生产测井有助于识别伤害层段，也用作后处理分析的基准。

酸化措施中一个重要步骤是清洗所有地面罐、地面管线以及用于注酸的油管。盐酸会部分溶解并疏松管壁上的铁锈，管道涂料和其他污染物，因此在将酸引入地层之前，应清洗任何此类物质的来源。地面设备可以在运输到现场或在现场之前用酸液清洗。如果生产油管用于注酸，则可以在注入地层之前先使 HCl 溶液或其他清洁液沿油管向下循环并通过环空回到地面。该过程称为油管拾取（Tubing Picking）。

在处理过程中，应监测注入速率（包括减阻剂泵速），注入流体密度和地面压力（以及井底压力，如果可以得到）。如后面部分所述，地面和井底压力可以提供油管摩阻变化和减阻剂性能的评估，从而更准确地预测油藏到地面的注入压力，并且最大限度地减少改造后表皮系数评估的不确定性。对注入的溶液进行取样也很有帮助。如果在处理过程中出现任何问题，那么注入溶液的样品将是重要的诊断辅助工具。

酸注入完成后，改造井应立即返排，最大限度地减少反应产物沉淀造成的伤害。如果预计不会出现沉淀，则可在冲洗过程中将剩余油管中的流体完全顶替进入地层。在达到稳定速率后迅速进行改造后的试井是评估酸处理效果最有效的方法。改造后的生产日志也有助于诊断某些井的措施效果。

5.2 酸化改造完井设计与挑战

如今，由于越来越多的应用水平井进行油气开采，酸化完井技术也取得了进展。水平井完井在有效注酸改造整个储层层段方面提出了独特的挑战。近年来，随着水平井钻井技术的不断改进，工业界一直在追求更长的水平井段，特别是对于低渗透油藏。目前水平井完井长度达到 10000ft 或更长已经成为普遍现象。

在处理较长的改造段时，沿井筒的储层物性经常会发生显著的变化，包括孔隙度、渗透率、孔隙压力、矿物成分、含水饱和度、天然裂缝和连通断层。而在碳酸盐岩储层中这种非均质性尤为明显。

如上所述，对于完井段长且储层物性变化很大的水平井，如何实现有效的整体酸化改造成为了一项挑战。为提高水平井的酸化改造覆盖率，工业界开发了许多机械和化学转向技术，本节对这些技术进行了概述。

5.2.1 砂岩酸化设计

砂岩酸化处理的目的是消除近井筒附近的地层伤害，同时尽量减少酸化过程本身所造成的伤害。

在进行砂岩地层中基质酸化改造设计之前，应仔细分析确定油气井产能伤害的原因。

首先，通过试井或通过分析生产历史来确定总表皮效应。当存在较大的正表皮效应时，可以依据井身结构与完井方式的信息来迅速识别机械表皮（部分射孔，射孔表皮等）的产生原因。如果机械表皮无法解释流动性伤害，则表明存在地层伤害。通常，可以用酸成功处理由钻井泥浆（完井液等）侵入或微粒运移引发的伤害。

一旦确定井产能低原因是酸处理地层伤害导致的，就可以进行酸化改造。砂岩中的典型酸处理方法包括注入 HCl 预冲洗液，常见的预冲洗体积是 50gal/ft，然后注入 50~200gal/ft 的 HCl/HF 混合物，再用柴油、盐水或 HCl 进行后冲洗，以顶替管道或井筒中的 HF/HCl。一旦处理完成，应立即返排废酸，以最大限度地减少反应产物沉淀造成的伤害。

多年来，在标准的砂岩酸化设计中一般使用 15%（质量分数）的 HCl 进行预冲洗，然后再用 3%（质量分数）HF 和 12%（质量分数）HCl 混合液。事实上，由于 3%HF 与 12%HCl 这一配比的混合液被普遍使用，可以用"全强度钻井液酸"（full-strength mud acid）直接指代。然而，近年来的趋势则是降低 HF 溶液的浓度以减少残酸导致的沉淀伤害，同时减轻造成井筒周围地层疏松的风险。

根据大量的现场经验，McLeod 和 Norman（2000）提出了酸液优选指南，见表 5.3 和表 5.4。这些指导原则不应被视为一成不变的准则，而应作为酸化设计的起点。由于在砂岩地层中过度设计的酸化很容易导致诸如沉淀和疏松等伤害，因此在泵注期间应根据泵注压力和排量密切监控施工。监控程序很简单，在注酸时，当保持相对恒定的泵注排量，施工压力降低表明表皮系数减少；反之则代表表皮系数增加。一些论文作者已经发表了酸化施工监测技术的细节（Paccaloni 和 Tambini，1993；Zhu 和 Hill，1996）。

表 5.3 预冲洗液的流体选择指南（McLeod 和 Norman，2000）

矿物含量	渗 透 率		
	>100mD	20~100mD	<20mD
粉砂<10% 黏土<10%	15% HCl	10% HCl	7.5% HCl
粉砂>10% 黏土>10%	10% HCl	7.5% HCl	5% HCl
粉砂>10% 黏土<10%	10% HCl	7.5% HCl	5% HCl
粉砂<10% 黏土>10%	10% HCl	7.5% HCl	5% HCl

表 5.4 钻井液（完井液等）酸液的流体选择指南（McLeod 和 Norman，2000）

矿物含量	渗 透 率		
	>100mD	20~100mD	<20mD
粉砂<10% 黏土<10%	12% HCl~3% HF	8% HCl~2% HF	6% HCl~1.5% HF
粉砂>10% 黏土>10%	13.5% HCl~1.5% HF	9% HCl~1% HF	4.5% HCl~0.5% HF
粉砂>10% 黏土<10%	12% HCl~2% HF	9% HCl~1.5% HF	6% HCl~1% HF
粉砂<10% 黏土>10%	12% HCl~2% HF	9% HCl~1.5% HF	6% HCl~1% HF

5. 2. 2　碳酸盐岩基质酸化设计

碳酸盐岩地层中的基质酸化过程与砂岩中的基质酸化过程完全不同。对于碳酸盐岩地层，标准处理方法包括 15%~28%（质量分数）的 HCl。由于碳酸盐岩与 HCl 的反应简单且反应速率高，因此与砂岩地层相比，其酸液体系相对更简单。

在碳酸盐岩基质酸化过程中，当酸注入到储层时，不能均匀地溶解井筒周围的岩石。相反，酸在储层孔隙系统中发现较高渗透率层段，并以球形流动方式从井筒向外传导，形成称为蚓孔的小隧道网络。McDuff 等（2010）展示了一个蚓孔网络的 CT 扫描图像，该网络是在大型石灰岩块实验中通过模拟井筒创造的（图 5.2）。

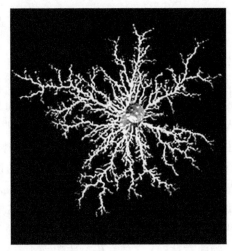

图 5.2　在大块岩石实验中产生的放射状生长的蚓孔（McDuff 等，2010）

如 CT 图像所示，酸处理已经溶解了一部分碳酸盐岩，从而在井筒周围形成了蚓孔网络。Fredd 和 Fogler（1999）和 Fredd 等（1997）报道，在高注入速率下，蚓孔倾向于形成更多的分支；在低注入速率下，酸不会渗透到地层中，而是在接触时立即溶解碳酸盐岩，导致接触面溶解。

基质酸化的效率通过在给定的酸注入体积下蚓孔的延伸来测量。引入相对概念"突破孔隙体积"（Pore Volume to Breakthrough）来衡量效率。突破孔隙体积定义为蚓孔突破一定体积的岩石所需的酸的孔隙体积。

$$PV_{BT} = \frac{酸注入体积}{岩石孔隙体积} \tag{5.17}$$

式（5.17）表明要突破的孔隙体积越小，蚓洞通过给定的岩石体积进行扩展所需要的酸量就越少，因此蚓洞扩展效率越高。

【例 5.3】在大型石灰石岩块实验中的 PV_{BT} 测量。

大型岩块驱替实验使用约 $1m^3$ 的碳酸盐岩块来测试蚓洞突破效率。对于孔隙度为 0.2 的岩石样品，当从井筒中心高速率注入酸时，从 27.25in×27.25in×32in（约 $14ft^3$）岩块中突破需要注入 15%HCl 酸液 2.5L。计算突破孔隙体积。

解： 首先计算岩石的孔隙体积。忽略井筒的体积，计算石灰岩块的孔隙体积：

$$PV = \phi V = 0.2 \times 14 = 2.8 \ (ft^3) \tag{5.18}$$

然后计算突破孔隙体积 PV_{BT}：

$$PV_{BT} = \frac{2.5 \times 0.034315}{2.8} = 0.03 \tag{5.19}$$

最佳注入速率可产生最高的基质酸化效率（PV_{BT} 值最小）。注入速率以孔隙流速表示，定义为注入速率除以注入的多孔介质横截面积。

$$v_i = \frac{q}{A\phi} \tag{5.20}$$

认识到 PV_{BT} 是一个全局参数，它对储层性质和处理条件都具有许多影响，突破孔隙体积的详细建模是非常复杂且繁琐的。通常，基于线性酸驱实验的经验相关性用于处理设计。在典型的岩心驱替实验中，将酸注入具有已知孔隙度和渗透率的圆柱形岩心样品中，并且随着注入的进行测量穿过岩心的压降。将某些压降降至最低水平被确定为突破点，并且 PV_{BT} 由注入的酸的体积计算。该过程以不同的注入速率（间隙速度）重复几次。从实验室实验观察中，可以得出穿透孔隙体积与间隙速度的关系图。这种类型的图也称为蚓孔效率图。图 5.3 显示了这样的曲线图（Buijse 和 Glasbergen，2005）。图 5.3 从几个不同的实验工作中收集了数据。无论实验条件如何，曲线都具有相同的特征。所有曲线都有一个最小点，表明最佳条件。在最佳条件下，对于给定的酸量，蚓孔突破距离最远。随着注入速率的增加（沿 x 轴向右移动），突破孔隙体积减小（效率更高），直至达到最佳状态。在最佳点之后，随着注入速率的增加，效率降低。所有曲线在双对数图上都有两条拟合良好的直线，并且曲线在最佳值的左侧与右侧部分相比具有更陡峭的斜率。这意味着如果注入速率错过

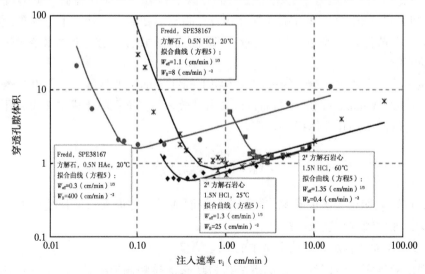

图 5.3　酸化设计的蚓孔效率曲线（Buijse 和 Glasbergen，2005）

最佳条件，则最好具有比最佳注入速率更高的注入速率。当注入速率低于最佳值时，会更快地失去效率。

【例 5.4】 线性酸驱岩心测试的 PV_{BT} 测量。

对于孔隙度为 0.2 的岩石样品，以 10mL/min 的注入速度从直径 1.5in，长度 6in 的岩心中突破需要注酸 30mL。在这种情况下，计算突破孔隙体积和间隙速度。

解： 我们首先计算突破孔隙体积。岩心的孔隙体积是

$$PV = \pi r^2 L\phi = 3.14 \times 0.75^2 \times 6 \times 0.2 = 2.12 \ (in^3) \tag{5.21}$$

以及

$$PV_{BT} = \frac{30 \times 0.061}{2.12} = 0.86 \tag{5.22}$$

请注意，上面计算的 PV_{BT} 远远高于大块岩心试验（例 5.3）。在这种情况下的间隙速度是

$$v_i = \frac{q}{A\phi} = \frac{10 \times 0.061}{3.14 \times 0.75^2 \times 0.2} = 1.73(in/min) = 4.39(cm/min) \tag{5.23}$$

蚓孔效率曲线是设计基质酸化处理的良好工具。这些曲线是通过具有相关方程的实验室实验构建的。实验必须使用将在现场泵送的酸体系，并且岩心样品应尽可能靠近待处理的地层。如果所有条件都模拟现场处理条件，则注入速率是在一组实验期间改变的唯一参数。一旦确定了最小值，就可以创建曲线。现场注入速率是根据对最佳条件的观察确定的。同样重要的是要注意，从线性酸驱实验测量的 PV_{BT} 值可能比径向流酸注入实验测量的值大一个数量级。因此，将线性酸驱实验结果应用于现场条件需要进行一些升级。

（1）蚓孔效率的 Buijse 和 Glasbergen 相关。

Buijse 和 Glasbergen（2005）基于对酸性岩心驱替中突破孔隙体积与孔隙速度有关的观察，开发了蚓孔传播的经验模型。他们认识到，蚓孔传播速度与突破孔隙体积成反比，对于不同岩石和不同酸体系，蚓孔的传播速度始终取决于间隙速度。利用每条曲线的两条直线特征，他们得出了捕获这种关系的函数。蚓孔传播速度可表示为

$$v_{wh} = \frac{dr_{wh}}{dt} = \left(\frac{v_i}{PV_{BT,opt}}\right)\left(\frac{v_i}{v_{i,opt}}\right)^{-\gamma}\left\{1 - \exp\left[-4\left(\frac{v_i}{v_{i,opt}}\right)^2\right]\right\}^2 \tag{5.24}$$

其中 v_i 是间隙速度，$PV_{BT,opt}$ 和 $v_{i,opt}$ 是通过一系列线性岩心驱替实验得到的效率曲线所确定的最佳突破孔隙体积和最佳孔隙速度。注意，当 g 等于 1/3 时，则式（5.24）等于原始 Buijse-Glasbergen 模型中所示的线性岩心驱替实验结果。在该模型中，蚓孔速度取决于蚓孔前缘 r_{wh} 的间隙速度，并且该速度随着蚓孔远离井筒而减少。对于给定的注入速率（或相应的间隙速度），可以为设计的处理估计蚓孔长度。

【例 5.5】 使用图 5.3 的中间曲线，如果注入速度为 10bbl/min，则计算注入时间 20min 时蚓孔长度。孔隙率度为 0.2，地层厚度为 100ft，井筒半径为 0.354ft。计算改造后的表皮系数。

解： 从图 5.3 可以看出，最佳间隙速度为 1.0cm/min，最佳突破孔隙体积约为 0.9。井筒的间隙速度为

$$v_i = \frac{q_i}{2\pi rh\phi} = \frac{10 \times 5.615}{2 \times 3.14 \times 0.354 \times 100 \times 0.2} = 1.27(\text{ft/min}) = 38.5(\text{cm/min})$$

$$(5.25)$$

$$v_{wh} = \frac{38.5}{0.9} \times \frac{38.5}{1.0}^{-\frac{1}{3}} \left\{ 1 - \exp\left[-4\left(\frac{38.5}{1.0}\right)^2 \right] \right\}^2 = 12.7(\text{cm/min}) \quad (5.26)$$

在注入 1min 时，计算 r_{wh}

$$r_{wh} = r_w + v_{wh}\Delta t = 0.354 + 0.415 \times 1.0 = 0.771(\text{ft}) \quad (5.27)$$

在下一个时间增量时，在 $r_{wh} = 0.771$ft 处的间隙速度和蚓孔生长速率计算为 17.7cm/min 和 0.248ft/min。然后在 2min 时，计算出的蚓孔突破长度为 $r_{wh} = 0.769 + 0.248 \times 1.0 = 1.017$（ft）。

如上述计算所示，随着蚓孔的延伸，v_i 会很快变小。最后，在 20min 时，蚓孔突破长度为 3.3ft。

由于蚓孔比非孔碳酸盐岩中的孔大得多，因此通过蚓孔突破的区域的压降很小，通常可以忽略不计。因此，蚓孔网络的高渗透率有效地降低了生产过程中的近井压力损失。根据这个假设，碳酸盐岩基质酸化引起的表皮效应可以根据蚓孔的突破深度 r_{wh} 来计算。

$$S = -\ln\left(\frac{r_{wh}}{r_w}\right) \quad (5.28)$$

因此，在示例计算中，

$$S = -\ln\left(\frac{3.325}{0.354}\right) = -2.2 \quad (5.29)$$

（2）蚓孔效率的 Furui 相关。

Furui 等（2012a）假设传播蚓孔尖端处的速度驱动蚓孔的传播速度，并且蚓孔尖端处的间隙速度 $v_{i,tip}$ 明显高于根据线性酸驱替实验计算的平均间隙通量 v_i：

$$v_{i,tip} = \frac{d_{core}}{d_{wh}}v_i \quad (5.30)$$

其中 d_{core} 是实验室用于生成曲线的岩心样品的直径，d_{wh} 是实验室实验中主要蚓孔的直径。注意式（5.30）是基于实验室和数值研究结果获得的经验关系（Furui 等，2012）。

根据这一观察，他们得到了改进的 Buijse 和 Glasbergen 蚓孔传播模型。

$$v_{wh} = v_{i,tip}N_{AC}\left(\frac{v_{i,tip}PV_{BT,opt}N_{AC}}{v_{i,opt}}\right)^{-\gamma} \left\{ 1 - \exp\left[-4\left(\frac{v_{i,tip}PBV_{BT,opt}N_{AC}L_{core}}{v_{i,opt}r_{wh}}\right)^2 \right] \right\}^2 \quad (5.31)$$

其中 N_{Ac} 和 $d_{e,wh}$ 是酸容量数和蚓孔簇的有效直径，定义为

$$N_{AC} = \frac{\phi\beta C\rho_{acid}}{(1-\phi)\rho_F} \quad (5.32)$$

$$d_{e,wh} = d_{core} N_{AC} PV_{BT,opt} \tag{5.33}$$

对于径向流动，尖端速度近似为

$$v_{i,tip} = \frac{q}{\phi h \sqrt{\pi m_{wh}}} \left[(1-\alpha_z) \frac{1}{\sqrt{d_{e,wh} r_{wh}}} + \alpha_z \left(\frac{1}{d_{e,wh}} \right) \right] \tag{5.34}$$

其中 m_{wh} 和 α_z 分别表示沿角度方向的主要蚓孔的数量（通常将 m_{wh} 视为 4~6）和蚓孔轴向间距，其范围为 0~1。当 $\alpha_z = 0$ 时，主要的蚓孔沿轴向紧密间隔（二维几何径向流）。对于这种情况，蚓孔尖端的注入速度成比例地下降到 $1/r_{wh}^{0.5}$。这种极端情况表示轴向渗透率显著低于径向渗透率的地层。当 $\alpha_z = 1$ 时，主要的蚓孔沿轴向稀疏排列，而低长度/停滞的蚓孔影响很小。在这种情况下，随着 r_{wh} 的增加，蚓孔尖端的注入速度不会下降。对于典型的酸化改造设计，建议垂直井（$K_a \ll K_r$）使用 $\alpha_z = 0.25~0.5$，水平井（$K_a \approx K_r$）使用 $\alpha_z = 0.5~0.75$。再一次，r 是 1/3。

【例 5.6】使用 Furui 等的模型重复计算例 5.5。假设 $\beta = 0.383$，$\rho_{acid} = 1.14g/cm^3$，$\rho_F = 2.71g/cm^3$，$d_{core} = 1in$（2.54cm），$L_{core} = 6in$（15.24cm）。同样对于蚓孔几何参数，使用 $m_{wh} = 6$ 和 $\alpha_z = 0.5$。

解：酸容量数由下式计算

$$N_{AC} = \frac{0.2 \times 0.383 \times 1.14}{(1-0.2) \times 2.71} = 0.0403 \tag{5.35}$$

蚓孔簇的有效直径 $d_{e,wh}$ 由下式计算

$$d_{e,wh} = 2.54 \times 0.0403 \times 0.9 = 0.092(cm) = 3.02 \times 10^{-3}(ft) \tag{5.36}$$

主要蚓孔尖端的间隙速度由下式计算

$$v_{i,tip} = \frac{10 \times 5.615}{0.2 \times 10 \sqrt{3.14 \times 6}} \left[(1-0.5) \frac{1}{\sqrt{3.02 \times 10^{-3} \times 0.354}} + 0.5 \times \frac{1}{3.02 \times 10^{-3}} \right]$$
$$= 116.7 \text{ (ft/min)} = 3558.3 \text{ (cm/min)} \tag{5.37}$$

蚓孔的生长速度可通过以下公式计算

$$v_{wh} = 3558.3 \times 0.0403 \times \left(\frac{3558.3 \times 0.9 \times 0.0403}{1.0} \right)^{-\frac{1}{3}}$$
$$\left\{ 1 - \exp \left[-4 \left(\frac{3558.3 \times 0.9 \times 0.0403 \times 15.24}{1.0 \times 0.354} \right)^2 \right] \right\}^2$$
$$= 28.4 \text{ (cm/min)} = 0.932 \text{ (ft/min)} \tag{5.38}$$

在注入 1min 时，计算 r_{wh}

$$r_{wh} = r_w + v_{wh} \Delta t = 0.354 + 0.932 \times 1.0 = 1.286(ft) \tag{5.39}$$

在下一个时间增量处，$r_{wh}=1.286$ft 时的尖端间隙速度和蚓孔生长速度计算为 3415.2cm/min 和 0.906ft/min。然后在 2min 时计算出的蚓孔突破长度为 $r_{wh}=1.286+0.906\times1.0=2.192$（ft）。最后，在 20min 时，蚓孔突破长度变为 18.21ft。

表皮系数由下式计算得

$$S=-\ln\left(\frac{18.21}{0.354}\right)=-3.9 \tag{5.40}$$

根据对 400 多口井进行的现场调查显示，基质酸化技术可以有效地改造碳酸盐岩储层，具有极好的效果（Furui 等，2010）。所有井的表皮系数在 $-3.5\sim-4.0$（P50 表皮值）范围内，如图 5.4 所示。

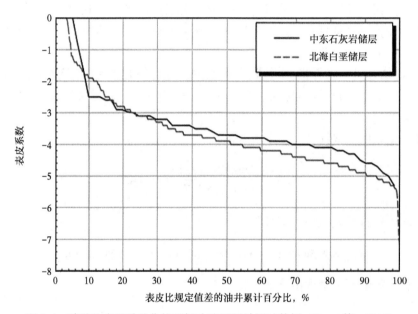

图 5.4 碳酸盐岩基质酸化的现场改造后累计测试数据（Furui 等，2010）

【例 5.7】根据现场数据进行 PV_{BT} 测量

如图 5.4 所示，在平均 75gal/ft 的注酸量下，北海白垩纪储层的 P50 表皮值估计为 -3.9。假设白垩地层孔隙度为 30%，请计算出蚓孔的突破长度，并根据计算出的蚓孔长度估算 PV_{BT}。假设井筒半径为 0.3542ft。

解：假设蚓孔区域的渗透率明显大于原始岩石的渗透率，那么表皮系数可以简化为

$$S=-\ln\frac{r_{wh}}{r_w} \tag{5.41}$$

其中 r_{wh} 是蚓孔突破长度，可以通过以下公式计算：

$$r_{wh}=r_w\exp(-S)=0.3542\exp(3.9)=17.5(\text{ft}) \tag{5.42}$$

岩石的孔隙体积很容易计算：

$$PV = \pi(r_{wh}^2 - r_w^2)\phi = 3.14(17.5^2 - 0.3542^2) \times 0.3 = 288.4(ft^3/ft) \quad (5.43)$$

注入地层的酸的体积为

$$V_{acid} = 75 \times 0.13369 = 10(ft^3/ft) \quad (5.44)$$

现场数据测得的突破孔隙体积可以通过下式进行估算：

$$PV_{BT} = \frac{10}{288.4} = 0.035 \quad (5.45)$$

图 5.5 总结了大型径向流试验、小型线性岩心（1.5in×6in）和大型线性岩心（4in×20in）试验的各种 PV_{BT} 测量结果和计算结果，并与现场观测值进行了对比。图中所示大型注酸实验（径向流）与现场观测的 PV_{BT} 值非常吻合。这表明大型径向流试验是现场观测蚓孔的良好表征，而线性流动注酸实验低估了 PV_{BT} 值，从而低估了蚓孔效率。

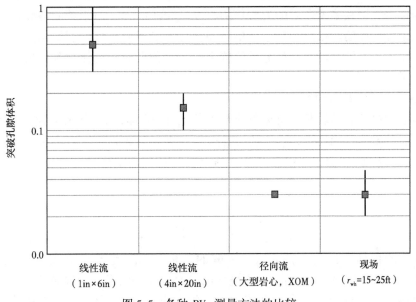

图 5.5　各种 PV_{BT} 测量方法的比较

综上所述，碳酸盐岩储层通常能成功实施酸化改造，如果该储层天然裂缝发育，则可以获得更好的结果。这些表皮系数所代表的未受伤害井在改造前后的生产指数比 $\left(\dfrac{q_a}{q_o}\right)$ 通常在 1.5~2。基质酸化可以对各种类型的碳酸盐岩进行改造，并且在低渗透和高渗透油藏中同样有效。与主要针对低渗储层的复杂酸化压裂改造相比，基质酸化通常更便宜且更容易实施。而当储层渗透率太低时，酸液注入速率可能受到泵送压力的限制。在这种情况下，酸化压裂不失为更佳选择。

5.2.3 碳酸盐岩酸化压裂设计

用酸进行的水力压裂处理（通常称为酸化压裂）也常用于碳酸盐岩储层中以改善井的流动性能，主要用于改造低渗透碳酸盐岩储层。

水力裂缝是一种通过以高于地层破裂压力将黏性流体泵送进入储层，并将人造裂缝扩展至深处的储层改造方式。区别于全程在基质内径向流至井筒，水力压裂使储层流体从基质流至裂缝，再经由高渗裂缝运移到井筒，其压力损失远低于周围地层，单井产能因此得到极大提升。基于以上原因，压裂井的产能提高因素主要受裂缝半长和裂缝导流能力影响。可以预料，与高渗储层相比，低渗储层更容易获得长裂缝和高导流能力，因此，通常在低渗储层中进行酸化压裂更为成功。

酸压井的表皮系数和相关的井产能改善与裂缝半长 x_f 和裂缝导流能力 $K_f w$ 相关。通过数十个试验的计算表明，典型的酸化压裂裂缝长度范围为 30~200ft（King，1986）。较长的裂缝通常存在于温度较低，渗透率较低的地层。

酸化压裂的裂缝导流能力很难预测，因为它本质上取决于随机性过程：如果裂缝面未被非均匀地蚀刻，则裂缝闭合后的导流能力将非常小。因此，用于预测酸化压裂裂缝导流能力的方法是经验性的。根据裂缝中的酸分布，计算沿裂缝坐标的岩石溶解量。然后使用经验公式，以岩石溶解量来计算裂缝导流能力。而这种裂缝导流能力预测方法无法提供非常精确的结果。

5.2.3.1 Nierode 和 Kruk 模型

酸化压裂缝中溶解的岩石量由称为理想宽度 w_i 的参数表示，其定义为裂缝闭合前酸溶解所产生的裂缝宽度。如果注入裂缝的所有酸都只溶解了裂缝面上的岩石（即没有酸渗透到基质中或在裂缝壁中形成蚓孔），则平均理想宽度就是溶解的岩石总体积除以裂缝面积，或者

$$w_i = \frac{\chi V}{2(1-\phi)h_f x_f} \tag{5.46}$$

其中 χ 是酸的体积溶解力，V 是注入酸的总体积，h_f 是裂缝高度，x_f 是裂缝半长。Nierode 和 Kruk（1973）提出了酸化压裂缝导流能力公式，该式基于酸裂缝导流能力的广泛实验室测量结果，并将导流能力与理想宽度、闭合应力 σ_c 以及岩石嵌入强度 S_{rock} 建立联系。Nierode-Kruk 公式是

$$K_f w = C_1 e^{-C_2 \sigma_c} \tag{5.47}$$

其中，

$$C_1 = 1.47 \times 10^7 w_i^{2.4} \tag{5.48}$$

$$C_2 = (13.9 - 1.3 \ln S_{rock}) \times 10^{-3} \quad 当 S_{rock} < 20000\text{psi} 时 \tag{5.49}$$

$$C_2 = (3.8 - 0.28 \ln S_{rock}) \times 10^{-3} \quad 当 S_{rock} > 20000\text{psi} 时 \tag{5.50}$$

对于这些方程中给出的常数，$K_f w$ 以 mD·ft 为单位，w_i 以 in 为单位，σ_c 和 S_{rock} 以 psi 为单位。岩石嵌入强度是将金属球推入岩石样品表面一定距离所需的力。表 5.5 列出了几

种常见的碳酸盐岩储层的嵌入强度的实验室测量值。

表 5.5　各种干碳酸盐岩的实测岩石嵌入强度（引自 Nierode 和 Kruk，1973）

储层	岩石嵌入强度，psi
Desert Creek B 石灰石	42000
San Andres 白云石	50000~175000
Austin Chalk-Buda 石灰石	20000
Bloomberg 石灰石	93000
Caddo 石灰石	38000
Canyon 石灰石	50000~90000
Capps 石灰石	50000~85000
Cisco 石灰石	40000
Edwards 石灰石	53000
Indiana 石灰石	45000
Novi 石灰石	106000
Penn 石灰石	48000
Wolfcamp 石灰石	63000
Clearfork 白云石	49000~200000
Greyburg 白云石	75000~145000
Rodessa Hill Laminate	170000
San Angelo 白云石	100000~160000

【例 5.8】 通过 Nierode-Kruk 公式计算印第安纳石灰岩的裂缝导流能力。理想的裂缝宽度为 0.1in。

解： 首先计算公式的常数。从表 5.5 中可以看出，印第安纳州石灰石的嵌入强度为 45000psi。因此根据式（5.48）和式（5.49），可以得到

$$C_1 = 1.47 \times 10^7 (0.1^{2.47}) = 4.98 \times 10^4 \qquad (5.51)$$

$$C_2 = [3.8 - 0.28\ln(45000)] \times 10^{-3} = 0.00145 \qquad (5.52)$$

和

$$K_f w = C_1 e^{-C_2 \sigma_c} = 4.98 \times 10^4 e^{-0.00145 \sigma_c} \qquad (5.53)$$

图 5.6 绘制了裂缝导流能力与闭合应力的函数关系。导流能力从零闭合应力（0psi）时的 49810mD·ft 减少到 7000psi 时的约 2mD·ft。

5.2.3.2　Mou Deng 模型

考虑碳酸盐岩地层的地质统计学特性和渗漏量对酸蚀裂缝导流能力的影响，邓等（2012）提出了显著依赖于地层性质的统计变化的公式。该公式使用地层岩石的 3 个统计参数，水平流动方向上的有效长度，垂直方向上的有效长度以及影响参数的标准偏差。该参数可以是地层岩石的渗透率或矿物学分布。针对不同类型的岩石建立了相关公式：一种以渗透率分布效应为主导，一种以矿物学分布为主，另一种考虑了渗透率和矿物学的综合效

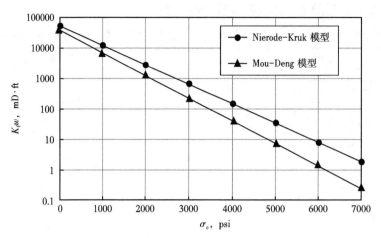

图 5.6　裂缝导流能力计算示例

应。在这里，主要展示与渗透率主导效应的公式。

导流能力公式具有与 Nierode-Kruk 公式相似的格式，

$$K_f w = \alpha \exp[-\beta\sigma_c] \tag{5.54}$$

其中，

$$\alpha = (K_f w)_0 \{0.22(\lambda_{D,x}\sigma_D)^{2.8} + 0.01[(1-\lambda_{D,z})\sigma_D]^{0.4}\}^{0.52} \tag{5.55}$$

$$\beta = (14.9 - 3.78\ln\sigma_D + 6.81\ln E) \times 10^{-4} \tag{5.56}$$

在上式中，σ_c 闭合应力，单位为 psi，E 是杨氏模量，单位为 10^6psi。$\lambda_{D,x}$，$\lambda_{D,z}$ 和 σ_D 分别是沿裂缝水平（x 方向）的相关长度，垂直方向（z 方向）的相关长度和渗透率的无量纲标准偏差。Beatty 等（2011）讨论了获得这些参数的方法。零闭合应力的导流能力 $(K_f w)_0$ 为

$$(K_f w)_0 = 4.48 \times 10^9 \, \overline{w}^3 [1 + \{a_1 \mathrm{erf}[a_2(\lambda_{D,x}-a_3)] - a_4 \mathrm{erf}[a_5(\lambda_{D,z}-a_6)]\}] \sqrt{e^{\sigma_D}-1} \tag{5.57}$$

其中常数由 $a_1=1.82$，$a_2=3.25$，$a_3=0.12$，$a_4=1.31$，$a_5=6.71$，$a_6=0.03$ 给出，$\overline{w}$ 是零闭合应力下的平均裂缝宽度，单位为 in。实际上，理想的裂缝宽度 w_i，其定义为溶解岩石体积除以裂缝表面积，比平均裂缝宽度更容易获得。对于高滤失系数地层（>0.004ft/min$^{0.5}$），

$$\overline{w} = 0.56\mathrm{erf}(0.8\sigma_D)w_i^{0.83} \tag{5.58}$$

对于矿物组分分布较为均匀的中等滤失系数地层（约 0.001ft/min$^{0.5}$）：

$$\overline{w} = 0.2\mathrm{erf}(0.78\sigma_D)w_i^{0.81} \tag{5.59}$$

通常，由于碳酸盐是层状沉积的，渗透率分布的垂直相关长度很短。当无量纲垂直相关长度足够低时，例如，$\lambda_{D,z}<0.02$，式（5.55）和式（5.56）可以简化为

$$\alpha = 0.12(K_f w)_0(\lambda_{D,x}\sigma_D)^{0.1} \tag{5.60}$$

$$\beta = (15.6 - 4.5\ln\sigma_D - 7.8\ln E) \times 10^{-4} \tag{5.61}$$

【例 5.9】 使用 Mou 和 Deng 公式计算裂缝导流能力。高度分层的碳酸盐岩层的滤失系数为 0.001ft/min$^{0.5}$。水平方向上的渗透率相关长度为 50，垂直渗透率相关长度为 0.02，渗透率的标准偏差为 0.7。理想的裂缝宽度为 0.05in，岩石的杨氏模量为 1Mpsi。使用 Mou 和 Deng 模型生成裂缝导流能力与闭合应力的关系图。

解： 首先计算平均裂缝宽度

$$\overline{w} = 0.2\text{erf}(0.78\times0.7)0.05^{0.81} = 0.027 \tag{5.62}$$

在零闭合应力下，导流能力为

$$\begin{aligned}(K_f w)_0 = 4.48\times10^9 \\ \times 0.027^3 \{1+1.82\text{erf}[3.25\times(50-0.12)] \\ -1.31\text{erf}[6.71\times(0.2-0.03)]\}\sqrt{e^{0.7}-1} \\ = 251883(\text{mD}\cdot\text{ft}) \end{aligned} \tag{5.63}$$

$$\alpha = 0.12\times251883\times(50\times0.7)^{0.1} = 43131 \tag{5.64}$$

$$\beta = (15.6-4.5\ln0.7-7.8\ln1)\times10^{-4} = 0.00172 \tag{5.65}$$

因此，裂缝导流能力与闭合应力 σ_c 的函数关系为

$$K_f w = 43131\exp[-0.00172\sigma_c] \tag{5.66}$$

图 5.6 绘制了本例计算的裂缝导流能力与闭合应力的函数关系，并与 Nierode-Kruk 模型结果进行比较。Mou & Deng 模型的导流能力从零闭合应力时的 43431mD·ft 下降到 7000psi 闭合应力下的 0.3mD·ft。根据例 5.8 和例 5.9，当闭合应力高于 5000psi 时，导流能力变得非常小，Nierode-Kruk 模型为 36mD·ft，而 Mou 和 Deng 模型为 8mD·ft。

这里可以采用水力压裂井的表皮效应模型来估算改造效果。

【例 5.10】 计算例 5.9 中当闭合应力为 4000psi 时的表皮系数。闭合应力为 4000psi 时的导流能力为 44mD·ft。裂缝半长为 200ft，储层渗透率为 0.1mD 和 1mD。$r_w = 0.354$ft，$r_e = 1000$ft。

解： 根据式（4.54）0.1mD 渗透率的无因次裂缝导流能力为

$$C_{fD} = \frac{K_{fw}}{Kx_f} = \frac{44}{0.1\times200} = 2.2 \tag{5.67}$$

根据式（4.55），等效井筒半径为

$$r'_w = \frac{x_f}{\dfrac{\pi}{C_{fD}}+2} = \frac{200}{\dfrac{\pi}{2.2}+2} = 58\text{ft} \tag{5.68}$$

由式（4.56），表皮系数计算为

$$S = -\ln\left(\frac{r'_w}{r_w}\right) = -\ln\left(\frac{58}{0.354}\right) = -5.1 \tag{5.69}$$

稳态下的产量增加倍数可以计算为

$$\frac{Q}{Q_0} = \frac{\ln\dfrac{r_e}{r_w}}{\ln\dfrac{r_e}{r_w} + S} = \frac{\ln\left(\dfrac{1000}{0.354}\right)}{\ln\left(\dfrac{1000}{0.354}\right) - 5.1} = 2.8 \tag{5.70}$$

对于 1mD 的渗透率，C_{fD} 为 0.22，r'_w 为 12.3ft，这导致酸化压裂后的表皮系数为-3.5，产量仅增加 1.8 倍。

综上所述，如果岩石具有足够的强度，从而在闭合后和生产过程中维持裂缝导流能力，则低渗透性碳酸盐岩储层可以有效地被酸化压裂改造，使其表皮系数降低到-4~-5，相应地，油井产量增加倍数（在改造之后与改造之前）为 2~3 倍。而在较高渗透率的油藏或由较弱岩石组成的碳酸盐岩油藏中，酸化压裂效果较差。

5.2.4 酸液铺置与转向

酸化处理成功的关键因素是酸液的合理铺置，从而令所有生产层段都与足量的酸液发生接触。如果储层渗透率存在显著的非均质性，则酸液将倾向于流入高渗透率区域。伴随着酸化反应，该区域的流动条件得到进一步改善，则愈发容易诱使更多酸液通过这些已酸化的区域，最终导致部分生产层段无法得到有效改造。即使在相对均质的地层中，地层伤害也可能分布不均匀。如果不改善酸液铺置技术，可能导致大部分伤害无法得到处理。由于水平井与储层接触面积更大，这个问题在水平井改造中更为重要。当确定酸液自主改造无法获得足够的酸覆盖率时，可使用转向技术以实现理想的酸液铺置。

5.2.4.1 机械转向技术

用于压裂液转向的最常见的机械方法是桥塞、封隔器、密封球和限制射孔。

在管道上运行的桥塞是可取回的，可以多次移动和复位。而电缆桥塞一旦固定就无法移动，通常需要在施工后进行铣削才能将其拆除。电缆桥塞在一天中要进行多段改造施工或在改造施工过程中钻机未在井眼上方时使用。它们可以在井筒内快速运行，并且不需要在每段施工前进行洗井。典型的酸化改造施工流程包括底部区域射孔，改造施工，在射孔段上部设置桥塞进行层段隔离。然后对下一个层段进行射孔和改造措施（图 5.7）。

当多层段改造不遵循从最低层段到更高层段的连续程序时，可以使用跨式封隔器系统（图 5.8）。跨式封隔器提供了一种可靠的封隔方法。只要未射孔的套管足够长以提供封隔器座，这些可回收工具可以很容易地移动以覆盖任何层段。但是，如果封隔器上方有打开的射孔，碎屑有可能进入环空，其中少量碎屑可能会粘在可回收封隔器上方的工具串上，应避免这种情况。

密封球是涂有橡胶的球，设计用于从套管内部坐封在射孔上，以阻挡流通套管的流体，从而将注入的流体转向到其他射孔孔眼。将密封球分阶段添加到处理液中。在一定数量的射孔孔眼受到酸液改造并具有较高的射孔流速之后，密封球被驱动到这些孔中阻挡了进一步的流动，并将酸转移到其他射孔孔眼。最常见的是，密封球比工作液密度大，因此在处理后，密封球会掉入井筒中。然而，Erbstoesser（1980）指出，与密度较大的密封球相比，

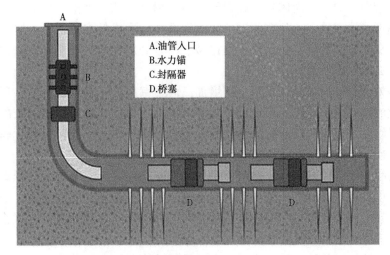

图 5.7　使用桥塞进行多层段改造（Jinzhou 等，2013）

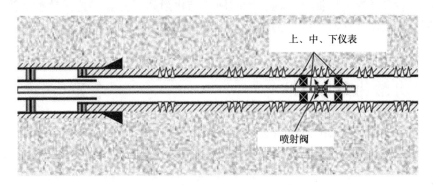

图 5.8　跨式封隔器系统

在工作液中略微浮起的密封球可以更有效地坐封。在完成改造后，球可能会随生产回到地面，因此必须在流线上添加一个捕球器。密封球的坐封效率随着注入速率和射孔摩阻的增加而提高。

　　限流射孔是机械转向方法之一。该技术通过控制射孔的摩阻实现在射孔层段上分配流体。如第 4 章所述，摩阻与流量的二次方成正比。接收更多流体的孔眼比通过更少流体的孔眼具有更高的摩阻。通过限制多个层段的射孔数量，限流技术的成功应用增加了可被酸化改造的层段数量。通常，500～1000psi 的压差基本足以控制流体的铺置。进入给定区域的流体总流量受到该层段射孔的孔径大小和数量的限制。射孔处的高摩阻迫使流体进入另一个层段。这种转向技术由于其简单性和经济性而受到欢迎。该转向技术不需要昂贵的工具，也不需要运行和回收工具或清理流道。压降的计算详见第 4 章第 4.4 节。

5.2.4.2　化学转向

　　化学转向剂产品种类包括对部分储层进行机械暂堵（悬浮颗粒）到黏性转向（胶凝剂）再到泡沫转向。理想情况下，转向剂应以可预测、可控的方式有效地限制酸在储层所需部分中的渗透，并且在生产过程中易于除去（即不溶于酸，但高度溶于水或烃）。

有效用作转向剂的悬浮固体包括盐颗粒、苯甲酸片、蜡、油溶性树脂、硅石灰和聚乳酸。这些产品可悬浮在酸中，并在储层的较高渗透区域形成低渗透滤饼，阻止酸液继续进入高渗区域，从而迫使酸液转向至低渗透区域。一旦处理完成，颗粒要么随储层返排液排出至地表，要么被返排液溶解。

可以在酸处理的早期添加胶凝剂，以增加高渗透率层段中酸的黏度。在后期泵送阶段时使用未稠化的酸，低黏度酸会渗透到较低渗透率的层段。通常，选择的胶凝剂在酸化措施完成后将降解，从而保证较高渗透率层段的清洁。用于酸液增稠转向的化学品包括瓜尔胶、黄胞胶、HEC、黏弹性表面活性剂和合成聚合物。

除简单的线性聚合物溶液外，交联体系也可用于转向酸。交联体系在低剪切速率下具有非常高的黏度。最近，已经开发了具有酸碱度敏感的交联剂的交联体系。交联体系在酸消耗前（pH值约为3）会产生高黏度，但是随着酸消耗与 pH 值增加，交联会被中断。因此，在酸化处理完成之后，胶凝的流体更容易返排。

泡沫酸是酸液铺置的另一种方法。可以在酸化措施过程中与单相酸交替分阶段泵送泡沫。泡沫具有较高的黏度以促进转向，同时泡沫结构阻塞了孔隙，迫使单相酸进入较低渗透性的区域。在配制泡沫时可以对泡沫稳定性进行限制，以便在酸化处理结束后恢复流动能力。

5.3 水平井酸化完井技术

与直井相比，水平井的酸处理设计有所不同，主要区别在于总改造段长。相较于大多数直井的储层接触长度在几十到数百英尺之间，长水平井的酸化改造长度可达到数千英尺。此外，由于固井和下套管困难，在水平井中更常使用裸眼完井。这些问题导致沿改造段输送和分配酸液成为重大挑战。即使对于直井，不同的目标储层段也可能在储层与地质属性上存在很大的差异，因此可能需要进行层段封隔才能成功进行改造。在这种情况下，工程师必须决定是单层段还是多层段完井。基质酸化和酸压处理都可以在多层段井中进行。本节将回顾用于单段和多段的各种完井技术，并讨论酸化改造井的完井和改造设计。

5.3.1 单段改造完井技术（无区域封隔）

5.3.1.1 裸眼酸洗完井

使用裸眼完井技术，在钻井过程之后，无需将筛管下入裸眼。因此，完井过程不涉及机械封隔。在碳酸盐岩储层中的大多数裸眼或非胶结筛管应用中，通常在储层段上用水基钻井液钻进，这将产生高度酸溶性滤饼。与使用油基钻井液相比，水基钻井液可以更好地清除滤饼并在裸眼井段中均匀地酸化改造。

在完成上部完井之后，通常使用在大直径连续油管或钻杆末端运行的短喷酸工具执行酸化改造。当连续油管在井眼中上下移动时，喷酸工具通常会旋转和（或）振动以改善搅动和滤饼去除效果（Haldar 等，2008）。在施工过程中，可能会出现酸液向上逆流对油管尾端进行改造从而导致大部分酸被铺置于跟部附近，这是不可取的。图 5.9 所示为使用连续油管进行的酸化改造措施。

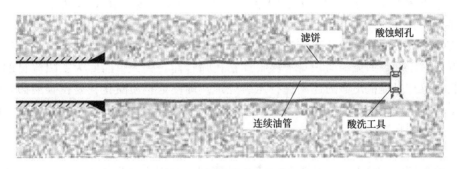

图5.9　裸眼酸洗完井处理

　　用钻杆整体改造可能比连续油管更好，因为钻杆柱的直径比连续油管直径大，从而可以提高泵速。

　　裸眼酸洗完井简单、快速，通常成本较低，但取决于钻机或连续油管的要求。而且，措施手段仅限于基质改造。每英尺的酸注入速率通常低于所需的最佳填隙速度，从而导致碳酸盐岩改造中的酸蚀蚓孔渗透较浅。

5.3.1.2　预钻孔裸眼筛管完井

　　预钻孔筛管有时用于裸眼水平完井应用中，主要是为了确保井眼与地层的联通（图5.10）。在裸眼完井中使用预钻筛管的优势包括降低井眼堵塞的风险，解除对生产的限制并提供再入井道。

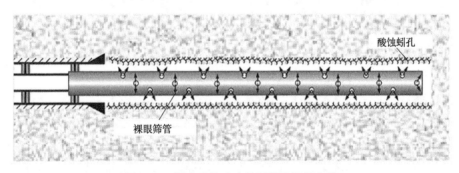

图5.10　限流酸化改造的预钻孔筛管完井

　　该完井方式的另一个显著优点是，这是使用限流设计使酸通过筛管有效转向的最简单方法之一。预钻的孔眼在与储层的整个接触面分配酸。当酸离开筛管并接触储层时，它会溶解滤饼，并使酸渗入储层并传播酸蚀蚓孔。在酸蚀蚓孔形成的位置，随着注入量增加，更多的酸进入这个区域。同时由于通过射孔的流量增加，摩擦压降也增加，从而调节了该位置的流量。

　　与直井相比，水平井中有效的限流设计通常包括钻小孔径的孔并将孔间距增大。需要注意的是，穿过预钻孔的摩擦压降对孔直径高度敏感。因此，应仔细确定射孔的大小。

　　受控酸射流（CAJ）筛管完井是预钻孔裸眼筛管完井用于酸化改造的一个示例。它利用了射孔的不均匀几何分布，补偿了沿筛管部分的摩擦压降。Hansen 和 Nederveen（2002）

表示在 CAJ 技术的帮助下，北海 Dan/Halfdan 油田已成功完成了 10000~20000ft 储层改造长度的水平井的完井和改造。

带有限流孔眼的裸眼预钻孔筛管完井简单、快速，并且通常成本较低。它对基质改造效果更好。由于井眼的流动面积对于裸眼预钻孔筛管而言太大，因此为了限流目的而设计的预钻孔方案难以提供足够的速度进行压裂处理。即使是基质酸化，要在碳酸盐岩地层中实现合适的蚓孔渗透，也应限制筛管长度。类似于裸眼酸洗完井，使用该改造技术的超长筛管会导致浅蚓孔渗透和低改造效率。

5.3.1.3 带限流射孔和密封球的胶结筛管完井

在这种类型的完井中，在井眼中对筛管进行固井和射孔（图 5.11）。为了有效地酸化改造，合适的射孔设计是重要的。限流概念通常用于获得最佳的改造效率。对于基质酸化，通常使用均匀的射孔间隔模式。在这种情况下，孔眼之间的距离（即射孔间距）应保持小于 20ft，以确保足够的改造覆盖率（固井筛管使用 10ft 射孔间距是经验法则）。实施酸压时通常使用簇射孔。簇间距取决于裂缝之间所需的最佳距离。对于固井筛管，从酸化改造角度来看，使用油基还是水基钻井液（完井液等）都没有关系，因为射孔会突破滤饼。

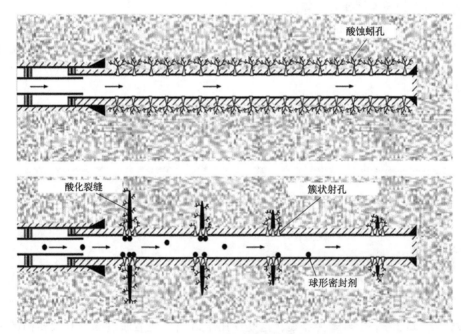

图 5.11　用于基质酸化和酸压的固井筛管完井

与大多数改造方法一样，以高速泵送酸对于在进入受限的情况下实现酸转向至关重要。密封球通常在泵送中加入，以增强转向效果。限流设计使密封球转向变得更加有效。

由于需要固井和射孔，因此固井筛管完井的成本高于裸眼筛管完井。利用这种完井技术，可以实现基质酸化和酸压。当使用密封球进行转向时，除非使用可降解的球，否则可能需要在改造措施后进行清洗。

5.3.2 多层段改造完井

根据改造管柱的直径，大多数传统的改造措施以 40~60bbl/min 的注入速率进行泵送。偶尔使用 7in 套管或油管柱可以达到 70~100bbl/min 的高速。对于水平井，随着完井长度的增加，要保持合理的注入率以达到理想的改造效果变得很困难。井眼应分为几个间隔，一次只能处理一段间隔。多层段改造措施允许每段的注入速率更高，因此，对于基质酸化而言，酸蚀蚓孔突破性更好，而对于酸压而言，裂缝半长更长，从而增加了改造效益。

此处描述的机械封隔技术是使用各种方法将井眼划分为多个层段，并在不同层段之间进行隔离。一次只改造一个层段。以这种方式，可以以总注入速率改造各个层段并提高改造效果。

5.3.2.1 在工作管柱或连续油管上带有跨式封隔器的固井筛管完井

如前一节所述，跨式封隔器是两个封隔器通过一条公共管柱相连（图 5.12）。公共管上有一组孔，允许酸从跨式封隔器部分流出并进入井眼。跨式封隔器可以通过连接管（工作管柱）或连续油管在井眼中的指定位置运行，选择性地封隔并改造井眼的一段。改造完一个层段后，解封封隔器并将其移至下一个位置，然后重复该过程，直到改造完所有射孔段（或射孔簇）为止。对于水平井，改造通常从趾部开始，至跟部结束。

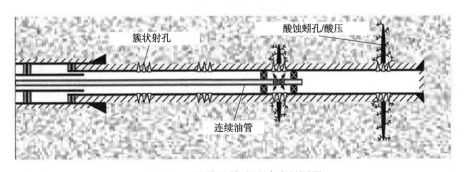

图 5.12　连续油管改造跨式封隔器

与连续油管相比，用接头管进行跨式封隔器改造具有一些独特的功能。联合改造管柱通常由大型管道（例如 5in 钻杆）组成，可实现 50~60bbl/min 的高速泵注。然而，由于直径较大，在实施上部完井（即位于产油层上方的完井工作）之前，需要用联合管完成改造工作。将工作管柱和跨式封隔器从井眼中拉出，并在完成酸化作业后安装上部完井器。如前所述，由于流体可能出现异常大量漏失且难以停止，因此预计会有特殊的井控风险。

连续油管输送跨式封隔器的酸化改造几乎与工作管柱方法完全相同。然而，上部完井通常在射孔和改造作业之前进行，从而消除了与高漏失量有关的大多数井控风险。可以使用工作管柱或连续油管射孔，从而使连续油管作业可以在钻机关键路径之外进行。用于酸化的连续油管输送操作的限制是注入速率。对于大直径连续油管，连续油管的泵送速率通常限制为 10~15bbl/min。大多数工作是使用内径较小的连续油管完成的，泵送速度为 5 至 10bbl/min。为了克服该问题，必须缩短处理层段的长度，从而导致段数增加以及随之而来的操作时间增长以及成本增大。同时由于分段的增加，需要对跨式封隔器进行更多次的重新定位和重置，以处理等量的射孔。而封隔器由于不断地拉动导致磨损加快从而不得不更频繁地更换封隔器。

5.3.2.2 带桥塞的固井或非固井筛管完井

该方法涉及使用带裸眼封隔器的固井筛管或非固井筛管。一旦筛管被定位并且完成上部完井，第一段就用可以使用电缆或连续油管进行射孔。然后以最大泵送速率酸化第一段。利用这种完井技术，可以实现基质酸化和酸压。第一段完成后，用桥塞将该段与井眼其余部分分隔开。然后进行下一段的射孔与酸化，反复该过程直到对所有层段完成改造。图5.13展示了典型的桥塞、射孔和改造操作。

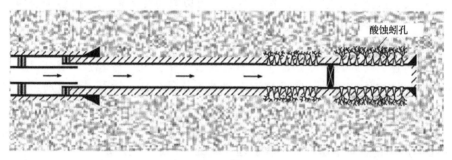

图 5.13　使用桥塞多级改造完井

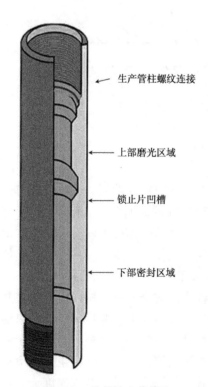

图 5.14　选择性坐落接头

可以在此方法中应用限流射孔。设计射孔的数量和直径以使酸能够覆盖整个区间。与不分层全井筒同步改造相比，这种方法的改造段间距较短，能够有效利用限流射孔进行酸液铺置。

（1）坐落接头和桥塞。

当坐落接头和桥塞用于多段改造时，封隔变得至关重要。在运行完井之前，必须确定预定数量的选择型坐落接头（图5.14）。坐落接头为桥塞提供了一个密封区域和锁定轮廓。需要将筛管固定在适当的位置。对于固井筛管应用，使用特殊的刮塞以确保在驱替水泥过程中有效地将水泥从筛管的内径上刮掉。之后通常会下一趟专用管柱进行洗井作业，以清除可能留下的水泥残留物。压差和蹿流可能使取塞变得困难而危险。

（2）可钻桥塞。

使用可钻式桥塞时，在对最终段完成酸化之后，使用连续油管将所有桥塞磨掉。由于大量的流体滤失，井筒压力必须维持在欠平衡的状态，同时不断流动循环以实现有效地清除岩屑，否则有被卡住的风险。铣掉可钻桥塞后，可能需要进行提速清理井眼中的碎屑。

图5.14中的标注：

- 生产管柱螺纹连接
- 上部磨光区域
- 锁止片凹槽
- 下部密封区域

图5.13中的标注：酸蚀蚓孔

5.3.2.3　投球式滑套的固井或非固井筛管完井

集成球座事先内置在筛管中。对于非固井筛管，还需要使用裸眼封隔器，球座应与封隔器组件一起制成。带有多个滑套的球形阀座具有不同的尺寸，并且从第一段到最末段的尺寸是递增的。在固井筛管应用中，由于球座具有不同的内径，因此在水泥作业后可能很难有效地清理孔。通常使用刮泥器清理筛管。刮泥器必须能够通过最小的球座。如果刮泥器偏小，则可能无法清洁筛管。但是，如果刮泥器太大，则可能会卡住甚至打开球座。

一旦筛管就位并且上部完井完工，靠近趾部的第一段就可以用电缆或连续油管进行射孔。可以使用限流射孔技术以获得更好的区域覆盖。射孔设备直径应小于最小的球座。由于最小的球座必须具有足够的直径以允许射孔设备通过，因此球座的总数可能会根据筛管尺寸而限制为 4~8 个。包括最大射孔枪直径、最小油管间隙和球座选择（即 1/4in 或 1/8in 增量）在内的几个变量将决定可以划分的段数。在施工前应仔细审查整个流程。

射孔后，对第一段进行酸化。酸液泵入完成后，对第二段射孔。在第二段完成射孔之后，投入第一个密封球（图 5.15）。每个球都有不同的直径，必须以正确的顺序放下。

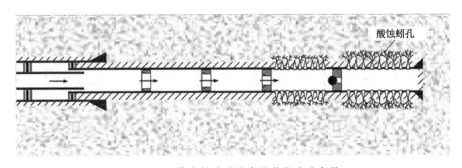

图 5.15　带有投球式滑套的分段改造完井

第一个球到位后，对第二段进行酸化。将泵送球到球座上时，流量不应过高。以很高的速度将球撞击到球座上可能会导致球破碎并导致封隔失效。球应以足够低的速率就座，以防止球破裂。一旦就位，泵速可以恢复到正常水平。

然后将其余区域射孔，并分别投入密封球完成每段封隔后完成酸化连续施工。在最后一段完成酸化后，对井进行返排。球被推回地面并在安装在临时流水线中的特殊捕球装置中被捕获，不受任何内径限制。球的返排效率取决于球的直径和相对密度、井筒内液体流势以及流体的密度。在设计过程中必须仔细评估。球座可以使用连续油管或钢丝牵引器铣出。但是，如果球座不妨碍生产，则可以将其永久保留在原位。

5.3.2.4　固井或非固井同心管完井

该方法涉及首先运行的带裸眼封隔器的固井筛管或非固井筛管完井。这种外部筛管的尺寸通常为 7in 或 7⅝in。此时，油管输送的射孔枪在井中工作管柱上运行，并且所有区域均以所需的射孔间距射孔。射孔模式可以是均匀的以用于基质改造，也可以是簇状的以用于酸压改造。同样地，除非改造长度相对较短，否则使用未固井筛管进行压裂操作基本不可行。在任何情况下，深度控制都非常重要——裸眼封隔器不得射孔，空白部分的深度必须正确以设置内部封隔器。射孔后，通常通过在井中放置稳定、黏稠的流体来进行上部完井来控制滤失问题。

下一步是在上部完井的末端运行内部管柱。内管柱通常由一个 $4\frac{1}{2}$in 管柱和液压固定器或膨胀封隔器以及机械滑套或远程控制的液压阀（智能完井系统）组成，用于通井和层段封隔。

在完成上部和下部完井施工并进行测试之后，井就可以进行改造了。在机械滑套应用中，最靠近趾部的第一段的滑套通常是"P 滑套"，可通过简单地将井加压到预定压力来实现剪切打开。遥控液压阀则可以通过从地面发送信号随时轻松打开或关闭。一旦第一段滑套或阀打开，则开始对该段进行酸化。酸流通过滑套或阀，然后进入筛管之间的环空。从这里开始，限流射孔设计将酸流均匀地分配到所有射孔。为了获得酸液均匀分布，内外筛管间的摩擦压力损失必须远小于射孔摩阻。

为了改造其余层段，使滑套打开的方法取决于所使用的滑套的类型。其次，远程控制的液压阀也可以根据需要从地面打开和关闭。图 5.16 说明了同心管完井的典型改造作业。

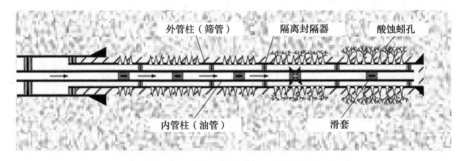

图 5.16 同心管完井用于多段改造

5.4 酸化过程中的注入设计和压力表现

5.4.1 砂岩酸化

典型的砂岩酸化处理包括预冲洗、主体酸和后冲洗阶段。在预冲洗中通常使用 HCl，而在主体酸阶段则使用 HCl/HF 混合物。适当的酸化阶段、低酸浓度、正确使用预冲洗和充分后冲洗是通过酸化砂岩地层来控制沉淀物的关键。

5.4.1.1 预冲洗阶段

在将 HF/HCl 混合物注入砂岩进行酸化处理之前，通常会注入盐酸的预冲洗液，最常见的是 15%（质量分数）的 HCl 溶液。HCl 预冲洗的主要目的是防止 HF 溶液与地层接触时诸如氟化钙之类的沉淀。HCl 预冲洗可溶解碳酸盐矿物，从井眼附近置换掉钙和镁等离子，并降低井眼周围的 pH 值。

5.4.1.2 主体酸阶段

每次处理中使用的 HCl—HF 混合物应符合表 5.4 中的指南。Walsh 等（1982）建议，如果无法量化剩余的方解石，应使用低 HF 浓度以避免 AlF_3 或 CaF_2 沉淀。他们还建议可在低方解石环境中使用 12%HCl~3%HF，而不会出现沉淀问题。高黏土含量地层中可能会遇到一些严重的问题，如地层完整性受损和细砂运移过多。HF 浓度过高时，可能会导致这些问题。

图 5.17 显示了在主体酸阶段的压力响应（McLeod 等，1983）。当 HCl 到达地层时，该速率稳定在约 0.5bbl/min。当 HF 酸开始注入到储层深度时，压力缓慢下降。只要压力保持相同响应（缓慢下降），就可以继续保持该速率。这是在处理近井伤害时能够观察到的典型压力响应。

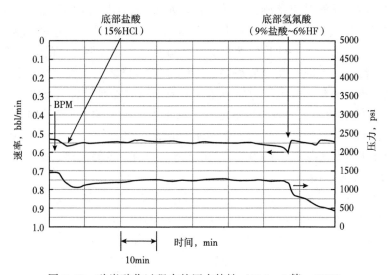

图 5.17　砂岩酸化过程中的压力特性（McLeod 等，1983）

建议在砂岩地层中进行基质酸化作业的酸注入期间，将注入速率保持在略低于地层破裂压力状态下的最高速率。这种做法可以提供更好的改造效果，同时实现较低的表皮系数（Paccaloni 和 Tambini，1993；Kalfayan，2008）。

5.4.1.3　后冲洗阶段

注入足够量的 HF/HCl 溶液后，用后冲洗将其从油管和井筒中驱替进入地层。在过往施工中，后冲洗使用过多种流体，包括柴油、氯化铵（NH₄Cl）溶液和 HCl。后冲洗会将废酸移离井眼更远，能够尽可能地减少任何沉淀物带来的伤害。由于重力分离作用，后冲洗的体积至少应为油管的体积加上油管下方的井眼体积的两倍，才能驱替井眼中的所有残酸。

5.4.2　碳酸盐酸化

如前一节所述，盐酸与碳酸盐的反应速度非常快，以至于通常需要高速注入才能驱使酸蚀蚓孔更深地进入地层或使酸穿过裂缝并向裂缝尖端移动。这给碳酸盐酸化处理的注入程序设计和诊断提出了独特的挑战。典型的碳酸盐酸化处理包括预改造注入测试、主体酸注入和后冲洗阶段。

了解在改造施工过程中的油管摩阻变化是成功解释酸压和基质酸化改造的关键，因为对裂缝参数和蚓孔突破的预测依赖于对储层面实际流动压力的评估。典型的井下压力计的放置深度比注入层段浅数百英尺或数千英尺，因此，必须从压力表数据中减去井下压力计与油藏界面之间的油管和射孔摩阻，才能得出油藏真实的注入压力。减阻剂广泛用于高速酸化改造。这些添加剂可显著减少管道摩阻，从而达到比未经处理的流体更高的泵注排量。然而，由于在施工过程中注入速率的变化导致对减阻剂添加剂量控制不充分，因此减阻剂的效果也可能在工作过程中发生变化。评估减阻剂在改造作业中的有效性的最佳实践是使用由地面和井下压力表测得的实际压力数据来校准油管摩阻曲线。

5.4.2.1 预改造注入测试

预改造注入测试从渐升速率测试开始。将盐水或与减阻剂混合的水按一系列定时步骤以逐渐增加的速度泵入井中。记录井口和井下压力，并生成压力与速率的关系图。该信息用于确定基质注入压力，并在酸化之前提供裂缝初始压力和延伸压力的估算值。

在渐升速率测试结束时，在完成最终的裂缝速率步骤之后，突然停止注入。随着流体的停止运动和摩擦压力损失降至零，压力迅速下降至瞬时停泵压力（ISIP）。最后一次泵送压力与 ISIP 的比较显示出压力表和油藏之间的摩擦力。随着关井时间的推移，裂缝中的流体会渗入储层，同时记录压力。然后，通过平方根时间图和（或）G 函数图分析压降，以确定裂缝闭合压力（Barree 等，2009），并在研究范围内估算储层渗透率。

5.4.2.2 主体酸注入阶段

在主体酸液注入和后冲洗阶段，记录速率和压力数据，以确定改造过程中蚓孔的生长速率和相关表皮系数。图 5.18 显示了由 Kent 等（2014）提出的在高速碳酸盐岩酸化改造过程中的压力行为。主体酸处理方法包括：每英尺完井间隔以高速泵送 75gal 的 28% HCl，然后再进行后冲洗。裂缝闭合压力是从预改造注入测试中测得的。从井下压力测量值推断出储层压力。应当指出的是，此处显示的储层压力是基于酸化后的 ISIP 测量得到的可流通的孔眼数量计算而来的。因此，在预改造注入测试过程中，油藏压力可能不准确。如图 5.18 所示，储层深度的井下压力开始高于地层压力，并随着酸进入碳酸盐岩层而迅速下降至低于破裂压力。这种压力响应表明，大部分酸化改造施工是在基质注入条件下泵入的，

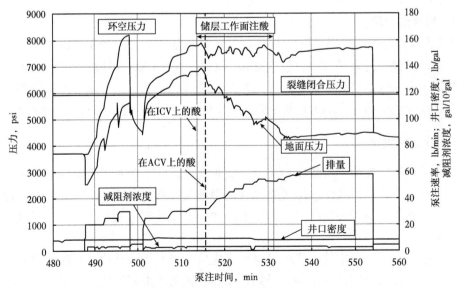

图 5.18　高速碳酸盐酸化改造数据（Kent 等，2014）

该条件下注入井筒附近的碳酸盐岩储层会产生蚓孔作用。这种注入性的改善可用于计算处理过程中表皮系数的变化,其方式类似于 Paccaloni 和 Tambini (1993) 所介绍的方法,后来又由 Zhu 和 Hill (1996) 和 Furui 等 (2012b) 进行了扩展。

5.4.2.3 后冲洗阶段和改造后衰减

在基质酸化处理中,后冲洗的目的是将酸从井眼中驱替出来并将酸向前推动,从而增加渗透距离。高速率注入是有益的。通常使用盐水或带减阻剂的水。在酸压中,在主体酸阶段之后,可以在低于压裂梯度的压力下泵送 28% HCl。酸流入裂缝面之间的开口并形成酸蚀蚓孔,这些酸蚀蚓孔会产生流动通道,从而改善酸蚀裂缝和井眼之间的连通性。

在后冲洗阶段末,类似于改造前的注入测试,突然停止注入。随着流体运动的停止,摩阻瞬时降至零,压力迅速下降得到改造后停泵压力 ISIP。最后的泵送压力与 ISIP 的对比计算出从地面到储层深度之间的摩阻。连续的压力下降数据可用于进一步的表皮和渗透率评估。但是在大多数情况下,由于表皮系数较大,除非酸化井经过长时间关井,否则很难观察到稳定的径向流。因此,通过压力下降来确定改造后的表皮系数经常成为一项艰巨的挑战。

参 考 文 献

Ali, S. A., Durham, D. K., and Elphingstone, E. A. (1994). "Test Identifies Acidizing-Fluid/Crude Compatibility Problems," *Oil Gas Journal*, Vol. 92 (13), pp. 47–51.

Ali, S. A., and Hinkel, J. (2000). "Additives in Acidizing Fluids," Chap. 15, in Reservoir Stimulation, 3rd ed., M. J. Economides and K. G. Nolte (eds.), John Wiley & Sons, Inc., New York.

Ali, S. A., Kalfayan, L., and Montgomery, C. T. (2016). "Acid Stimulation," *Society of Petroleum Engineers*, Richardson.

Barree, R. D., Barree, V. L., and Craig, D. (2009, August 1). "Holistic Fracture Diagnostics: Consistent Interpretation of Prefrac Injection Tests Using Multiple Analysis Methods," *SPE Production & Operation*, Vol. 24 (3), pp. 396–406. doi: 10.2118/107877-PA.

Beatty, C. V., Hill, A. D., Zhu, D., and Sullivan, R. B., (2011, January 1). "Characterization of Small Scale Heterogeneity to Predict Acid Fracture Performance," *Society of Petroleum Engineers*. doi: 10.2118/140336-MS.

Buijse, M. A., and Glasbergen, G. (2005, January 1). "A Semi-Empirical Model to Calculate Wormhole Growth in Carbonate Acidizing," *Society of Petroleum Engineers*. doi: 10.2118/96892-MS.

Chang, F. F., Nasr-El-Din, H. A., Lindvig, T., and Qui, X. W. (2008, January 1). "Matrix Acidizing of Carbonate Reservoirs Using Organic Acids and Mixture of HCl and Organic Acids," *Society of Petroleum Engineers*. doi: 10.2118/116601-MS.

Deng, J., Mou, J., Hill, A. D., and Zhu, D. (2012, May 1). "A New Correlation of Acid-Fracture Conductivity Subject to Closure Stress," *SPE Production & Operations*, Vol. 27 (2), pp. 158–169. doi: 10.2118/140402-PA.

Economides, M. J., Hill, A. D., Ehlig-Economides, C., and Zhu, D. (2012). *Petroleum Production Systems*, 2nd ed., Prentice Hall, New Jersey.

Economides, M. J., and Nolte, K. (2000). *Reservoir Stimulation*, John Wiley & Sons, New York.

Erbstoesser, S. R. (1980, November 1). "Improved Ball Sealer Diversion," *Journal of Petroleum Technology*, Vol.

32 (11), pp. 1903-1910. doi: 10.2118/8401-PA.

Fredd, C. N., and Fogler, H. S. (1999, September 1). "Optimum Conditions for Wormhole Formation in Carbonate Porous Media: Influence of Transport and Reaction," *SPE Journal*, Vol. 4 (3), pp. 196 – 205. doi: 10.2118/56995-PA.

Fredd, C. N., Tjia, R., and Fogler, H. S. (1997, January 1). "The Existence of an Optimum Damkohler Number for Matrix Stimulation of Carbonate Formations," *Society of Petroleum Engineers*, 2-3 Jun. doi: 10.2118/38167-MS.

Furui, K., Burton, R. C., Burkhead, D. W., Abdelmalek, N. A., Hill, A. D., Zhu, D., and Nozaki, M. (2012a, March 1). "A Comprehensive Model of High-Rate Matrix-Acid Stimulation for Long Horizontal Wells in Carbonate Reservoirs: Part I—Scaling Up Core-Level Acid Wormholing to Field Treatments," *SPE Journal*, Vol. 17 (1), pp. 271-279. doi: 10.2118/134265-PA.

Furui, K., Burton, R. C., Burkhead, D. W., Abdelmalek, N. A., Hill, A. D., Zhu, D., and Nozaki, M. (2012b, March 1). "A Comprehensive Model of High-Rate Matrix-Acid Stimulation for Long Horizontal Wells in Carbonate Reservoirs: Part II—Wellbore/Reservoir Coupled-Flow Modeling and Field Application," *SPE Journal*, Vol. 17 (1), pp. 280-291. doi: 10.2118/155497-PA.

Haldar, S., Al-Jandal, A. A., Al-Driweesh, S. M., Said, R., AlSarakbi, S., and Espinosa, M. A. E. (2008, January 1). "Evaluation of Rotary Jetting Tool Application for Matrix Acid Stimulation of Carbonate Reservoir in Southern Area Field of Saudi Arabia," *Society of Petroleum Engineers*. doi: 10.2523/IPTC-12023-MS.

Hall, B. E. (1975, December 1). "The Effect of Mutual Solvents on Adsorption In Sandstone Acidizing," *Journal of Petroleum Technology*, Vol. 27 (12), pp. 1439-1442. doi: 10.2118/5377-PA.

Hansen, J. H., and Nederveen, N. (2002, January 1). "Controlled Acid Jet (CAJ) Technique for Effective Single Operation Stimulation of 14, 000 + ft Long Reservoir Sections," *Society of Petroleum Engineers*, Oct. doi: 10.2118/78318-MS.

Houchin, L. R., Foxenburg, W. E., Usie, M. J., and Zhao, J. (1992, January 1). "A New Technique for the Evaluation of Acid Additive Packages," *Society of Petroleum Engineers*. doi: 10.2118/23817-MS.

Jinzhou Z., Hai, Y., and Yongming L. (2013, July 1). "China Developing Strategy for Horizontal Fracturing Technology," *Oil and Gas Journal*, Vol. 111 (7), pp. 70-79.

Kalfayan, L. (2008) *Production Enhancement with Acid Stimulation*, 2nd ed., PennWell Books, Tulsa OK. ISBN: 159370139X, 9781593701390.

Kent, A. W., Burkhead, D. W., Burton, R. C., Furui, K., Actis, S. C., Bjornen, K., Constantine, J. J., Hodge, R. M., Nozaki, M., Vasshus, A., and Zhang, T. (2014, June 1). Intelligent Completion Inside Uncemented Liner For Selective High-Rate Carbonate Matrix Acidizing. *SPE Drilling and Completion*, Vol. 29 (2), pp. 165-181. doi: 10.2118/166209-PA.

King, G. E. (1986, May 1). "Acidizing Concepts—Matrix vs. Fracture Acidizing," *Journal of Petroleum Technology*, Vol. 38 (5), pp. 507-508. doi: 10.2118/15279-PA.

King, G. E., and Lee, R. M. (1988, May 1). "Adsorption and Chlorination of Mutual Solvents Used in Acidizing," *SPE Production Engineering*, Vol. 3 (2), pp. 205-209. doi: 10.2118/14432-PA.

McDuff, D., Shuchart, C. E., Jackson, S., Postl, D., and Brown, J. S. (2010, January 1). "Understanding Wormholes in Carbonates: Unprecedented Experimental Scale and 3-D Visualization," presented at SPE Annual Technical Conference and Exhibition, Florence, Italy, 19-22 Sep. doi: 10.2118/134379-MS.

McLeod, H. O., Ledlow, L. B., and Till, M. V. (1983, January 1). "The Planning, Execution, and Evaluation of Acid Treatments in Sandstone Formations," presented at SPE Annual Technical Conference and Exhibition, San

Francisco, CA, 5-8 Oct. doi: 10. 2118/11931-MS.

McLeod, H. O. and Norman W. D. (2000) . Sandstone Acidizing. In *Reservoir Stimulation*, 3rd ed. , Econo-mides.

M. J. and Nolte K. G, Chapter 18, 18-1-18-27. John Wiley & Sons, New York.

Nierode, D. E. , and Kruk, K. F. (1973, January 1) . "An Evaluation of Acid Fluid Loss Additives Retarded Acids, and Acidized Fracture Conductivity," presented at Meeting of the Society of Petroleum Engineers of AIME, Las Vegas, NV, 30 Sep. -3 Oct. doi: 10. 2118/4549-MS.

Paccaloni, G. , and Tambini, M. (1993). "Advances in Matrix Stimulation Technology," *JPT*, Vol. 45 (3), pp. 256- 263. SPE-20623-PA.

Schechter, R. S. (1992) . *Oil Well Stimulation*, Prentice Hall, Englewood Cliffs, NJ.

Smith, C. F. , Dollarhide, F. E. , and Byth, N. J. (1978, May 1). "Acid Corrosion Inhibitors—Are We Getting What We Need?" *Journal of Petroleum Technology*, Vol. 30 (5), pp. 737-746. doi: 10. 2118/5644-PA.

Taylor, K. C. , Nasr-El-Din, H. A. , and Al-Alawi, M. J. (1999, March 1). "Systematic Study of Iron Control Chemicals Used during Well Stimulation," *SPE Journal*, Vol. 4 (1), pp. 19-24. doi: 10. 2118/54602-PA.

Walsh, M. P. , Lake, L. W. , and Schechter, R. S. (1982, September 1). "A Description of Chemical Precipita-tion Mechanisms and Their Role in Formation Damage during Stimulation by Hydrofluoric Acid," *Journal of Petroleum Technology*, Vol. 34 (9), pp. 2097-2112. doi: 10. 2118/10625-PA.

Zhou, Z. J. , Gunter, W. O. , and Jonasson, R. G. (1995). "Controlling Formation Damage Using Clay Stabiliz-ers: A Review," presented at the Annual Technical Meeting, Calgary, 7-9 June. PETSOC-95-71.

Zhu, D. , and Hill, A. D. (1996, January 1). "Field Results Demonstrate Enhanced Matrix Acidizing Through Real- Time Monitoring," presented at Permian Basin Oil and Gas Recovery Conference, Midland, Texas, 27-29 Mar. doi: 10. 2118/35197-MS.

6 智能完井：井下监控

智能完井是指能够通过井下永久性传感器监控油井流动状况并通过井下安装的控制设备调节井流状况的完井技术。智能完井技术在石油和天然气工业中有着广泛的应用。从油井生产情况的监测、控制和优化到油藏的监控与管理，这项新兴技术为石油行业带来了油田开发和运营方面的一场革命。本章介绍智能完井的两个组成部分之一——井下监控。针对现有的井下监控技术，讨论了传感技术的基本物理原理及其在井下流动监测中的应用，现场应用说明了该技术如何帮助诊断油气井作业问题并提高生产效率。

6.1 智能完井闭环优化

在油气生产井或注入井中安装智能完井装置的目的是优化井和储层的性能。优化需要收集和处理井下流动数据，并通过解析或数值模型对数据进行分析。根据分析结果，确定生产问题并提出解决方案。通过智能完井控制设备在现场实施该解决方案。方案实施后，将重新收集数据，从而开始下一个优化迭代周期。此循环通常称为"闭环优化"。

闭环优化分为两类，均基于智能完井技术：油井性能优化和储层管理优化。现场规模的储层管理优化包含大量储层数值模拟的历史拟合。本章将重点放在油井性能优化上。单井性能的闭环优化程序如图 6.1 所示。

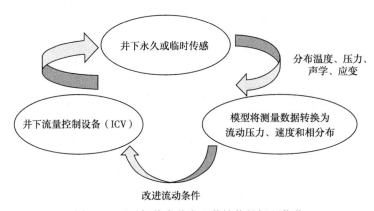

图 6.1 通过智能完井实现井性能的闭环优化

优化循环由三个部分构成。循环从井下传感器的数据收集开始。传感技术包括光纤传感器和晶体石英测量仪。光纤传感器包括分布式温度传感器（DTS）、分布式压力传感器（DPS）、分布式声学传感器（DAS）和分布式应变传感器（DSS）。压力和温度也可以通过井下单点的石英仪表测量。井下压力计和温度计的使用在工业中已经由来已久，现在也依然是常用监测手段。分布式传感器是永久安装在井下或在作业期间周期性下入的光纤传感电缆。井下温度和压力测量值也可以通过生产测井工具（PLTs）获得，该工具是运行测井仪时的"快照"。井下收集的数据与地面流速测量相结合，为优化循环的第二步—解释和建模优化，提供了输入数据。此步骤可能是优化循环中最具挑战性的步骤。通过正演模拟和反演误差最小化，将收集到的数据解释为井下流动剖面。得到满足井下流动条件的解释后，工程师将进一步进行敏感性研究，以确定生产问题和改进策略。第二步的输出结果是提升油井性能的控制策略。闭环优化的第三步是通过井下流量控制装置执行优化策略（这将在第7章中讨论）。最后，为了循环闭合，在实施策略之后将对新的测量结果进行收集，并将其用作下一个优化周期的输入。

对油井性能的优化是实时且连续的。如果应用得当，它将为油井生产诊断和改善带来不可估量的好处。从生产或注入到改造或干预，再到提高采收率，该技术可用于油井的全生命周期。

6.2 光纤传感技术基础

用于分布式温度测量的光纤传感在进入石油工业之前已经在军事、健康科学、照明、电气和电子行业中使用。在21世纪初，该技术被引入石油和天然气行业，用于井下温度和压力监测。从那时起，该技术在生产监控和优化中衍生出许多应用。与井下永久测量仪或PLT相比，光纤传感技术的井下工具部分十分简单，并且不需要太多维护，因为它没有活动部件，也没有井下电力需求。它能够在给定的时间与空间上进行连续测量，同时不会干扰井的流动。

光纤传感器由玻璃纤维芯制成的传感电缆组成。传感电缆的外部涂层材料（也称为包层）可能会有所不同，具体取决于要安装电缆的环境。当光波通过光纤传感电缆时，它会在包层内部反射，并且产生反向散射光波。反向散射波中包含三个分量：Raman Stokes 散射、Raman anti-Stokes 散射和 Raleigh 散射。与光源相比，Raleigh 散射的波长与光源的波长相同，Raman Stokes 的波长较长，而 Raman anti-Stokes 的波长较短，如图 6.2 所示。

反向散射的光谱偏移与热效应有关。Raman anti-Stokes 波取决于周围的温度，而 Raman Stokes 波对温度则不敏感。Raman anti-Stokes 强度与 Raman Stokes 强度的比值可用于估计传感器位置的温度（Shiota 和 Wada，1991；Abhisek 等，2012）。光学时域反射法指出（Reyes 等，2011）

$$\frac{I_{as}}{I_s} \sim \exp\left(\frac{-h\Delta v_R}{KT}\right) \tag{6.1}$$

其中 I_{as} 和 I_s 是 Raman anti-Stokes 和 Stokes 散射的强度，h 是普朗克数，K 是玻尔兹曼数，Δv_R 是 Raman anti-Stokes/Raman Stokes 与 Rayleigh 之间的频率间隔。图 6.2 也说明了 DTS 传感技术在现场的工作情况。在地面上，激光源发射出激光并经由光纤传感电缆进行传播，接收器通过收集反向散射并将散射波测量值转换为温度，其对应的位置由光波的传播时间决定。测量温度的分辨率可以达到空间中 1m，0.1℃。

为了使光纤芯能够传输光波，包层的折射率必须低于芯的折射率。

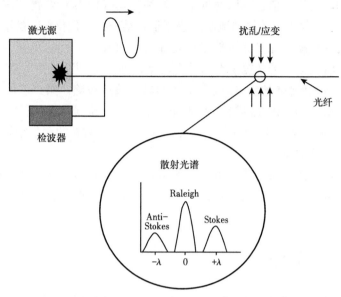

图 6.2　井下光纤光学传感技术的原理

6.3　用于分布式温度的光纤传感器

除了储层监测监控，井下传感技术更直接、更广泛的应用是单井生产性能监测和诊断。这可以用于生产井和注入井。当流体流过多孔介质时，由于流动引起的压降会导致流体温度变化，这称为焦耳—汤姆森效应。液相温度随着流体的流动而增加。而当压力降低时，气相的温度降低。焦耳—汤姆逊效应与流速有关。速度越高，压降越大，导致温度变化越大。由于气体流动通常具有较高的速度，与液相相比，气相的温度变化更明显。根据测量得到的温度变化，有可能依据此变化得到流动条件的情况。

对于生产井而言，DTS 可以根据油、气和水的流体热特性的差异来检测流体入口和流体类型。该信息可用于生产制度决策。温度信号很容易显示气体进入时的冷却效果。对于水的进入，根据水源的不同，与气体进入相比，检测水的进入可能更加困难。来自底部含水层的水有较大可能具有比井筒底部所在的储层流体更高的温度（地层温度随深度增加而增加）。注入水可能具有较低的起始温度。当温度低的流体流经储层时，随着温度升高，冷源和传导加热之间的竞争很可能使水相和油相之间的温差变得微妙。

DTS 的应用包括作为储层渗透率表征的附加约束、确定裂缝的起裂位置和每条裂缝的流量，诊断人工举升的井下设备问题，以及评估注入效率。这些示例将在回顾温度解释的模型之后的章节中介绍。

6.4　用分布式温度解释井下流动剖面

DTS 测量的井下温度是井下流动状况的直接反映。利用温度和流速之间的关系，可以根据测得的温度曲线生成井下流动剖面。对流动温度的解释需要大量的数学模型来模拟热流和质量流，如果考虑到油井结构、地层温度和储层渗透性非均质性的影响，这就变得更加困难。数学模型（通常也称为正向模型）用作预测工具来模拟定义的域上的温度和流量。然后使用反演程序，通过最小化模拟温度和测量温度之间的差值来计算得到准确的井下流动剖面。在本节中，主要聚焦于正向模型。

为了对测量温度建模，首先需要定义一个物理域。该域由一个储层和一个井筒组成，每个部分都有自己的模型。在储层模型中描述了储层的非均质性（渗透率、孔隙度、天然裂缝或水力压裂裂缝）。井眼模型中定义了井身结构、完井配置和井的功能（生产、注入或改造）。储层模型和井眼模型这两个模型各有两组方程。第一组方程基于能量守恒来求解温度分布（通常称为热模型），第二组方程基于质量守恒和动量守恒来求解压力和流速分布（也称为作为流量模型）。所有方程都在界面处耦合，并作为彼此的边界条件。图 6.3 是构建模型的流程图。

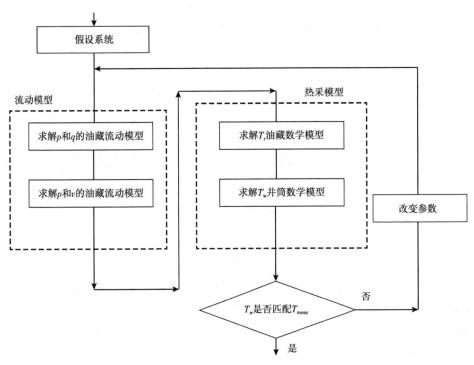

图 6.3　DTS 建模流程图

为了解决井下流动剖面问题，从定义的物理域内的假定流动条件开始。首先求解流量模型以生成流动速度和压力曲线，然后使用这些曲线来求解系统中的温度曲线。模型的输出是井眼温度，同时温度也将通过 DTS 进行测量。比较计算和测量的温度。若两组温度匹配，则假设流量分布正确。如果计算出的温度与测得的温度不匹配，可以调整一组储层参数后重新进行计算。储层参数可以是储层渗透率、压裂井的裂缝导流率、热采井的蒸汽分布等。注意，只能对一组参数进行更改，其余输入假定为已知。这是因为温度测量仅能提供一组约束，因此只能通过测量匹配预估一组储层参数。

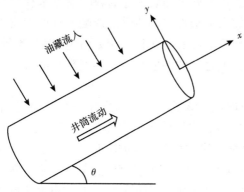

图 6.4　用于井筒温度建模的井筒区域示意图

6.4.1　井筒模型

井筒模型用于获得沿井眼的压力、速度和温度分布。对于与周围储层（完井区域或裸眼井筒）连通的井眼，热传递以三种不同方式发生（图 6.4）：由储层地层温度和井筒流体温度之间的温差引起的热传导，由流体沿井筒流动引起的热对流，以及由流体从储层流入井筒引起的热对流。通过求解守恒方程组，可以估算井眼的压力、速度和温度。Yoshioka 等（2005）提出了守恒方程组及其解的推导。

6.4.1.1　质量守恒

从质量守恒开始，其表现为图 6.4 中所示的流入和流出单元的质量之差必须等于给定时间段内单元质量的累加。以数学形式表示，对于多相流系统中的相 i，相分率 y_i 和密度 ρ_i，这时

$$\pi R^2 \frac{\partial(\rho_i y_i)}{\partial t} = -\pi R^2 \frac{\partial(\rho_i v_i y_i)}{\partial x} + 2\pi R \gamma \rho_{i,\mathrm{I}} v_{i,\mathrm{I}} y_{i,\mathrm{I}} \tag{6.2}$$

式（6.2）中的三项都有物理意义。左侧项是微分累加。右边的第一项是流体以 v_i 的速度沿单元流入和流出单元的流动，代表井筒内部的流动。第二项是沿垂直于 x 轴的方向流入单元的流量，代表储层流入井眼的流量。流入速度为 $v_{i,\mathrm{I}}$，与流入流量 q_I 直接相关

$$q_\mathrm{I} = v_{i,\mathrm{I}} 2\pi R \Delta x \tag{6.3}$$

式（6.2）右侧第二项中的参数 γ 定义为管道开口率，

$$\gamma = \frac{管道开口面积}{管道面积} \tag{6.4}$$

如果管道已打开并已连通，则将其设置为 1；如果管道与储层没有连通，则将其设置为 0。γ 是一个有用的变量，可以灵活地描述完井方式。例如，对于裸眼完井，沿井筒区间内的 γ 始终为 1，而对于射孔井，γ 在射孔位置处为 1，在无孔位置为 0。此参数使井筒模型适用于任何完井类型。

6.4.1.2　动量守恒

动量守恒则体现为单元中施加的机械能的平衡，并且使压力与流量相关。基于定义域的动量守恒等式为

$$\frac{\partial(\rho_\mathrm{m} v_\mathrm{m})}{\partial t} = -\frac{2\tau_\mathrm{w}}{R} - \frac{\partial(\rho_\mathrm{m} v_\mathrm{m}^2 + p)}{\partial x} - \rho_\mathrm{m} g \sin\theta \tag{6.5}$$

其中方程中的 τ_w 是壁面剪应力，通常用摩擦系数 f_m 表示为

$$\tau_\mathrm{w} = \frac{\rho_\mathrm{m} f_\mathrm{m} v_\mathrm{m}^2}{2} \tag{6.6}$$

注意，对于多相流，在式（6.5）和式（6.6）中使用了流体的混合特性 ρ_m 和 v_m，

$$\rho_m = \sum_i \rho_i y_i \qquad (6.7)$$

和

$$v_m = \frac{\sum_i \rho_i v_i y_i}{\sum_i \rho_i y_i} \qquad (6.8)$$

6.4.1.3 总能量守恒

最后一个方程是总能量守恒方程，它将温度引入模型中。在一段时间内，i 相的总能量 E_i 在单元中达到平衡

$$\sum_i \frac{\partial (E_i y_i)}{\partial t} = -\sum_i \frac{\partial}{\partial x}\left[(E_i + p_i)v_i y_i\right] + \sum_i \frac{2}{R}(E_{i,\mathrm{I}} + p_{i,\mathrm{I}})v_{i,\mathrm{I}}\gamma y_{i,\mathrm{I}}$$
$$+ \sum_i \rho_i v_i y_i g\sin\theta + \frac{2}{R}q_\mathrm{I}(1-\gamma) \qquad (6.9)$$

其中 q_I 代表传导热通量。E_i 是动能和内能之和，定义为

$$E_i = \rho_i\left(\frac{1}{2}v_i^2 + U_i\right) \qquad (6.10)$$

在式（6.10）中，比内能 U_i 与比焓 H_i 和压力 p 相关，如

$$H = U_i + \frac{p}{\rho} \qquad (6.11)$$

在定义的区域内温度和压力的变化会引起内部能量变化，且可以用焓表示。例如，焓的特殊导数是

$$\frac{\mathrm{d}H_i}{\mathrm{d}x} = C_{p,i}\frac{\mathrm{d}T_i}{\mathrm{d}x} + \frac{1}{\rho_i}(1-\beta_i T_i)\frac{\mathrm{d}p_i}{\mathrm{d}x} = C_{p,i}\frac{\mathrm{d}T_i}{\mathrm{d}x} + C_{p,i}K_{\mathrm{JT},i}\frac{\mathrm{d}p_i}{\mathrm{d}x} \qquad (6.12)$$

其中 C_p 是流体的比热容，β 是热膨胀系数，K_{JT} 称为焦耳—汤姆森系数。解式（6.2）、式（6.5）和式（6.9）得到定义区域内的压力、温度和速度分布。

6.4.1.4 工作方程

解式（6.2），式（6.5）和式（6.9）以及上一节中介绍的相关方程式可以得到沿井筒的温度、压力和速度曲线。对于某些特殊情况，可以在一些假设下简化方程式。例如，对于稳态条件，质量平衡方程式可简化为

$$\frac{\mathrm{d}(\rho_i v_i y_i)}{\mathrm{d}x} = \frac{2\gamma y_{i,\mathrm{I}}}{R}\rho_{i,\mathrm{I}}v_{i,\mathrm{I}} \qquad (6.13)$$

用压力梯度表示的动量平衡方程为

$$\frac{\mathrm{d}p}{\mathrm{d}x} = -\frac{\rho_m v_m^2 f_m}{R} - \frac{\mathrm{d}(\rho_m v_m^2)}{\mathrm{d}x} - \rho_m g\sin\theta \qquad (6.14)$$

能量平衡方程改写为

$$\frac{\mathrm{d}T}{\mathrm{d}x} = \frac{2}{R}\left[\gamma\frac{(\rho vC_p)_{\mathrm{T,I}}}{(\rho vC_p)_{\mathrm{T}}} + (1-\gamma)\frac{U}{(\rho vC_p)_{\mathrm{T}}}\right](T_{\mathrm{well}} - T_{\mathrm{I}})$$

$$+ \frac{(\rho vC_pK_{\mathrm{JT}})_{\mathrm{T}}}{(\rho vC_p)_{\mathrm{T}}}\frac{\mathrm{d}p}{\mathrm{d}x} + \frac{(\rho v)_{\mathrm{T}}}{(\rho vC_p)_{\mathrm{T}}}g\sin\theta \qquad (6.15)$$

其中

$$(\rho v)_{\mathrm{T}} = \sum_i \rho_i v_i y_i \qquad (6.16)$$

$$(\rho vC_p)_{\mathrm{T}} = \sum_i \rho_i v_i y_i C_{p,i} \qquad (6.17)$$

$$(\rho vC_pK_{\mathrm{JT}})_{\mathrm{T}} = \sum_i \rho_i v_i y_i C_{p,i}K_{\mathrm{JT},i} \qquad (6.18)$$

在式（6.15）中，U 是在地层岩石和井筒之间进行热传导的总传热系数。该系数由油井完井方式定义。例如，对于套管固井来说，这是岩层、水泥、套管、环空和油管的组合。显然，这些方程仍然需要进行数值求解。由于温度、压力和速度已完全耦合，因此方程式需要通过迭代同步求解。为简单起见，我们还可以先求解流量方程以获得压力和速度场，然后再求解热方程得到温度。

6.4.2 油藏模型

与 6.4.1 节中的井筒模型相似，储层模型基于三个守恒方程：质量、动量和能量。储层流动问题已经可以通过储层模拟或解析/半解析方程轻松解答。在使用温度测量值推演流量之前，首先需要定义一个包含研究目标的特定储层的物理模型。地层和流体性质对于解决问题至关重要，因此需要尽可能详细和准确地描述。多相油藏流动的一般方程为

$$\frac{\partial}{\partial t}(\rho_i S_i \phi) + \nabla \cdot (\rho_i \boldsymbol{u}_i) = 0 \qquad (6.19)$$

其中 S_i 是 i 相的饱和度，$\boldsymbol{u}_i$ 是 i 相的达西速度。根据达西定律，

$$\boldsymbol{u} = -\frac{\bar{\bar{k}}}{\mu} \cdot (\nabla p + \rho\bar{\boldsymbol{g}}) \qquad (6.20)$$

利用描述模型的边界条件，求解储层流动方程能够计算得到每个阶段压力和速度曲线。将在本章后面特殊情况中进行举例说明。

储层热力模型是基于能量守恒建立的。储层中流经多孔介质的传热现象包括动能变化；由于运动和静止流体以及储层原始地层温度之间的温度差异而产生的热传导；由于流体流动而产生的对流、传导、黏性耗散和热膨胀。忽略动能变化，可以将油藏中的能量平衡方程写成三维（3D）格式（Lake，1989）：

$$\nabla \cdot \left[\sum_{i=1}\rho_i\bar{\boldsymbol{u}}_i(H_i + gD)\right] - \nabla \cdot (K_{\mathrm{Tt}}\nabla T) = -\frac{\partial}{\partial t}\left[\phi\sum_{i=1}\rho_i S_i(U_i + gD) + (1-\phi)\rho_{\mathrm{s}}U_{\mathrm{s}}\right]$$

$$(6.21)$$

式（6.10）和式（6.11）用于焓和内能，并定义地层岩石：

$$\mathrm{d}U_s \approx C_{ps}\mathrm{d}T \tag{6.22}$$

多相流油藏的温度方程为

$$-\left[\sum_i (\phi S_i \rho_i C_{pi}) + (1-\phi)\rho_s C_{ps}\right]\frac{\partial T}{\partial t} + \sum_i \left(\phi S_i \beta_i T \frac{\partial p_i}{\partial t}\right)$$

$$= \sum_i \rho_i \bar{\boldsymbol{u}}_i \cdot C_{pi}\boldsymbol{\nabla}T + \sum_i \bar{\boldsymbol{u}}_i \cdot \boldsymbol{\nabla}p_i - \sum_i \beta_i T(\bar{\boldsymbol{u}}_i \cdot \boldsymbol{\nabla}p_i) - \boldsymbol{\nabla} \cdot (K_{Tt}\boldsymbol{\nabla}T) + \sum_i \rho_i \bar{\boldsymbol{u}}_i \cdot \boldsymbol{\nabla}(gD) \tag{6.23}$$

对于单相流，方程式简化为

$$-\{\phi\rho C_p + \rho_s C_{ps}(1-\phi)\}\frac{\partial T}{\partial t} + \phi\beta T\frac{\partial p}{\partial t} = u \cdot [\rho C_p \boldsymbol{\nabla}T + (1-\beta T)\boldsymbol{\nabla}p + \rho\boldsymbol{\nabla}(gD)] - K_T\boldsymbol{\nabla}^2 T \tag{6.24}$$

与常规储层热力模型相比，上述方程式的显著差异是方程式中添加的黏性耗散项和热膨胀项。这些项的值在模拟常规过程（例如热回收）时较小，通常会被忽略。然而在不进行热注入或冷注入的情况下使用井下测量温度解释流量剖面时，这些项是必不可少的信息，因此无法消除它们。在没有明显的热源的情况下，温度变化通常接近或小于 $1\,^\circ\mathrm{F}$。由于 DTS 测量的分辨率可以达到 $0.1\,^\circ\mathrm{C}$（$0.18\,^\circ\mathrm{F}$），因此可以监测到细微的温度变化，尤其是在可以进行时间和空间上连续测量的情况下。

请记住，储层中的流体速度可能低于井筒中的流体速度，因此井筒的温度变化与储层在不同的范围内。通常，连续而分别地计算储层与井筒模型不仅使结果更加精确，且极为必要。只要储层和井筒由边界条件连接在一起，正向模型的解就可以同时满足两个子域。

6.4.3　井眼和储层耦合井温模型

当耦合储层和井眼热模型时，在包含井眼的网格中，来自储层模型的温度是由到达温度 T_i 与井眼模型模拟的井眼温度实现耦合。图 6.5 显示了近井眼区域网格中的温度分布图。

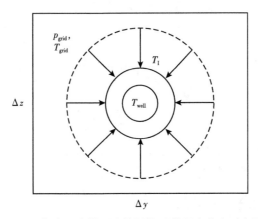

图 6.5　集成温度模型中使用的近井温度分布示意图

如果在井内安装了 DTS 传感器，则 T_{well} 是传感器测得的温度。储层温度 T_{grid} 和井眼温度 T_{well} 之间的热传递是温度梯度引起的热传导和流动对流的综合作用，

$$\dot{Q}_h\bigg|_{res-well} = -K_{Tt}\frac{\partial T}{\partial r}\bigg|_{r=r_\infty} + \sum_{i=1}^{N_p}(\rho\bar{u}C_p)_i(T_{res}-T_I) \tag{6.25}$$

如果我们假设在计算期间流体特性是恒定的，则 T_i 的解析解为（Li 和 Zhu，2009）

$$T_I = c_1 r_w^{n_1} + c_2 r_w^{n_2} + b \tag{6.26}$$

其中

$$n_1 = \frac{-w}{2} + \frac{1}{2}\sqrt{w^2 + 4\frac{k_e a^2}{K_{Tt}}\sum\left(\frac{k_{e,relative,i}}{\mu_i}\beta_i\right)} \tag{6.27}$$

$$n_2 = \frac{-w}{2} - \frac{1}{2}\sqrt{w^2 + 4\frac{k_e a^2}{K_{Tt}}\sum\left(\frac{k_{e,relative,i}}{\mu_i}\beta_i\right)} \tag{6.28}$$

$$c_1 = \frac{r_{eff}^{n_2}\frac{\alpha_T}{K_{Tt}}(b-T_w) - \left(\frac{n_2}{r_w}-\frac{\alpha_T}{K_{Tt}}\right)r_w^{n_2}\partial(T_{grid}-b)}{\left(\frac{n_1}{r_w}-\frac{\alpha_T}{K_{Tt}}\right)r_w^{n_1}r_{eff}^{n_2} - \left(\frac{n_2}{r_w}-\frac{\alpha_T}{K_{Tt}}\right)r_w^{n_2}r_{eff}^{n_1}} \tag{6.29}$$

$$c_2 = \frac{\left(\frac{n_1}{r_w}-\frac{\alpha_T}{K_{Tt}}\right)r_w^{n_1}(T_{grid}-b) - r_{eff}^{n_1}\frac{\alpha_T}{K_{Tt}}(b-T_w)}{\left(\frac{n_1}{r_w}-\frac{\alpha_T}{K_{Tt}}\right)r_w^{n_1}r_{eff}^{n_2} - \left(\frac{n_2}{r_w}-\frac{\alpha_T}{K_{Tt}}\right)r_w^{n_2}r_{eff}^{n_1}} \tag{6.30}$$

$$\omega = \sum\left(\rho_i C_{pi}\frac{k_{e,relative,i}}{\mu_i}\right)\frac{k_e a}{K_{Tt}} \tag{6.31}$$

$$a = \frac{p_{grid}-p_{wf}}{\ln\frac{r_{e,eff}}{r_w}} \tag{6.32}$$

和

$$b = \frac{\sum\left(\frac{k_{e,relative,i}}{\mu_i}\right)}{\sum\left(\frac{k_{e,relative,i}}{\mu_i}\beta_i\right)} \tag{6.33}$$

储层温度的热方程式（6.23），以及井筒的热力方程式（6.15）与热传导方程式（6.26）一起求解。如果 DTS 电缆在套管外部，则测得的温度为 T_i。

6.4.4　温度测量值到流场的反演

在第 6.4.1 节（井筒模型）和 6.4.2 节（储层模型）中介绍的正向模型可预测给定流

动域的温度和压力。而在实际操作中，用井下传感器测量温度和压力，再使用测量数据反演流量剖面。为了实现这一目的，需要一个反演程序。

反演是使参考参数与模型预测参数之间的差异最小化的过程。温度解释模型首先使用正向模型基于假定的流场来计算温度和压力曲线，然后将计算出的温度曲线与 DTS 测得的温度曲线进行比较。如果计算出的温度与测得的温度不匹配，则可以更改某些参数以重新计算温度和压力，直到模型预测的温度与现场测量值匹配为止。因为只有一组测量值（即温度曲线），所以只能计算匹配得到一组参数的解。

反演过程从定义一个目标函数开始，该函数描述了模型预测变量 $Y(w)_i$ 和相应的测量变量 $Y'(w)_i$ 之间的标准差，

$$E(w) = \sum_{i=1,N} \left[Y'(w)_i - Y(w)_i \right]^2 \tag{6.34}$$

在式（6.34）中，下标 i 代表一组温度测量中的一个测量值，这组温度测量总共有 N 个测量值。这里的平方函数是为了确保目标函数始终为正。目标函数 [式（6.34）] 中的 w 是可以通过反演估算的参数。在此过程中，首先为 $w(i)$ 分配一组值，然后使用正向模型计算 $Y(w)_i$，然后使用式（6.34）评估模型预测的 $Y(w)_i$ 与测得的 Y'_i 的标准差。为目标函数设定一个标准值。如果 $E(w)$ 值不满足该标准值，则修改 w 的值并重复该过程，直到满足目标函数的标准值。

反演模型也可以使用多个约束。例如，使用 DTS 的测得温度和井下压力测量值作为两个参考变量，通过反演将渗透率解释为参数，则目标函数可以定义为

$$E(w) = D_{wT} \sum_j \left(T^{cal} - T^{obs} \right)_j^2 + D_{wp} \sum_j \left(p^{cal} - p^{obs} \right)_j^2 \tag{6.35}$$

其中 D_{wT} 和 D_{wp} 是温度和压力的权重。每个数据集的权重取决于该数据集在解释中的影响程度。Yoshioka（2007）提出了一种根据气体的热特性为温度和压力测量分配权重的方法，

$$D_{wT} = \left(\frac{1}{K_{JT}} \right)^2 D_{wp} = \left(\frac{\rho C_p}{(\beta T - 1)} \right)^2 D_{wp} \tag{6.36}$$

如前所述，K_{jT} 是焦耳—汤姆森系数，β 是热膨胀系数。

有两种方法可以用以寻求反演过程的解：梯度法和全局搜索法。梯度法是通过找到目标（测量变量）和预测（计算变量）之间的路径，然后沿着路径的斜率（路径的导数）行进以接近目标。全局搜索法对总体进行随机抽样，并且在每次计算时，将目标函数值与先前的样本集进行比较，并保留最小目标函数值。梯度法能够迅速收敛，但是对于非线性函数，容易收敛到局部最小值，而非真正的解。全局方法可以避免局部最小值，但是不能保证反演得到解，尤其是在数据库很大且计算能力有限的情况下。不幸的是，这就是 DTS 反演目前的境况。大规模统计学分布的储层属性与大量以时间—空间函数为格式的传感器数据相结合，使得以上两种对 DTS 数据进行反演解释的方法都极具挑战性。

因为温度测量是沿着安装传感器的井筒进行的，所以测量的数据是一维（1D）数据集。在解释 DTS 数据为流动剖面时，将沿井筒的一维问题与储层中的三维问题耦合在一起。

前文提到，井筒和储层模型在流量和温度上使用的测量尺度不同。因此，最佳做法是预先审视测得的温度数据与井的完井结构，将井分成若干段，最好是每段只有一个明显的最低或最高温度特征，再使用梯度法将温度反演为流量剖面，这样可以避免陷入局部最小化。

使用 DTS 诊断流量问题的复杂性使得每个案例的解释方法都有所区别。由于需要解决的问题不同，储层模型会有一定区别。本节介绍的井筒模型是通用模型，而储层模型则应根据具体情况建立。下一节显示了使用 DTS 诊断生产/注入问题的一些应用。

6.5 DTS 技术的应用

本节中使用多个示例介绍了如何针对不同问题建立储层模型。井筒模型部分使用了上一节介绍的通用模型，但油藏模型需要根据实际情况构建不同模型。本节通过示例说明了应用 DTS 技术进行油井性能诊断的工作流程。

6.5.1 垂直气井的流入剖面和见水识别

多层段垂直产气井是 DTS 应用的理想选择。气体流入带来明显的冷却效果，并且由于地热梯度，直井沿井深的温差较为显著。储层温度方程从式（6.24）改写得到。对于高流速井，液相的体积分数可能很小。为了分配在稳定条件下产气井的产量，假设储层中为单相稳态流，并且所有与时间有关的导数项都为零。还可以假设沿径向流向井眼的一维传热。这种情况下的储层热方程简化为

$$\rho C_p \frac{dT}{dr} + (1 - \beta T) \frac{dp}{dx} - K_{Tt} \frac{d^2 T}{dr^2} = 0 \quad (6.37)$$

由于气体膨胀的冷却效应在低水切割井的传热中占主导地位，为了简化，在确定入水位置时，可以模拟储层和井筒中的单相气体流动，并将生成的温度曲线与实测温度进行比较。当水进入井眼时，会使压力梯度增加，同时减弱由气体流入引起的冷却效果。

使用 Achinivu 等（2008）提出的现场示例来说明如何使用温度测量值来分配气体流量和识别进入产气井的水。

示例井布于多层系地层中，有四个射孔段。储层的渗透率沿井筒变化范围为 1~680mD。井眼倾斜角度为 30°。图 6.6 显示了井身结构和射孔位置。当该井首次投入生产时，仅产出天然气，几个月后开始产水。这里使用井下温度、压力和地面总流速数据是为了得到：（1）分配沿井的气体流入量；（2）确定水突

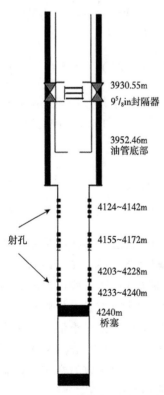

3930.55m
9⅝in封隔器

3952.46m
油管底部

4124~4142m

射孔

4155~4172m

4203~4228m

4233~4240m

4240m
桥塞

图 6.6 气体流入井示意图
（Achinivu 等，2008）

破后的产水位置。

使用单相稳态储层流入模型来计算斜井的压力和气体流速，并使用负表皮系数来代表井斜。每个射孔区都被视为单独的生产区，并且它们之间没有干扰。因为射孔区域 3 和区域 4 彼此靠近（图 6.6），所以它们被划分为一个区域。每个射孔区的平均渗透率是该模型的反演模拟参数。通过井下温度和压力测量匹配渗透率分布后，即可确认气体流入剖面。表 6.1 列出了使用的其他储层属性，还列出了用于求解上述方程式的热学属性。

表 6.1 气体流入示例的储层数据

参数	数据	单位
气体相对密度	0.88	—
水盐度（质量分数）	5	%
管径	0.15	m
管道摩阻	0.0006	—
套管外径	0.168	m
固井外径	0.216	m
管道倾斜度	30	(°)
油藏压力	4486	psia
排水半径	600	m
油藏厚度	120	m
斜井眼表皮系数		—
一区	-0.91	
二区	-0.78	
三区和四区	-1.01	
储层渗透率	1.4~682	mD
温度热特性		
气体热容	2456	$J/(kg \cdot K)$
水热膨胀系数	0.0005	K^{-1}
气体导热性	0.02	$W/(m \cdot K)$
套管材料导热系数	17	$W/(m \cdot K)$
水泥导热系数	1.7	$W/(m \cdot K)$
油藏温度	135	℃
地温梯度	0.031	℃/m
水和基岩的导热系数	4.33	$W/(m \cdot K)$
气体和基岩的热导率	2.25	$W/(m \cdot K)$

除了测得的温度、压力和表面总流速数据外，还具有通过生产测井估算的流速分布，以确认 DTS 反演后的生产曲线。

解释程序从假设所有层段都具有相同的渗透率开始，通过质量、动量和能量平衡方程式 [式 (6.19)、式 (6.20) 和式 (6.37)] 计算温度、压力和流速。然后，使用反演方法 [式 (6.35)] 迭代更改各层段的渗透率分布来匹配测量温度和压力。在每次迭代中，流量分布会随渗透率变化而发生改变，从而导致温度和压力产生变化。当实测温度与计算温度之差足够小 [通过式 (6.35) 的目标函数来评估] 时，渗透率接近实际渗透率，最终得到流量分布。

图 6.7 显示了沿井筒测得的温度和压力。在这种情况下，由于水气比 (0.04bbl/10^3ft^3) 太低，无法被 PLT 检测到。在温度曲线上 (图 6.7a)，井筒底部 (射孔区 3 和射孔区 4) 温度远高于该深度的地层温度。这表明水的产出降低了气体产生的焦耳—汤姆森冷却效应；产出的水较大可能来自温度较高的底部含水层。图 6.7b 显示了底部区域的压力斜率变化。更高的静水压力梯度代表相的密度更大，这也支撑了水从井底部进入井筒的推测。通过初步分析，在第 3、4 射孔段分配了产水量，并通过迭代法对温度 (图 6.7a) 和压力 (图 6.7b) 进行解释，直到它们与测得的数据完全匹配。与生产测井数据进行比对，解释出的产量剖面显示出令人满意的匹配度 (图 6.7c)。

与使用 PLT 测量相比，使用永久性监控系统的优势在于能够连续测量井下流动状况而不会干扰井的生产。

6.5.2 气举性能诊断

对于使用气举作业的生产井，DTS 可用于诊断气举性能。当注入的气体通过气举阀时，焦耳—汤姆森效应导致气体冷却，在温度曲线上出现异常显示。通过 DTS 测量，可以定性地监测气举阀是否正常工作。

以安装了气举启动生产并提高生产性能的英国某近海油井为例 (Costello 等，2012)。该油藏生产轻质油，API 相对密度为 35。气举设计有三个举升阀；顶部的两个阀用于卸载以启动生产，底部的则用于常规生产 (操作阀)。DTS 电缆永久安装在井中，以监控气举性能。

图 6.8 显示了 DTS 在油井卸载过程中不同时间记录的温度。在位于 1200m 深度的顶部阀门位置，可以看到明显的冷却效果，说明气举阀按照预期工作，允许气体注入管道中以减轻井筒流体重量。相反，在深度约 2000m 的第二个气举阀位置，没有出现冷却反应，这表明在卸载期间阀门没有按设计打开。图 6.9 显示了正常生产期间包含所有气举阀井段长度上的详细温度曲线。此时注气是为了降低产出液密度从而减少井筒内的静水压降。通过气举阀时，气体膨胀同时温度降低。当达到稳定状态时，由焦耳—汤姆森效应引起的温度下降小于 1℃。这足以使 DTS 检测到温差。

使用 DTS 监视气举阀非常简单。即使诊断只是定性的，但提供的信息基本满足油井作业监控的需要。

同样的原理也可以用于监控潜水电泵 (ESP)。潜水电泵出现故障时通常与温度升高相关联，温度测量值是发现早期问题的代表性指标。

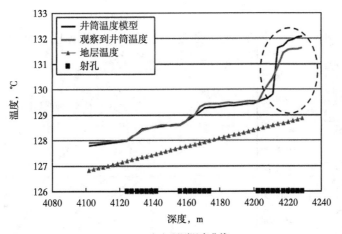

（a）预测温度曲线

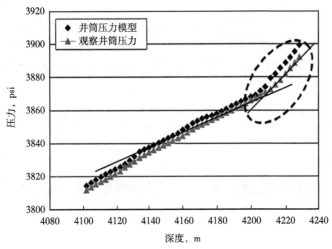

（b）预测压力曲线

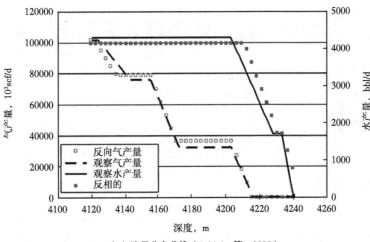

（c）流量分布曲线（Achinivu等，2008）

图 6.7 井底进水

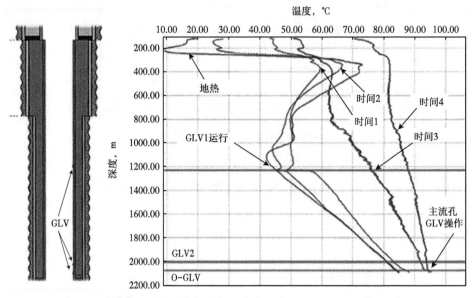

图 6.8　井卸载过程中监控卸载阀性能的温度记录（Costello 等，2012）

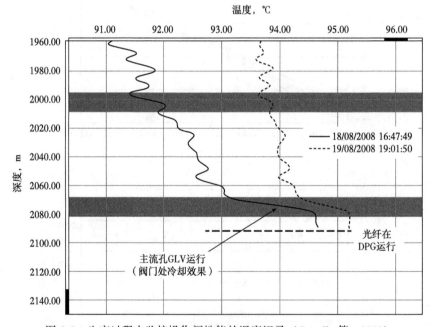

图 6.9　生产过程中监控操作阀性能的温度记录（Costello 等，2012）

6.5.3　综合储层表征

油气生产的历史拟合是用以表征储层性质的标准方法。在规划油田开发时，通常从依据地震勘探、裸眼测井解释和勘探井 PVT 实验室测量建立的地质模型开始。随着生产数据的积累，通过代入不同的渗透率实现进行运算并将结果与生产历史拟合，从而实现储层模型的更新与完善。其中与生产历史相匹配的渗透率实现被认为是接近实际的渗透率分布。

由于涉及的参数规模很大，历史拟合是一个统计过程，并且解不是唯一的，且不一定精确。

当通过 DTS 进行温度测量时，该测量值提供了可用于历史拟合的附加约束（Duru 和 Horne，2010；Li 等，2010）。DTS 测量在时间上是连续的，但是沿井筒的一维局部测量。这些信息作为储层热力模型的边界条件，需要进行储层和井筒模型耦合。

如第 6.4 节所述，井筒模型［式（6.14）和式（6.15）］可直接用于储层表征。而储层流动模型应为全尺寸的 3D 数值模型，可使用有限差分法、流线法或其他储层模拟方法来求解储层流动问题。通过求解式（6.23）可计算储层温度曲线。在包含井筒段的网格中，如果传感器安装在套管内，式（6.26）可用于计算式（6.25）所需的到达温度。

使用 DTS 辅助储层表征的流程如下。

（1）根据井身结构、完井方式以及可能与流动相关的温度异常，对井筒进行网格划分。

（2）通过匹配模拟井筒温度与 DTS 测量温度，使用温度模型生成粗略的渗透率分布。因为沿井筒测量的温度是一维的，所以预算得到的渗透率也是一维的。

（3）基于粗略的渗透率分布建立全尺寸油藏地质模型，这为后面历史拟合提供了一个渗透率模型。

（4）根据地质模型，使用油藏模型来拟合生产历史。

（5）使用步骤（4）生成的渗透率和流量分布计算井筒温度。如果温度收敛，则流程完成。否则，返回步骤（2）再次进行迭代。

即使该流程是计算密集型且高度复杂的，但仍不失为一个功能强大的工具。用一个水平注入井和水平生产井的简单案例来说明这个流程的应用。该生产井的总产油量为 6000bbl/d。图 6.10a 为该实例的渗透率等值线。在 x 方向 2000～2500ft 的位置有一个高渗透率区域。图 6.10b 是该示例中使用的物理模型。在实际情况中，可用的信息是在地表测得的油井产出速率（图 6.11a，总油气产出速率和含水率）以及井下温度和压力的测量值（图 6.11b）。为了说明工作流程，从已知的渗透率分布开始（图 6.10a），使用正向模型模拟沿水平井的温度和流量分布，如图 6.11 所示。这些计算结果用作本示例中的测量数据。我们的目标是使用含水率历史记录（图 6.11a）和在不同时间测得的温度曲线（图 6.11b）来重新生成渗透率分布（图 6.10a）和沿水平井筒的产量分布。表 6.2 中列出了示例中使用的输入数据。

表 6.2 综合储层表征的输入数据

油藏和井筒数据			
油藏		井筒生产数据	
泄油面积，ft×ft	3000×2000	井筒深度，ft	6025
厚度，ft	50	井筒长度，ft	3000
顶部深度，ft	6000	产液量，bbl/d	6000
孔隙度	0.2	井径，ft	0.75
储层原始温度，℉	180	油管摩阻	0.0001
地温梯度，℉/ft	0.01	油管直径，in.	4.5

续表

流体数据			
	油	水	岩石
密度, lb/ft^3	50	63	165
黏度, cP	1	0.48	
比热容, Btu/(lb·°F)	0.516	1.002	0.22
热膨胀系数, 10^4/°F	6.79	3.11	
导热系数 K_{Tt}, Btu/(h·ft^2·°F)		2.0	

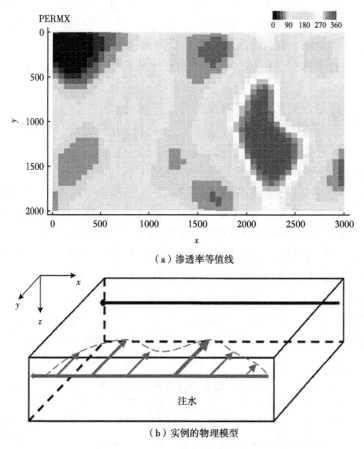

（a）渗透率等值线

（b）实例的物理模型

图 6.10　举例说明温度辅助储层表征的过程

通过常规的历史拟合，由于解的非唯一性，多个渗透率实现都可以得到令人满意的含水率匹配。图 6.12（a）和图 6.12（b）显示了两个这样的渗透率场，它们都能够匹配含水率图 6.12（c），但是预测温度明显不同于观测温度图 6.12（d）。如果仅拟合生产历史，即使历史拟合中的误差很小，渗透率等值线的差异也可能极为显著。假设根据图 6.11（a）和图 6.11（b）来进行流量控制设计以达到限制高渗透率层段流量的目的，这些匹配出的渗透率等值线极有可能造成错误的决策。

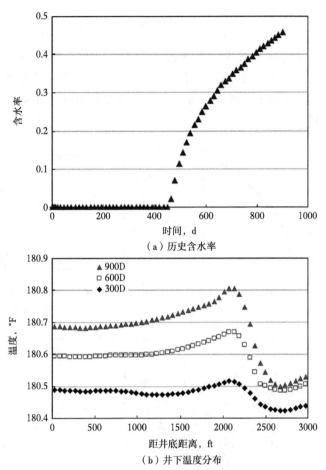

（a）历史含水率

（b）井下温度分布

图 6.11 模拟水平井历史含水率

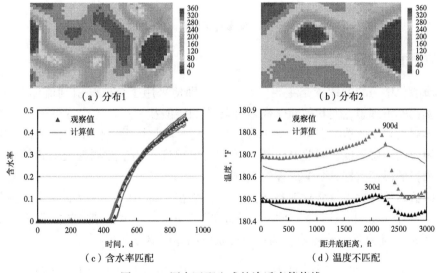

（a）分布1

（b）分布2

（c）含水率匹配

（d）温度不匹配

图 6.12 历史匹配生成的渗透率等值线

按照上述步骤，将测得的温度用作拟合的第一步。温度曲线在高渗位置显示出明显的异常［图6.11（b）］，确定了可能的高渗透区域后，该信息将用作生成储层渗透率分布的指导。含水率和温度都满足要求的最终渗透率分布，如图6.13所示。图6.13（a）和图6.13（b）是含水率和温度的拟合结果，而图6.13（c）是生成的渗透率场。在温度测量的帮助下，成功重新生成了可正确识别高渗透位置的渗透率等值线。在附加的约束下，反演井的流动剖面［图6.13（d）］。

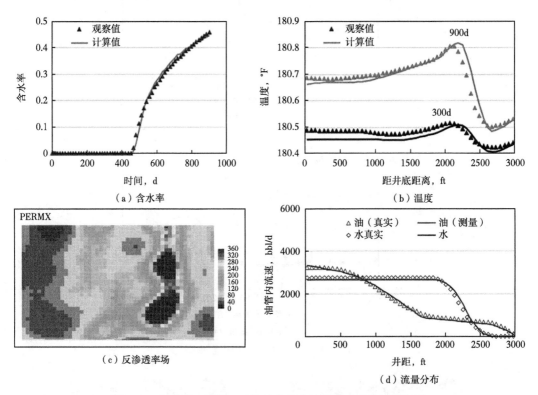

图6.13　含水率、温度、反渗透率场和流量分布综合匹配结果

6.5.4　基质酸化改造诊断

在基质酸化中，酸的铺置是主要问题之一。即使采用了分流酸引到流体转向的方法，酸的覆盖率仍然不理想，尤其是对于高度非均质的碳酸盐地层。这会导致部分未充分改造层段不得不需要重复改造。在第5章中我们已经讨论过该问题。由于注入流体的温度通常低于产层周边的地层温度，因此DTS沿井筒测得的温度可用于监测酸液铺置情况。本节展示了使用测得的温度数据诊断酸处理的案例。

在碳酸盐岩地层中进行酸化改造的过程中，酸在（即HCl）反应期间会产生热量，从而影响温度解释（Glasbergen等，2009）。Tan等（2012）通过在储层热方程中增加一个额外的热源项 R_i 来研究反应热效应。圆柱坐标系中的储层热方程为

$$\frac{\partial(\rho_s\phi C_{ps}T)}{\partial t}+\frac{\partial[\rho_R(1-\phi)C_{pR}T]}{\partial t}=-\frac{1}{r}\frac{\partial(r\rho_s u C_{ps}T)}{\partial r}+\frac{1}{r}\frac{\partial}{\partial r}\left(rK_T\frac{\partial T}{\partial r}\right)+R_i \quad (6.38)$$

Tan 等（2012）计算出反应热为 4~7°F。即使由于反应热引起的温度明显升高，这种变化也仅发生在酸和碳酸盐矿物反应的位置。对于碳酸盐岩层，可以合理地假设这是在蚓孔的尖端，除非立即以足够的速度返排，否则反应热将在周围地层中迅速散逸。因此在监测碳酸盐酸化过程中的温度变化时，可能无法在 DTS 测量中观测到反应热效应。

通过一个直井实例说明 DTS 在基质酸化改造诊断中的应用（Tan 等，2012）。该井已结束完井作业并在沿井筒的两个位置进行了射孔。该井用 9⅝in 的套管固井至 5800ft 的深度，并于 5638ft 悬挂 7in 的套管，如图 6.14 所示。4.5in 油管从地表下到与 9.63in 套管相同深度。这种井身结构使整体传热系数的计算变得复杂。表 6.3 列出了示例中使用的参数。

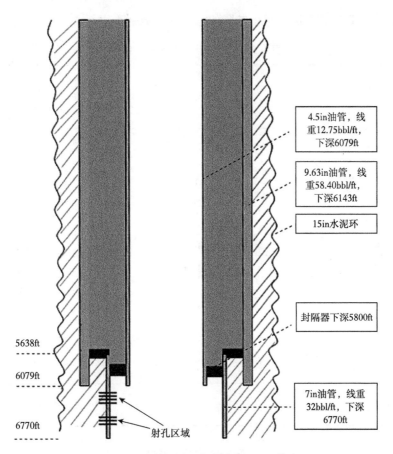

图 6.14 酸化监测实例的井身结构（Tan 等，2012）

该井的酸化改造分为两个阶段：酸洗阶段和主体酸阶段。通过连续油管在改造位置（6160~6370ft 和 6400~6500ft）进行注酸。在计算总的传热系数时，需要综合考虑每一层材料的热性能。例如，在 6979~6770ft 的区间，从井的中心向外，有连续油管、套管和套管与周围地层之间的水泥。连续油管和连续油管与套管之间的环空内都有工作液。总传热系数为（McAdams，1942）

$$\frac{1}{U} = \frac{A_1}{h_1 A_1} + \frac{x_1 A_1}{\lambda_s \overline{A_1}} + \frac{A_1}{h_2 A_2} + \frac{A_1}{h_3 A_3} + \frac{x_3 A_1}{\lambda_3 \overline{A_3}} + \frac{x_4 A_1}{\lambda_s \overline{A_3}} + \frac{x_4 A_1}{\lambda_c \overline{A_4}} \tag{6.39}$$

其中 x_i 是第 i 层的厚度, h_i 是第 i 个表面的传热系数, A_i 是第 i 个表面的面积, $\overline{A_i}$ 是第 i 个层的平均面积。这些面积可以计算为

$$A_i = 2\pi r_i D_{\text{total}} \tag{6.40}$$

和

$$\overline{A_i} = \frac{A_{i+1} - A_i}{\ln\left(\dfrac{A_{i+1}}{A_i}\right)} \tag{6.41}$$

其中 D_{total} 是井眼的总深度。整个井眼的总传热系数列于表6.4。

表6.3 用于酸化诊断实例的参数

参数	数值	单位
井信息		
射孔间距	6160~6370	ft
	6400~6500	ft
井底温度	214	°F
表面温度	104	°F
热性能		
盐酸浓度	20	%
C_{pR}	1040	J/(kg·K)
C_{ps}	4186.8	J/(kg·K)
M_R	0.1	kg/mol
Q_{reac}	4855	J/(mol·HCl)
ρ_R	2710	kg/m^3
ρ_s	1080	kg/m^3
$V_{i\text{-}opt}$	0.9	cm/min
$PV_{bt\text{-}opt}$	0.95	碎屑
ϕ	0.2	碎屑

表6.4 总传热系数

深度, ft	注酸过程中	关井过程中
0~5638	19.7Btu/(h·ft^2·°F)	14.2Btu/(h·ft^2·°F)
5638~6079	14.6Btu/(h·ft^2·°F)	11.3Btu/(h·ft^2·°F)
6079~6770	18.6Btu/(h·ft^2·°F)	13.7Btu/(h·ft^2·°F)

在注酸过程中,记录了泵速,如图6.15所示。本次酸化作业中使用的总酸量为156bbl,泵注持续70min(从4:05到5:15)。请注意,泵注速率是波动的,而不是恒定的。根据拉米方程(Ramey,1962),使用平均速率计算得到注入过程中的井眼温度。

$$T_{w}(D,t)=g_{G}D+T_{b}-g_{G}Z+[T_{i}(t)+g_{G}Z-T_{b}]e^{\frac{-D}{Z}}T_{w}(D,t)=g_{G}D+T_{b}-g_{G}Z+(T_{i}) \quad (6.42)$$

$$Z=\frac{wC_{pf}[K+f(t)r_{1}U]}{2\pi\lambda r_{1}U} \quad (6.43)$$

其中 T_{w} 是注入过程中的井筒温度，g_{G} 是地热梯度，D 是深度，T_{b} 是深度为零处的地层温度，$T_{i}(t)$ 是地表注入温度，w 是流速，G_{pf} 是流体比热容，K 是地层的导热系数，r_{1} 是油管内径，U 是完井系统的总传热系数，$f(t)$ 是时间函数。

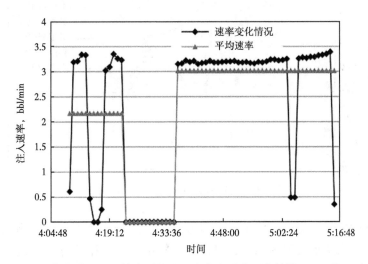

图 6.15 主体酸阶段注入结束时的注入速率和酸液温度估算（Tan 等，2012）

在关井期间，井筒热模型相对简单。因为不存在由于流动或反应产生的对流传热，能量平衡方程式（6.38）可简化为

$$\frac{\partial(\rho_{s}\phi C_{ps}T)}{\partial t}+\frac{\partial[\rho_{R}(1-\phi)C_{pR}T]}{\partial t}=\frac{1}{r}\frac{\partial}{\partial r}\left(rK\frac{\partial T}{\partial r}\right) \quad (6.44)$$

关井后第 44min（5：59）和第 115min（7：10）的温度用于酸化改造诊断（如图 6.16）。图 6.16 中两个射孔区域用灰色阴影标出。用 6200ft 处的温度代表顶部区域的温度，6400ft 处的温度代表底部区域的温度，对温度表现进行了总结。在顶部区域，在关井的前 41min 内温度升高了 10℉（从 160℉至 170℉），在接下来的 71min 内温度从 170℉升高至 185℉（升高 15℉）。对于底部区域，在关井的前 41min 内温度升高约 17℉，在接下来的 71min 内温度仅升高 8℉。这两个区域完全不同的温度反应是由反应热效应引起的。与酸液较少的区域相比，酸液较多的区域有更多的低温流体进入地层，但在酸蚀蚓孔尖端也有更高的反应热。在返排过程中，之后的回温现象是到达井筒的反应热造成的。如果蚓孔渗透到地层中较深位置，则在 DTS 测量中可能无法观察到这种效果，因为当流体返排至井眼的过程中，反应热量逐渐减少。

值得注意的是在 5600~5800ft 深度附近存在异常冷却。由于该区间没有射孔，因此可以认为套管外部固井水泥中存在通道，使得酸液向上漏失并沿着井眼与岩石反应。通过初步分析，酸液分布与测量温度成反比。图 6.16 还显示了模型匹配的温度。匹配度较高的酸液分布见表 6.5。结果表明，由于套管后的蹿流通道，大部分注入的酸向上流动。两个产油层总共只接受了总注入酸的 32%。

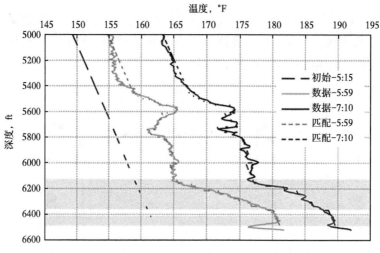

图 6.16　多段酸处理的温度匹配（Tan 等，2012）

与储层表征的应用相类似，使用温度对酸化改造进行诊断也具有很高的不确定性，解也存在不唯一性。为了证实解释结果，可以通过标准的试井作业对酸化改造之前和之后的表皮系数进行分析提高诊断的可靠性。

表 6.5　主体酸阶段模型中的酸分布

井段，ft	酸浓度，%（质量分数）
5400~5800	26
5800~6160	42
6160~6370	12
6400~6500	20

6.5.5　DTS 测量诊断裂缝

在 DTS 技术被引入石油工业之前，PLT 的温度测量已经被用于压裂高度的估算。与生产测井相比，DTS 可以在压裂过程中，关井后，返排期间和常规生产期间连续测量温度，这为裂缝诊断提供了更多信息，尤其是沿水平井的多段裂缝改造。该技术已被用于诊断水力压裂施工过程中的注入流体分布（Sierra 等，2008；Huckabee，2009；Molenaar 等，2012）。当与裂缝延伸模型结合使用时，DTS 测量还可以协助估算裂缝的几何形状（Ugueto 等，2014）。对于压裂井性能监控，DTS 数据可用于估算沿井筒的流动剖面，从而识别有产出的裂缝，并预估产能随生产时间下降的趋势。

对压裂施工与压裂井生产过程中的温度变化进行模拟是基于相同的物理原理，但流动条件不同。本节将讨论在多段压裂改造的不同流动时期的温度响应。

6.5.5.1 在压裂施工期间与关井后的回暖期

在压裂改造施工期间，通常使用比储层温度低得多的压裂液以高速泵注流经井筒。式（6.42）可用于计算储层深度处的注入温度。一旦裂缝起裂，随着裂缝的延展，低温流体进入地层。为了正确地追踪温度，需要使用裂缝几何模型来计算裂缝半长随注入时间的变化。对于高渗透地层，裂缝的延伸速度显著下降，且会将低温流体带入裂缝周围的地层。这两种现象都对温度响应产生影响。泵注期间的井筒温度本身无法提供足够的信息来进行裂缝诊断。整个井筒的温度几乎是一个常数（Ugueto 等，2014），这是回暖或返排期的初始条件。

泵注停止后，井筒的温度开始回升。在沿井筒形成裂缝的位置，由于裂缝中的流体温度相对较低，因此温度回升的速度将变缓。温度恢复的速度取决于裂缝中低温流体的多少以及裂缝长度，从温度记录中可以估算裂缝的体积。

为了对一条裂缝的流量和温度进行建模，物理域由三个元素组成：井筒、裂缝和储层。这三个元素在边界上耦合。图 6.17 是该系统的示意图。该模型可以被分解为 3 个线性流动区块模拟。压裂过程中的流动问题是井筒中的流动（沿井筒的一维）与裂缝中的流动（由裂缝扩展模型定义的裂缝几何形状）的结合。储层中的流动仅以裂缝的滤失来代表。在回暖期间，可以假设不存在流动，只需要对温度进行建模。

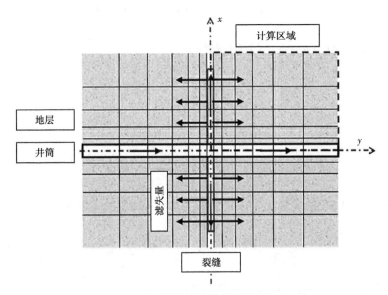

图 6.17 单个裂缝模型的流动域

在泵注期间，井筒的温度可以根据地表注入温度到注入深度近似得到［式（6.42）］。裂缝温度 T_f 是位置和时间的函数，可以通过能量平衡方程计算。

$$\rho \hat{C}_{pI} \frac{\partial T_I}{\partial t} = -\frac{\rho_I \hat{C}_{pI} v_x \partial T_I}{\partial x} - \frac{2\rho_I \hat{C}_{pI} v_{leakoff} T_I}{w} + \frac{2K_T(T_r - T_I)}{w} \qquad (6.45)$$

在式（6.45）中，除了前面提到的参数定义外，K_T 是裂缝面的地层导热系数（Zhao 和 Tso，1993）。式（6.45）说明随着时间 t 的增加，裂缝中微分体积的能量积累是压裂液流动引起的热对流、流体滤失而产生的对流能以及压裂液与周围地层之间的热传导的总和。

式（6.45）中滤失速度 $v_{leakoff}$ 由式（6.46）计算

$$v_{leakoff}(x) = \frac{c_{leakoff}}{\sqrt{t - \tau(x)}} \tag{6.46}$$

根据一般能量平衡方程式推导储层热力模型，并在局部位置 (x, y) 处得出

$$\overline{\rho \hat{C}_p} \frac{\partial T_r}{\partial t} - \phi \beta T_r \frac{\partial p}{\partial t} = -\rho_l \hat{C}_{pl} v_{lk} \frac{\partial T_r}{\partial y} + (\beta T_r - 1) v_{lk} \frac{\partial p}{\partial y} + \frac{\partial}{\partial x}\left(K_e \frac{\partial T_r}{\partial x}\right) + \frac{\partial}{\partial y}\left(K_e \frac{\partial T_r}{\partial y}\right) \tag{6.47}$$

其中 $\overline{\rho \hat{C}_p}$ 和 K_e 分别是平均有效密度—热容量乘积和平均有效储层热导率，分别解释了地层流体和岩石。式（6.42）（井筒）、式（6.45）（裂缝）和式（6.47）的组合可以提供目标区域的温度曲线。

假设在回暖过程中没有发生蹿流，则井筒模型仅在储层（非射孔段）或裂缝（在射孔位置）与井筒之间的热传导。

$$\rho_l \hat{C}_{pl} \frac{\partial T}{\partial t} = \frac{2}{R} U_T \left(T_{r/f} - T_w\right) \tag{6.48}$$

裂缝温度模型在储层和裂缝之间具有热传导：

$$\rho_l \hat{C}_{pl} \frac{\partial T_f}{\partial t} = \frac{2h_l(T_r - T_f)}{w} \tag{6.49}$$

储层温度模型为

$$\overline{\rho \hat{C}_p} \frac{\partial T_r}{\partial t} - \phi \beta T_r \frac{\partial p}{\partial t} = \frac{\partial}{\partial x}\left(K_e \frac{\partial T_r}{\partial x}\right) + \frac{\partial}{\partial y}\left(K_e \frac{\partial T_r}{\partial y}\right) \tag{6.50}$$

在裂缝/储层和井筒/储层界面，使用以下边界条件来耦合热模型，

$$\begin{cases} K_e \dfrac{\partial T_r}{\partial y} = h_l(T_r - T_l), & y = y_{yes-frac,t} \\ K_e \dfrac{\partial T_r}{\partial x} = U_T(T_r - T), & x = x_{yes-wb,t} \end{cases} \tag{6.51}$$

对于多段压裂改造，需要进行每段的连续建模。一段泵送完成后，对该段进行封隔，储层温度开始回暖。同时进入下一阶段的泵送。对温度响应进行建模时，正确跟踪泵注程序很重要。图 6.18 显示了建模的工作流程。在图中显示的时刻，第 2 段正在实施压裂改造。第 1 段（靠近趾端层段）处于回暖模式；第 3 段（靠近底部层段）处于未压裂状态，只有井筒模型需要进行注入液和储层温度之间的热传导计算。用于计算这 3 种模式的方程

式是不同的。对于回暖模式，没有对流项，热传导存在于在形成的裂缝和储层之间，以及井筒和储层之间。对于未压裂状态，没有对流项，且热传导仅存在井筒和储层之间。

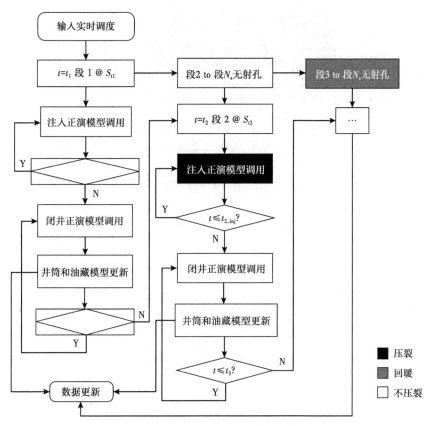

图 6.18　泵注过程中匹配温度的工作流程

6.5.5.2　生产过程中的温度特性

在生产过程中，可以直接使用之前介绍的井筒模型［流量方程式（6.14）和热方程式（6.15）］。在这些方程式中，γ 在开放流动的裂缝位置处设置为 1，在其他位置设置为 0。对于储层的流动和热方程，式（6.19）和式（6.24）也适用。在这里，使用半解析方法，即三线性模型，来说明如何使用温度数据进行单相井的裂缝诊断。当然，还可以使用解析/半解析模型、有限差分油藏模拟、流线油藏模拟或任何其他油藏模拟方法来获得流动问题的解。

三线性模型假定储层中的裂缝井的流动可以简化为 3 种线性流动状态的组合。这包括裂缝内部的线性流，从储层内部到裂缝的线性流以及从储层外部到储层内部的线性流（Meyer 和 Jacot，2005），如图 6.19 所示。

外部、内部和裂缝这三个区域的流动方程在边界处是耦合的。外部流动方程的无量纲格式为

$$\frac{\partial^2 p_{\mathrm{OD}}}{\partial x_{\mathrm{D}}^2} = \frac{1}{\eta_{\mathrm{OD}}}\frac{\partial p_{\mathrm{OD}}}{\partial t_{\mathrm{D}}}$$

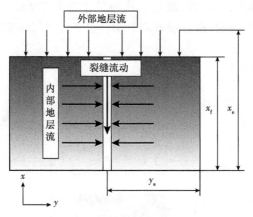

图 6.19　三线性模型的截面示意图

$$\begin{cases} (\bar{p}_{\mathrm{OD}})_{t_{\mathrm{D}}=0} = 0 \\ (\bar{p}_{\mathrm{OD}})_{x_{\mathrm{D}}=1} = (\bar{p}_{\mathrm{ID}})_{x_{\mathrm{D}}=1} \\ (\bar{p}_{\mathrm{OD}})_{x_{\mathrm{D}}\to\infty} = 0 \end{cases} \tag{6.52}$$

内部的格式是

$$\frac{\partial^2 p_{\mathrm{ID}}}{\partial y_{\mathrm{D}}^2} + \left(\frac{\partial p_{\mathrm{OD}}}{\partial x_{\mathrm{D}}}\frac{\delta_y}{\delta_x}\right)_{x_{\mathrm{D}}=1} = \frac{\partial p_{\mathrm{ID}}}{\partial t_{\mathrm{D}}} \tag{6.53}$$

而对于裂缝来说是,

$$\frac{\partial^2 p_{\mathrm{FD}}}{\partial x_{\mathrm{D}}^2} + \left(\frac{2}{F_{\mathrm{CD}}}\frac{\partial p_{\mathrm{ID}}}{\partial y_{\mathrm{D}}}\right)_{y_{\mathrm{D}}=0} = \frac{1}{\eta_{\mathrm{FD}}}\frac{\partial p_{\mathrm{FD}}}{\partial t_{\mathrm{D}}} \tag{6.54}$$

式（6.52）至式（6.54）可以通过拉普拉斯变换求解。在拉普拉斯域中,式（6.52）变为

$$\frac{\partial^2 \bar{p}_{\mathrm{OD}}}{\partial x_{\mathrm{D}}^2} - \frac{1}{\eta_{\mathrm{OD}}}\bar{p}_{\mathrm{OD}} = 0 \tag{6.55}$$

初始条件和边界条件

$$\begin{cases} (\bar{p}_{\mathrm{OD}})_{t_{\mathrm{D}}=0} = 0 \\ (\bar{p}_{\mathrm{OD}})_{x_{\mathrm{D}}=1} = (\bar{p}_{\mathrm{ID}})_{x_{\mathrm{D}}=1} \\ (\bar{p}_{\mathrm{OD}})_{x_{\mathrm{D}}\to\infty} = 0 \end{cases} \tag{6.56}$$

拉普拉斯域中储层外部的解为

$$\bar{p}_{\mathrm{OD}} = (\bar{p}_{\mathrm{ID}})_{x_{\mathrm{D}}=1}\exp\left[-\sqrt{\frac{1}{\eta_{\mathrm{OD}}}}(x_{\mathrm{D}}-1)\right] \tag{6.57}$$

在拉普拉斯域中，描述储层内部的等式（6.51）变为

$$\frac{\partial^2 \bar{p}_{ID}}{\partial y_D^2} + \frac{\partial \bar{p}_{OD}}{\partial x_D}\bigg|_{x_D=1} - l\bar{p}_{ID} = 0 \tag{6.58}$$

根据式（6.56）、式（6.57）中的将储层外部与内部连接起来的压力导数为

$$\frac{\partial \bar{p}_{OD}}{\partial x_D}\bigg|_{x_D=1} = -\sqrt{\frac{1}{\eta_{OD}}}\bar{p}_{ID}\big|_{x_D=1} \tag{6.59}$$

假设储层内部中的表皮系数为 S，则初始条件和边界条件为

$$\begin{cases} (\bar{p}_{ID})_{t_D=0} \\ \bar{p}_{ID} = \bar{p}_{FD} - S\dfrac{\partial p_{ID}}{\partial y_D} \quad y_D = 0 \\ (\bar{p}_{ID})_{y_D\to\infty} = 0 \end{cases} \tag{6.60}$$

假设为线性流态，则储层内部中 x 方向的压力梯度比 y 方向的压力梯度小，可以忽略不计。式（6.57）的解为

$$\bar{p}_{ID} = \frac{\bar{p}_{FD}}{1+\sqrt{\alpha_0}S}\exp(-\sqrt{\alpha_0}y_D) \tag{6.61}$$

其中 $\alpha_0 = \sqrt{\dfrac{l}{\eta_{OD}}}+l$。

在拉普拉斯域中，裂缝方程为

$$\frac{\partial^2 \bar{p}_{FD}}{\partial x_D^2} + \frac{2}{F_{CD}}\frac{\partial \bar{p}_{ID}}{\partial y_D}\bigg|_{y_D=0} - \frac{l}{\eta_{FD}}\bar{p}_{FD} = 0 \tag{6.62}$$

$$\frac{\partial \bar{p}_{ID}}{\partial y_D}\bigg|_{y_D=0} = -\frac{\sqrt{\alpha_0}}{1+\sqrt{\alpha_0}S}\bar{p}_{FD} \tag{6.63}$$

初始条件和边界条件是

$$\begin{cases} \bar{p}_{FD}\big|_{t_D=0} = 0 \\ \dfrac{\partial \bar{p}_{FD}}{\partial x_D}\bigg|_{x_D=1} = 0 \\ \dfrac{\partial \bar{p}_{FD}}{\partial x_D}\bigg|_{x_D=0} = -\dfrac{\pi}{F_{CD}} \end{cases} \tag{6.64}$$

式（6.62）的解为

$$\bar{p}_{wD}(l) = \frac{\dfrac{\pi}{F_{CD}}}{l\sqrt{\alpha_F}\tanh\sqrt{\alpha_F}} \tag{6.65}$$

其中 $\alpha_F = \dfrac{2}{\dfrac{F_{CD}\sqrt{\alpha_0}}{1+\sqrt{\alpha_0}S}} + \dfrac{1}{\eta_{FD}}$

在井底保持恒定压力

$$\overline{q}_D(l) = \frac{1}{l^2 \overline{p}_{wD}(l)} \tag{6.66}$$

无量纲参数和定义如下所示：

$$p_D = \frac{141.2Kh}{qBu}(p_i - p) \qquad (\text{油}) \tag{6.67}$$

$$p_D = \frac{Kh}{1424qT}[m(p_i) - m(p)] \qquad (\text{气}) \tag{6.68}$$

$$\eta = \frac{K}{\varphi\mu c_t} \tag{6.69}$$

$$t_D = \frac{Kt}{\varphi\mu c_t x_f^2} = \frac{\eta_t}{x_f^2} \tag{6.70}$$

$$x_D = \frac{x}{x_f} \quad x_D = \frac{x}{x_f} \quad y_D = \frac{y}{y_f} \quad F_{CD} = \frac{K_f w}{K x_f} \quad \eta_{FD} = \frac{\eta_F}{\eta} \quad \eta_{OD} = \frac{\eta_0}{\eta} \tag{6.71}$$

温度方程是基于能量守恒建立的。如果忽略垂直方向的热传导，我们可以建立一个具有 3 个简化线性流动区域的压裂井的二维热模型。在裂缝中，热对流在传导中占主导地位，沿 x 方向的传导项可以忽略。裂缝的热方程为

$$\overline{\rho \hat{C}_p}\frac{\partial T}{\partial t} - \varphi\beta T\frac{\partial p}{\partial t} = \frac{K_f \rho \hat{C}_p}{\mu}\frac{\partial p}{\partial x}\frac{\partial T}{\partial x} - \frac{\beta T - 1}{\mu}K_f\left(\frac{\partial p}{\partial x}\right)^2 + K_T\frac{\partial^2 T}{\partial y^2} \tag{6.72}$$

对于储层外部与内部，都考虑了传导和对流，

$$\overline{\rho \hat{C}_p}\frac{\partial T}{\partial t} - \varphi\beta T\frac{\partial p}{\partial t} = \frac{K\rho \hat{C}_p}{\mu}\frac{\partial p}{\partial y}\frac{\partial T}{\partial y} - \frac{(\beta T - 1)}{\mu}K\left(\frac{\partial p}{\partial y}\right)^2 + K_T\left(\frac{\partial^2 T}{\partial x^2} + \frac{\partial^2 T}{\partial y^2}\right) \tag{6.73}$$

而对于储层外部

$$\overline{\rho \hat{C}_p}\frac{\partial T}{\partial t} - \varphi\beta T\frac{\partial p}{\partial t} = \frac{K\rho \hat{C}_p}{\mu}\frac{\partial p}{\partial x}\frac{\partial T}{\partial x} - \frac{(\beta T - 1)}{\mu}K\left(\frac{\partial p}{\partial x}\right)^2 + K_T\left(\frac{\partial^2 T}{\partial x^2} + \frac{\partial^2 T}{\partial y^2}\right) \tag{6.74}$$

尽管这是一个二维模型，但整个系统的初始温度是基于井筒轨迹计算的地层温度，其中包括深度对温度表现的影响。由于存在非线性，因此需要对温度方程进行数值求解。

为了说明使用测得的温度来解释多级压裂水平井的流量剖面的过程，我们以 Eagle Ford 页岩中的一口气井为例（Cui 等，2014）。经过多段压裂改造后，该井天然气日产量

为 $1600 \times 10^3 \text{ft}^3$。该井还每天生产水 160bbl，地表 GOR 为 9000~10000ft^3/bbl。由于该井是在低于露点压力状态下生产的，因此井筒内部存在反凝析液，根据 PVT 数据，反凝析液体积少于总体积的 10%。由于总液体量很小，因此使用上一节中建立的单相储层模型进行温度解释。该模型忽略了由相变引起的热传递。解释中使用的热导率是基于 GOR 和含水率的平均值。通过温度测量，可以解释流量问题中的一个参数组，即沿井筒的体积流速分布。压裂改造分为 15 段，每段有 4 个射孔簇，簇间距为 75ft。井眼轨迹对于温度解释很重要，特别是对于两相流井。液相倾向于在沿井筒的低位处积聚，而气相倾向于在高位处积聚。井筒流动模型使用两相流模型，单相井筒热模型使用体积平均传热系数。井眼轨迹如图 6.20a 所示。沿着井眼轨迹标记射孔位置。图 6.20b 显示了沿水平井筒的地层温度和测得的随位置的温度变化。除用于解释的体积流速分布外的其他参数见表 6.6。

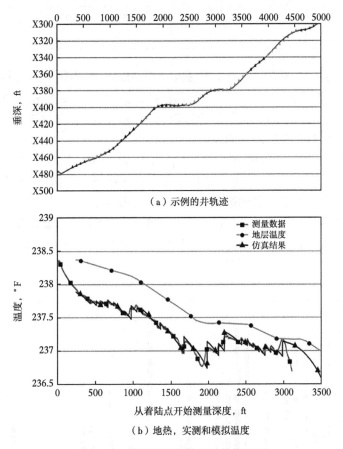

（a）示例的井轨迹

（b）地热，实测和模拟温度

图 6.20 模拟和测量温度的数据匹配

图 6.20b 也显示了生产期间的模拟井温。由于井是上倾的（图 6.20a），因此跟部的地层温度较高。趾部和跟部之间的温度差约为 1.3℉。由于焦耳—汤姆森效应引起的温度变化通常小于 1℉，因此准确估算地层温度至关重要，所以在解释温度数据之前应仔细地进行校准。与跟部相比，趾部的温度变化更为明显。这是因为在流体混合过程中，低温的地层流体进入孔眼并与井筒内部的高温流体混合，形成混合温度。井筒内没有高温的流体流至趾

部，因此该处混合温度仅取决于裂缝中流体到达的温度。随着流体流向底部，总流速增加，并且来自每个裂缝的流体的占比变小，而上部井筒流体对混合物温度的影响加剧。由于井筒内流动掩盖了冷却效果，井筒温度变化随着趋近底部减弱。应指出的是，混合过程需要一定的距离才能稳定下来，但是模型假设瞬时达到平衡，这会导致井筒的模拟温度在裂缝位置急剧变化（图6.20b）。

表6.6 测量温度诊断裂缝的现场输入数据

地层		裂缝/井筒	
渗透率，nD	583	裂缝间距，ft	77
孔隙度，%	4.2	裂缝宽度，in	0.24
孔隙压力，psi	4630	裂缝孔隙度，%	25
储层压缩性，1/psi	1.68×10^{-4}	裂缝渗透性，mD	1250
相对气体相对密度	0.56	井筒压力，psi	2860

对于射孔后压裂的水平井，在射孔位置会产生裂缝。在本例中，假设最初沿水平井每77ft（75ft间距加上2ft射孔区）一簇的所有裂缝均匀发育。首先使用模型来计算系统中的温度、压力和流速曲线。然后，将计算出的温度与测量的温度进行比较，并更改沿井筒的流量分布，以最小化两组温度之间的差值。

在一个压裂段，1753~1984ft的温度连续升高。这表明该段没有产气因此没有裂缝产生。同样的现象也发生在1444~1598ft之间。如果一个区段上的温度逐渐下降，而不是急剧下降，这可能是因为产生了裂缝网络，而不是一条主裂缝。

利用建立的热模型，可以估计出沿水平井筒的流量分布。该裂缝井的流量分布解释如图6.21所示。这种流动分布可以看作是裂缝体积和裂缝渗透率的乘积（或者在假定高度恒定的情况下，裂缝导流能力乘以裂缝半长）。

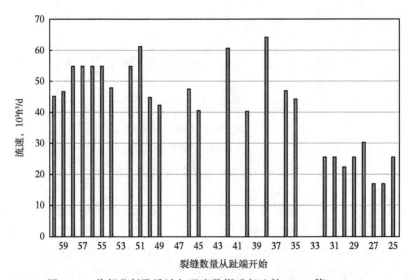

图6.21 将部分射孔设计与温度数据进行比较（Cui等，2014）

6.5.6 蒸汽辅助重力排水（SAGD）

对于重油生产，蒸汽注入是提高产量的常用方法之一。注入储层的高温蒸汽降低了储层流体的黏度并增加了流体的流动性。蒸汽辅助重力排水（SAGD）方法是使用平行的两口水平井（一口作为蒸汽注入井，另一口作为生产井）来生产重油。蒸汽沿着注入井的分布是度量蒸汽注入效率的方法。对于非均质油藏，蒸汽可以很容易地从高渗透率位置进入油藏，并"抄近路"至生产井。这通常导致蒸汽无法抵达注入井的趾部。部署 DTS 后，可以使用温度来监视蒸汽分配和注入效率。

在 SAGD 应用中，使用光纤 DTS 传感器的主要挑战是恶劣的环境。注入井筒的蒸汽平均温度为 250℃ 或更高。光纤的芯和包层材料均需要满足耐高温的特殊要求，同时也需要保持光波传输的质量。有现场测试报告表明，DTS 技术可以应对 SAGD 高温环境的挑战（Kaura 等，2008；Hiscock 等，2015）。

对于长期监控来说，温度数据有助于诊断 SAGD 井中的生产/注入问题。Thompson 等（2015）介绍了使用温度数据诊断油井运行问题的现场应用。该示例展示了如何识别沿井筒的蒸汽泄漏。在他们的示例中，光纤传感器不是永久安装在井中，而是每隔几个月运行一次温度测井。每次实施温度测井时，都必须中断油井生产运行。如果使用井下永久性传感器则不会中断油井作业。

6.6 用于生产运营的分布式声学传感技术

声学传感在石油和天然气行业中使用已有很长的历史。一个例子就是噪声测井，该方法于 1955 年在工业上首次应用（Enright，1955），用于检测井下套管的泄漏情况。声波传感技术使我们能够"侦听"沿井筒数千英尺的井下发生的事件和流体运动，以及事件发生的对应位置，与温度传感技术相比，它是一种更直接的监控方法。分布式声学传感（DAS）应用的示例包括完井完整性、储层管理中的生产/注入剖面图、生产中的人工举升性能评估以及水力压裂改造诊断。

6.6.1 DAS 技术基础

声波是压力波的一种形式。与 DTS 相似，DAS 系统是由一条光纤电缆以及一个可以输出沿光缆传播的已知波长的脉冲激光源组成。于流动或机械运动而产生声干扰的位置，声压波会使光缆出现形变，从而导致光源发生反向散射。与温度测量不同，声波的反向散射是 Rayleigh 反向散射，它不像温度测量中的 Raman 反向散射那样出现波长偏移。频率和振幅是描述声波的两个参数，与流量或运动条件有关。基于该原理，可以用光纤声学传感器分辨出流体的位置和特性。

声音由其频率 ［赫兹（Hz）] 和声幅 ［分贝（dB）] 来描述的。频率描述了声音每秒重复波的周期数，而振幅则表示为声音产生的压力 p 与参考声压 p_{ref} 的比率。在空气中，该参考压力为 $20 \times 10^{-6} Pa$。声压级 L_{sp} 是常用于描述声波强度的参数，

$$L_{sp} = 10 \lg \left[\left(\frac{p}{p_{ref}} \right)^2 \right] \tag{6.75}$$

声音信号通常以时域中声音振幅的形式表示。通过傅里叶变换，这种振幅可以在频域中表示为复变函数，

$$F(w) = \frac{1}{2\pi} \int_{-\infty}^{\infty} f(t) \, e^{-jwt} dt \tag{6.76}$$

或具有 N 个样本的声音信号的离散等效项为

$$F(k) = \frac{1}{N} \sum_{n=0}^{N-1} F(k) \, e^{-j\frac{2\pi nk}{N}} \tag{6.77}$$

图 6.22 显示了在原始时域（图 6.22a）中记录的 30s 声信号样本，并转换到频域（图 6.22b）。图 6.22b 所示的频率峰值表明，声音的模式频率为每秒 100 个周期（Hz）。信号的

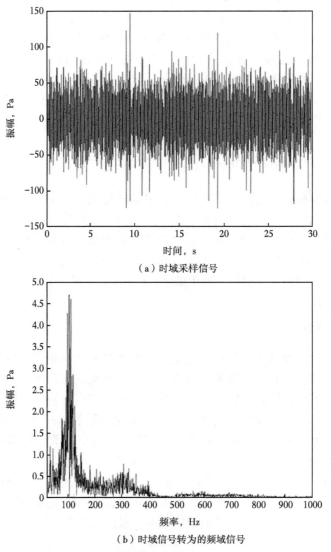

（a）时域采样信号

（b）时域信号转为的频域信号

图 6.22　DAS 测量的原始数据（Martinez 等，2014）

整体声音幅度可以通过对一个频率范围内的信号振幅进行平方和求和来获得。

$$L_{sp} = 10 \lg\left(\frac{\sum p_i^2}{p_{ref}^2}\right), \ p_i = p_1, \ p_2, \ p_3 \tag{6.78}$$

一旦信号以振幅与频率的格式显示，就可以将其用于流量诊断。如图 6.22b 所示，特色声音的特征频率约为 100Hz，峰值振幅为 4.5Pa。

在处理 DAS 数据之前，应用滤波器以消除目标频率范围之外的数据。对于流体流动，液相产生的频率低于气相的频率。极高频率（高于 10000Hz）或极低频率（低于 100Hz）可能与噪声有关，应在数据处理之前将其截除。DAS 技术的最大挑战之一就是监测期间收集的大量数据。记录的数据量取决于所需的空间分辨率和时间间隔。空间分辨率越高，光源长度必须越短。一天收集的 DAS 数据可以达到 TB 级。存储、处理和分析这些数据是极为消耗计算力的（Cannon and Aminzedeh，2013）。

DAS 收集的数据通常以 2D 等高线图的形式显示，称为瀑布图，以时间和距离为 x、y 轴，使用颜色（或灰度的强弱）表示信号的强度。图 6.23 显示了这种灰度图，可以从图中直接读取定义位置的声压级 L_{sp}。

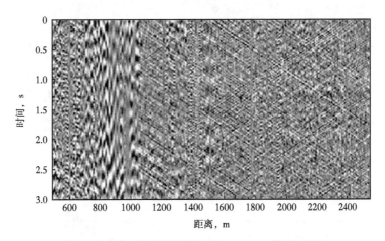

图 6.23　DAS 瀑布图示例（Johannessen 等，2012）

6.6.2　流动条件与声学测量之间的相关关系

声学响应可以通过完全计算的流体动力学方法进行建模。由于这种方法的极端复杂性和计算强度，DAS 测量在现场中仅限于定性应用。在一些实验研究中已经观察到声学信号特征与流动条件之间的关系。McKinley 和 Bower（1979）进行的早期噪声测井实验表明，在套管外或通过射孔流动的单相气体，存在以下关系：

$$N_f^* = C' q^3 \tag{6.79}$$

其中，N_f^* 是高于截止频率（以 mV 为单位）的峰—峰值噪声水平，是与声压级相似的参数。上式中的常数 C' 由流道几何形状确定，同时也是流体特性的函数。在式（6.79）两边取 10 为底的对数，得

$$\lg N_{\mathrm{f}}^{*} = \lg(C'q^{3})\tag{6.80}$$

或以流速计算：

$$\lg q^{3} = \lg N_{\mathrm{f}}^{*} - \lg C'\tag{6.81}$$

对于式（6.75），因为 L_{sp} 是基于 10 的对数的格式，可以将式（6.81）改写为

$$\lg q^{3} = A \times L_{\mathrm{sp}} + B\tag{6.82}$$

其他实验研究也观察到了这种简单的关系（Martinez 等，2014；Chen 等，2015）。图 6.24 显示了实验研究的结果；下图显示了声压级（声音信号的振幅）和流速之间的明确关

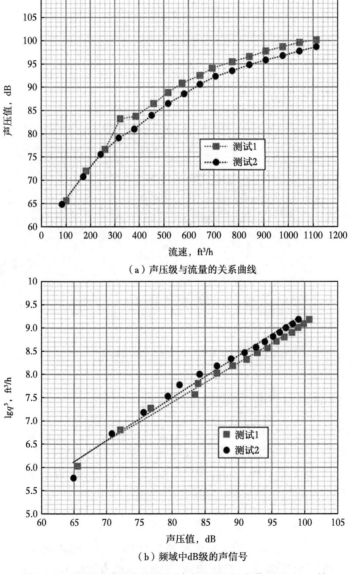

（a）声压级与流量的关系曲线

（b）频域中dB级的声信号

图 6.24　声压级与流量的关系曲线和频域中 dB 级的声信号（Chen 等，2015）

系，右图显示了 $\lg q^3$ 和声压级 L_{sp} 之间的线性函数拟合。

不论井的类型（水平井还是直井），通用的关系式都适用于描述流经射孔的情况。该关系式也适用于裸眼井，压裂井或人工举升井。尽管关系式较为简单直接，式（6.82）中的常数 A 和 B 是许多参数的复杂函数。例如，水平井中流动剖面时这些参数是完井方式（射孔的大小和密度）和流体特性（密度和黏度）的函数。对于压裂井来说，它们是裂缝几何形状、压裂液和支撑剂规格的函数。由于这两个常数涉及许多变量，因此没有简单的公式来计算这两个常数。

6.6.3　估算 DAS 解释的参数

对于有多个流入口的井眼（即多级压裂井），如果 DAS 读数点相距足够远，能够使多个流入口的读数之间不互相干扰，如果在同一位置的不同时间有多个读数，则可以使用所有裂缝的下游的最后一个振幅读数来估算在等式（6.82）中的 A 和 B。在这个情况下，流速等于地表测量的总流速。在每个时间步长，都可以读取声波振幅以及产生该信号的总流速。这给了两组具有已知的 q 和 L_{sp} 的式（6.82）。图 6.25 为此过程的示意图。

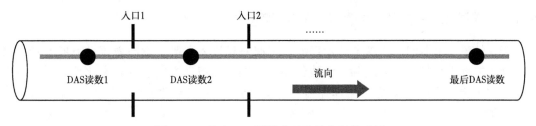

图 6.25　通过 DAS 测量进行流量分配的示例

如果在最后一个点有两个读数，并且获得了两个对应的井的总流速（在最后一个读数点之后没有更多流体流入井眼），则以下等式成立：

$$\lg(q_1^3) = A(L_{sp})_1 + B$$
$$\lg(q_2^3) = A(L_{sp})_2 + B \tag{6.83}$$

$\lg q_2^3 = AL_{sp2} + B$ 两个未知数 A 和 B，可以从它们对应两对测量值（q_1，L_{sp1}）和（q_2，L_{sp2}）的方程组求解。一旦得到常量 A 和 B，我们就可以为每个流入口分配流量。

【例 6.1】使用两个裂缝案例来说明该流程如何工作。见表 6.7 在两个裂缝下游的两个不同流速的 DAS 读数和相应的总流速。如果两个裂缝之间的 DAS 读数为 100dB，而总流速对应的 DAS 读数为 110dB，那么在这两个裂缝情况下的流速分布是多少？

表 6.7　例 6.1 信息

节点	LSP dB	流连，$10^3 ft^3/d$（MCF/d）
节点 1	110	164
节点 2	120	352

解：首先根据式（6.83）计算常数 A 和 B，利用表6.5中的信息：

$$\lg 164^3 = A \times 110 + B$$
$$\lg 352^3 = A \times 120 + B \tag{6.84}$$

这给出了相关的斜率和截距为

$$A = 0.1 \left[\frac{\lg\ (10^3 \text{ft}^3)}{\text{d}B} \right]$$
$$B = 0.5 [\lg(10^3 \text{ft}^3)] \tag{6.85}$$

该井在类似的条件下的校正结果为

$$\lg(q^3) = 0.1 L_{\text{sp}} + 0.5 \tag{6.86}$$

裂缝1的流量为

$$q_1 = (10^{0.1 \times 100 + 0.5})^{1/3} = 3162(\text{ft}^3/\text{h}) = 76 \times 10^3(\text{ft}^3/\text{d}) \tag{6.87}$$

裂缝2的流量为

$$164 - 76 = 88 \times 10^3(\text{ft}^3/\text{d}) \tag{6.88}$$

6.6.4　通过 DAS 估算管内两相流的持液量

当流体进入井眼时，入液会产生声波。声波一旦进入井眼，就沿着流动方向及逆流方向在两个方向上传播。上游波和下游波的频率不同。沿流动方向上的频率比反方向上的频率高，这被称为多普勒效应。流体速度 v 与上游声速（与流动方向相同）c_u 和下游声速（与流动方向相反）c_d 相关。

$$v = \frac{c_\text{u} - c_\text{d}}{2} \tag{6.89}$$

图6.26说明了这种现象。知道了观察点之间的距离，DAS 可以通过测量上游和下游的音速 c_u 和 c_d 估计流速。

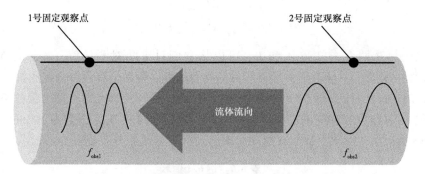

图6.26　使用 DAS 描绘管道中流动的图示（Bukhamsin 和 Horne，2014）

根据定义，混合物的声速为（Bukhamsin 和 Horne，2014）

$$c_\text{m} = \sqrt{\frac{K_\text{m}}{\rho_\text{m}}} \tag{6.90}$$

其中 K_m 是波数，

$$K_m = \left[\frac{y_o}{K_o} + \frac{1-y_o}{K_w} \right]^{-1} \qquad (6.91)$$

和

$$\rho_m = y_o + (1-y_o)\rho_w \qquad (6.92)$$

结合式（6.91）、式（6.92）及式（6.90），有

$$c_m = \left[y_o \rho_o + (1-y_o)\rho_w \right] \left(\frac{y_o}{\rho_o c_o^2} + \frac{1-y_o}{\rho_w c_w^2} \right) \qquad (6.93)$$

式（6.93）可用于估计油相持液率 y_o。对于两相流系统，在实验室中测量单相声速 c_o 和 c_w 可作为参考。通过 DAS 测量 c_m 时，式（6.91）中唯一的变量未知的是持液率 y_o。该方法提供了没有来自管壁的流入的管道内流体的相分率的估计值。

6.7 DAS 测量的定量诊断

沿井筒的 DAS 测量值通常以二维等高线图的形式显示，其中沿井筒的长度为一条轴，而沿另一轴为时间。等高线图中声音信号的幅度以颜色表示，较暖的颜色（灰度图中较深）表示较高的声能。仅此一项就可以作为定性诊断工具。

列举 DAS 应用程序的一些示例。图 6.27 是使用 DAS 进行流量分析的示例。沿井有 9 个射孔位置（如图左侧标记的数字）。在 DAS 测量的深度—时间图中，瀑布图显示了流体流入的位置。射孔 2 对生产的贡献最大。射孔 1、射孔 3 和射孔 6 处没有流入。射孔 4、射孔 8 和射孔 9 也有助于流量。

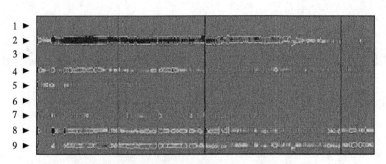

图 6.27　使用 DAS 分析流量（Boone 等，2014）

图 6.28 显示了套管泄漏测试结果。深度为 235ft 处的流体运动表明该位置井眼完整性可能存在问题。

这些仅是几个例子，它们说明 DAS 技术提供了有关井下流体运动的丰富信息。与其他测量手段相比，该技术在井下条件下的局限性较小，并且不用中断井的作业（生产、注入、压裂和修井）。该技术显示出巨大的潜力，可以帮助了解井中的流动情况。

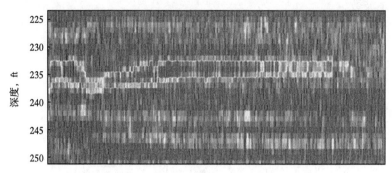

图 6.28 为确保井筒完整性检测套管泄漏（Boone 等，2014）

6.8 DTS 和 DAS 的集成应用

沿着井筒进行分布式测量的光纤传感技术可以同时用于诊断。由于 DTS 和 DAS 都是与流速相关的流量测量值，因此综合解释时能够相互提供约束，从而证实了解释的可靠度。DTS/DAS 组合监测的常见应用是对水平井的多段压裂进行水力压裂诊断（Ugueto 等，2014；Wheaton 等，2016）。集成诊断包括 DTS/DAS 监控以及裂缝模型，以了解压裂施工期间发生的情况。图 6.29 显示了这样的综合图（Wheaton 等，2016）。顶部是 DTS 监视结果，中间是 DAS，底部是泵注数据（流体、支撑剂和暂堵剂）。收集的数据是 15 段压裂作业的 1 段。DTS 和 DAS 图的左侧标识了四个射孔簇。每段进行两次支撑剂浓度渐增式连续加砂，

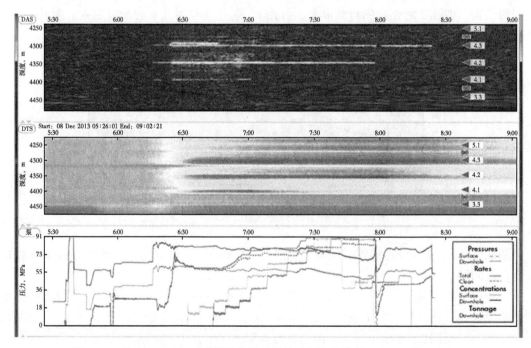

图 6.29 通过 DTS，DAS 和裂缝建模对裂缝进行综合诊断（Ugueto 等，2016）

并在这两次连续加砂之间泵入暂堵剂。DTS/DAS 监测的观察结果表明，所有射孔簇都在进液，与顶部射孔簇相比，底部的簇更稳定地吸收压裂液。段间的暂堵剂减少了流入最底部射孔簇的流量，并使得该段结束前流体的分布更加均匀。裂缝模型用于模拟泵送过程中的裂缝扩展，DTS 和 DAS 提供的信息用作流体分布的准则/约束（Wheaton 等，2016）。

因为 DTS 和 DAS 同时提供了流体体积分布信息，这让用户拥有了更多的解释约束。流体容积是裂缝体积和渗透率的乘积，或用导流能力表达的话，是导流能力（$K_f w$）和裂缝面积（$x_f h_f$）的乘积。通过使用两个测量值（DTS 与 DAS），除了裂缝体积之外还可以解释另一个参数。

压裂过程中裂缝诊断的综合方法如下：

（1）分析 DAS 数据以获取流体和支撑剂分布；

（2）使用 DAS 已知的液量分析 DTS 数据，以匹配裂缝导流能力；

（3）根据总液量运行裂缝模型以生成裂缝几何形状；

（4）产生裂缝后，计算/匹配测得的注入压力。

该流程可以预测裂缝的几何形状和裂缝的导流能力。

用于生产期间诊断的类似程序为：

（1）分析 DAS 数据以分配流入分配；

（2）分析 DTS 数据以估算裂缝导流能力；

（3）使用油藏流动模型（数值或解析/半解析法）来计算压力响应，并使压力和地表总流速匹配。

该流程可以产生产液剖面和导流能力随生产时间而变的情况。

参 考 文 献

Achinivu, O. I., Zhu, D., and Furui, K. (2008, January 1). "Field Application of an Interpretation Method of Downhole Temperature and Pressure Data for Detecting Water Entry in Horizontal/Highly Inclined Gas Wells," *Society of Petroleum Engineers*. doi：10.2118/115753-MS.

Bukhamsin, A., and Horne, R. N. (2014, October 27). "Using Distributed Acoustic Sensors to Optimize Production in Intelligent Wells," *Society of Petroleum Engineers*. doi：10.2118/170679-MS.

Boone, K., Ridge, A., Crickmore, R., and Onen, D. (2014, January 19). "Detecting Leaks in Abandoned Gas Wells with Fibre-Optic Distributed Acoustic Sensing," *International Petroleum Technology Conference*. doi：10.2523/IPTC-17530-MS.

Chen, K., Zhu, D., and Hill, A. D. (2015, September 28). "Acoustic Signature of Flow From a Fractured Wellbore," *Society of Petroleum Engineers*. doi：10.2118/174877-MS.

Clanton, R. W., Haney, J. A., Pruett, R., Wahl, C. L., Goiffon, J. J., and D. Gualtieri, D. (2006). "Real-Time Monitoring of Acid Stimulation Using a Fiber-Optic DTS System," Paper presented at the SPE Western Regional/AAPG Pacific Section/GSA Cordilleran Section Joint Meeting, Anchorage, Alaska, 8-10 May. SPE-100617-MS.

Cannon, R. T., and Aminzadeh, F. (2013, March 5). "Distributed Acoustic Sensing：State of the Art," *Society of Petroleum Engineers*. doi：10.2118/163688-MS.

Costello, C., Sordyl, P., Hughes, C. T., Figueroa, M. R., Balster, E. P., and Brown, G. (2012, January 1). "Permanent Distributed Temperature Sensing (DTS) Technology Applied in Mature Fields—A Forties Field

Case Study," *Society of Petroleum Engineers*. doi: 10. 2118/150197-MS.

Cui, J. , Zhu, D. , & Jin, M. (2014, October 27). "Diagnosis of Multi-Stage Fracture Stimulation in Horizontal Wells by Downhole Temperature Measurements," *Society of Petroleum Engineers*. doi: 10. 2118/170874-MS.

Datta-Gupta, A. , and King, M. J. (2007) . *Streamline Simulation: Theory and Practice*, Textbook Series, SPE, Richardson, TX, Vol. 11, pp. 110-129.

Duru, O. O. , and Horne, R. N. (2010, January 1). "Joint Inversion of Temperature and Pressure Measurements for Estimation of Permeability and Porosity Fields," *Society of Petroleum Engineers*. doi: 10. 2118/134290-MS.

Enright, R. J. (1955) . Sleuth for Downhole Leaks. *Oil & Gas J.* (Feb. 28, 1955) , pp. 78-70. Glasbergen, G. , Gualtieri, D. , Van Domelen, M. , and Sierra, J. (2009). "Real-Time Fluid Distribution.

Determination in Matrix Treatments Using DTS," *SPE Production and Operations*, Vol. 24 (10) , pp. 135-146. SPE-107775-PA.

Hiscock, B. , Hinrichs, L. , Banack, B. M. , & Rapati, B. (2015, June 9). "Methodology for In-Well DTS Verifications in SAGD Wells," *Society of Petroleum Engineers*. doi: 10. 2118/174487-MS.

Huckabee, P. (2009). "Optic Fiber Distributed Temperature for Fracture Stimulation Diagnostics and Well Performance Evaluation," Paper SPE 118831 presented at the SPE Hydraulic Fracturing Technology Conference, The Woodlands, TX, USA, 19-21 January.

Johannessen, K. , Drakeley, B. K. , and Farhadiroushan, M. (2012, January 1). "Distributed Acoustic Sensing—A New Way of Listening to Your Well/Reservoir," *Society of Petroleum Engineers*. doi: 10. 2118/149602-MS.

Kaura, J. D. , Sierra, J. , and Parks, B. (2008, January 1). "New High-Temperature Optical Fiber Technology Successfully Provides Continuous DTS Data under Harsh SAGD Environment," *Society of Petroleum Engineers*. doi: 10. 2118/114458-MS.

Yoshioka, K. , Zhu, D. , Hill, A. D. , Dawkrajai, P. , and Lake, L. W. (2005). "A Comprehensive Model of Temperature Behavior in a Horizontal Well," Paper SPE 95656 presented at SPE Annual Technical Conference and Exhibition, Dallas, TX, 9-12 October. doi: 10. 2118/95656-MS.

Lake, L. W. (1989) . *Enhanced Oil Recovery*, 33. Prentice-Hall Inc. , New Jersey.

Li, Z. , and Zhu, D. (2009, January 1). "Predicting Flow Profile of Horizontal Wells by Downhole Pressure and DTS Data for Infinite Waterdrive Reservoir," *Society of Petroleum Engineers*. doi: 10. 2118/124873-MS.

Li, Z. , Yin, J. , Zhu, D. , and Datta-Gupta, A. (2010, January 1). "Using Downhole Temperature Measurement to Assist Reservoir Optimization," *Society of Petroleum Engineers*. doi: 10. 2118/131370-MS.

Martinez, R. , Hill, A. D. , and Zhu, D. (2014, February 4). "Diagnosis of Fracture Flow Conditions With Acoustic Sensing," *Society of Petroleum Engineers*. doi: 10. 2118/168601-MS.

Martinez, R. , Chen, K. , Santos, R. , Hill, A. D. , and Zhu, D. (2014, October 27). "Laboratory Investigation of Acoustic Behavior for Flow from Fracture to a Wellbore," *Society of Petroleum Engineers*. doi: 10. 2118/170788-MS.

Meyer, B. R. , and Jacot, R. H. (2005, January 1). "Pseudosteady-State Analysis of Finite Conductivity Vertical Fractures," *Society of Petroleum Engineers*. doi: 10. 2118/95941-MS.

McAdams, W. H. (1942) . *Heat Transmission*, McGraw-Hill Book Co. , New York, pp. 135-137.

McKinley, R. M. , and Bower, F. M. (1979, November 1). "Specialized Applications of Noise Logging," *Society of Petroleum Engineers*. doi: 10. 2118/6784-PA.

Molenaar, M. M. , Fidan, E. , and Hill, D. (2012, January 1). "Real-Time Downhole Monitoring of Hydraulic Fracturing Treatments Using Fibre Optic Distributed Temperature and Acoustic Sensing," *Society of Petroleum Engineers*. doi: 10. 2118/152981-MS.

Ramey, H. J. Jr. (1962). "Wellbore Heat Transmission," *J. Pet Tech*, Vol. 14 (4), pp. 427–435; *Trans.*, AIME, 225. SPE–96–PA.

Reyes, R. P., Yeager, V. J., Glasbergen, G., Parrish, J. L., and Tucker, R. (2011, January 1). "DTS Sensing: An Introduction To Permian Basin With A West–Texas Operator," *Society of Petroleum Engineers*. doi: 10. 2118/145055–MS.

Salah, M., Bereak, A., Gabry, M., Shaheen, T., and Kewan, M. (2015, November 9). "A Holistic Stimulation Approach to Unlock Potential of Horizontal Open Hole Completion in Tight Carbonate: Optimization of Acidizing Treatment and Successful Diversion in Real–Time Using Distributed Temperature Sensing," *Society of Petroleum Engineers*. doi: 10. 2118/177800–MS.

Schechter, R. S. (1992). *Oil Well Stimulation*, Prentice Hall, Englewood Cliff, N. J.

Shiota, T., and Wada, T. (1991). "Distributed Temperature Sensors for Single Mode Fibers," *Proc. SPIE*, 1586, pp. 13–18.

Sierra, J. R., Kaura, J. D., Gualtieri, D., Glasbergen, G., Sarker, D., and Johnson, D. (2008, January 1). "DTS Monitoring of Hydraulic Fracturing: Experiences and Lessons Learned," *Society of Petroleum Engineers*. doi: 10. 2118/116182–MS.

Tan, X., Almulla, J. M., Zhu, D., and Hill, D. (2012, January 1). "Field Application of Inversion Method to Determine Acid Placement with Temperature Profiles," *Society of Petroleum Engineers*. doi: 10. 2118/159296–MS.

Thompson, S., Bello, A., Medina, M., and Greig, T. (2015, June 9). "Well Integrity Evaluation Using Distributed Temperature Sensing (DTS) on an Operating SAGD Injector Well Influenced by Neighboring Steam Chambers," *Society of Petroleum Engineers*. doi: 10. 2118/174504–MS.

Thiruvenkatanathan, P., Langnes, T., Beaumont, P., White, D., and Webster, M. (2016, November 7). "Downhole Sand Ingress Detection Using Fibre–Optic Distributed Acoustic Sensors," *Society of Petroleum Engineers*. doi: 10. 2118/183329–MS.

Ugueto, G. A., Ehiwario, M., Grae, A., Molenaar, M., Mccoy, K., Huckabee, P., and Barree, B. (2014, February 4). "Application of Integrated Advanced Diagnostics and Modeling to Improve Hydraulic Fracture Stimulation Analysis and Optimization," *Society of Petroleum Engineers*. doi: 10. 2118/168603–MS.

Ugueto C., G. A., Huckabee, P. T., Molenaar, M. M., Wyker, B., & Somanchi, K. (2016, February 1). Perforation Cluster Efficiency of Cemented Plug and Perf Limited Entry Completions; Insights from Fiber Optics Diagnostics. *Society of Petroleum Engineers*. doi: 10. 2118/179124–MS.

Ukil, Abhisek, Braendle, H., and Krippner, P. (2012). "Distributed Temperature Sensing: Review of Technology and Applications," *IEEE Sensors Journal*, Vol. 12 (5), pp. 885–892.

Wheaton, B., Haustveit, K., Deeg, W., Miskimins, J., and Barree, R. (2016, February 1). "A Case Study of Completion Effectiveness in the Eagle Ford Shale Using DAS/DTS Observations and Hydraulic Fracture Modeling," *Society of Petroleum Engineers*. doi: 10. 2118/179149–MS.

Yoshioka, Keita (2007). Detection of Water or Gas Entry into Horizontal Wells by Using Permanent Downhole Monitoring Systems. PhD Dissertation. Texas A&M University.

Zhao, J., and Tso, C. P. (1993). "Heat Transfer by Water Flow in Rock Fractures and the Application to Hot Dry Rock Geothermal Systems," *International Journal of Rock Mechanics and Mining Science and Geomechanics Abstracts*, Vol. 30 (6), pp. 633–61.

7 智能完井：井下流量控制

井下流量控制设备完善了智能系统，是第 6 章中论述的井下监控的辅助工具。井下流量控制的最终目标是调节和优化单井的流动性能及目标油藏的采收率。本章介绍了井下流量控制阀的功能、设计以及在不同油井结构和生产情况下实现这些目标的应用。

7.1 引言

智能完井技术是一种先进的完井技术，它采用了永久性的井下传感器和从地面进行遥控操作的流量控制阀（滑套）。该技术自 20 世纪 90 年代末引入该行业以来，安装量一直稳定增长。根据服务商提供的信息，截至 2012 年，全球已安装的智能完井井数超过了 1000 口。智能完井系统技术已在陆地和海上油田应用，井型比例分别为陆地 24%，海底 37%，平台 39%。大约 90% 的智能完井系统安装于生产井中。该技术已在全球范围内得到应用，其中以中东和欧洲（北海）为主要地区，而且还应用于亚太地区、北美（包括墨西哥湾）、南美和非洲。智能完井系统的油井建设成本，从仅使用永久性井下计量系统的 20 万美元到装备齐全多段远程控制完井系统的 250 万美元不等（Robinson，2003）。

在某些环境中，由于油藏特性（如不同的压力梯度，不利的流体相容性和高渗透漏失层），多层合采（或注入）可能会导致生产问题。较长的水平井和分支井可提供更大的储层接触面，从而提高油井的生产能力，但是沿着井筒的非均质性可能更高，同时这些井也会有更高的早期气窜和水窜的风险，随着时间的推移，会对生产构成重大挑战。智能完井的远程流量控制和井下监测功能可以探测到这些生产问题，在不作业的情况下关闭不需要的流体，因此即使在储层不确定性相对较大的情况下，也可以加快生产速度。

在 20 世纪 90 年代末至 21 世纪初，特别是在海上平台和海底环境中，采用了简单的二级开关阀被用于减少作业。这可以很容易地证明采用智能完井的经济性是合理的。随着技术进步，多级节流阀已成为主流，使人们能够控制复杂油藏的注采分配。该技术可以为许多提高采收率（EOR）项目带来显著效益。而且，智能完井中的井下流量控制阀已在许多类型的常规井 [例如水平/分支井、防砂井以及电潜泵（ESP）井] 中得到应用，与这些系统一起解决的还有接口和集成问题。许多运营商强调充分准备时间和有效项目管理的重要性，以使成功实施的可能性最大化。在部署智能完井技术时，还必须解决与下入封隔器、控制管线以及井控相关的操作问题。

智能完井技术的价值在于能够通过流量控制自动修正井段完井及运行动态，并能够通过实时井下数据采集来监视区域的响应和运行动态，从而实现资产价值最大化。直到现在，石油和天然气行业才意识到智能完井技术在提高效率和生产力方面的潜力。除了在海底和深水油井的高成本领域中实现无作业完井的吸引力之外，智能完井技术还可以用更少的井来提高油气产量和油藏采收率。当应用于注入井或生产井时，智能完井技术在非均质或多层储层中的注水和气驱中也有很好的应用前景。用井下传感器获取的生产和储层数据可以增进对储层动态的认识，并有助于选择合适的加密钻井井位和设计。智能完井技术可以实现单井完成多口井的工作，无论是通过控制多层合采、分支井的监控和控制，还是允许单井同时执行多种功能（注入井，观察井和生产井）。

作业者通过智能完井技术可以监控井筒的机械完整性或完井作业所处的环境条件，并修正操作条件以将其保持在可接受的完整性操作范围内。

7.2 智能完井设备

最初，智能完井的流量控制阀是基于传统的钢丝操作滑套阀所使用的技术。这些阀经过重新配置，通过液压、电动或电动液压控制系统进行操作实现开/关和多级节流调节。节流装置进一步发展被配置用于高压差服务，并且在某种程度上可以抵抗高速腐蚀作用。智能完井需要一些特殊的井下设备，包括直通式封隔器、接头、接头短节、扁平封装线缆和井下流量控制阀。本节将讨论智能完井的组件如何运行。图 7.1 为智能完井系统的基本组件。

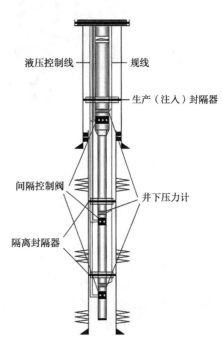

图 7.1 智能完井系统的基本组件

7.2.1 生产和隔离封隔器

用于智能完井的封隔器与常规生产封隔器有一定的区别。生产封隔器是主要的油井屏障。隔离封隔器将油藏层段划分为多个单独的单元。首先，隔离封隔器要求能够通过多条控制线。此外，隔离封隔器暴露于储层和封隔器上下方的工作液中。许多井下流量控制完井要求在完井之前进行压井。酸洗可能会减轻地层伤害。隔离封隔器应能抵抗任何此类工作液。隔离封隔器可以承受来自封隔器下方的载荷，而大多数生产封隔器仅承受封隔器上方油管的大量载荷。当隔离封隔器下方的油管不能自由移动时，需要进行坐封。

有许多坐封封隔器的方法。阀门本身可用于密封，通过对整个完井管柱进行加压，以液压方式实现坐封。为了减少在井眼中运行时的激动/抽汲效应，大多数完井设备都安装了间隔控制阀，尽管可能需要将流体循环到井底以清除碎屑。完井管柱下入后，关闭阀门并试压。增加压力以坐封。通过改变坐封压力可以实现封隔器坐封。

值得注意的是，封隔器不是接合点。这意味着控制线是连续的，且穿越封隔器。控制管线在元件和卡瓦下方穿越，并具备可压缩和拉伸的特性，其可通过外部可测试连接来验证。

智能完井封隔器的要点是在坐封过程中不允许芯轴移动，并且动态部件在坐封过程中不得损坏控制线。在设计时必须要了解封隔器的启动压力和完全封隔压力这两个重要的坐封压力值。

7.2.2　接头和接头短节

智能完井系统面临的最大挑战之一是控制线的安装和管理。穿过封隔器输送控制线并将其连接到流入控制阀和井下仪表是很费时的，这对于阀门的正常运行至关重要。在可能的情况下，与这些设备的控制线连接，组成子组件，并在运输到井场之前进行测试。这可以通过使用接头短节来实现。接头短节通常位于每个封隔器上方。短节为控制线连接的位置提供了一个受保护的凹槽（图7.2）。通过封隔器的管线在接头短节处终止，并在装运到井场之前在完井模块中进行预安装和测试。

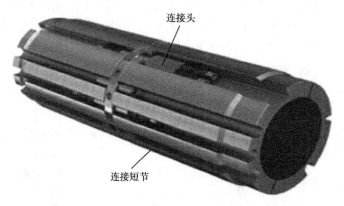

图7.2　接头和接头短节（由 Halliburton 提供）

7.2.3　液压控制线和扁平包装

液压控制线用于提供液压滑套的驱动。控制管线的标准尺寸（外径）为¼in，壁厚为0.049in。控制管线通常由 Grade 316L 不锈钢制成。在智能完井中流入控制阀被研发之前，很少使用暴露于储层流体的控制管线。但是，对于智能完井，必须考虑控制管线暴露于储层流体的情况。这促使大多数智能完井中采用825镍合金。

扁平封装线缆（图7.3）是用于捆扎和保护液压控制线及数据采集电缆的封装。扁平

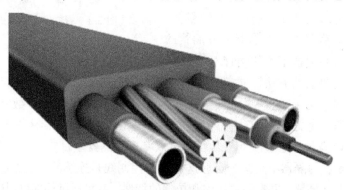

图7.3　智能完井中控制线的扁平包装（由 Halliburton 提供）

封装线缆可以加入缓冲棒，比单一液压控制管线更坚固（但更难操纵）。扁平封装线缆可提供多种不同的配置，以适合不同的应用与油井环境。根据井的温度、压力和井筒流体选择规格和材料。

7.2.4　流入控制阀（ICV）

流入控制阀可以是液压的（Hodges 等，2000）、全电动的（Moreira，2004）或电动液压的（通过电能转为液压来驱动阀门）（McLauchlan 和 Nielsen，2004）。为了控制从环空到油管的流量，需要一个滑套阀。为了控制油管流量，可以使用球阀或带保护罩的滑套。应选择、定位和操作所有类型的阀门来避免出现结蜡、水垢、沥青质和侵蚀等问题。

打开或关闭滑套需要克服活塞和套筒之间摩擦的压差。当活塞处于平衡状态时，打开或关闭阀门所需的表面压力等于该压差。图 7.4 为流入控制阀的平衡活塞设计的基本结构。对于结垢、沥青质或其他井下沉积物，所需的压力可能会增加，根据活塞面积的不同，打开或关闭套筒所用的力可能很大。如果阀门无法通过液压系统进行远程操作，大多井下流量控制阀可以通过坐落接头、钢丝绳或连续油管来操纵。如果液压系统泄漏，这种方法可能有效。

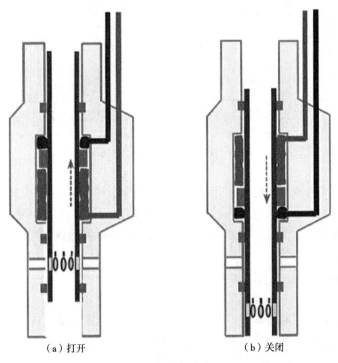

（a）打开　　　　　　　　　　（b）关闭

图 7.4　流入控制阀的平衡活塞设计（Hodges 等，2000）

图 7.5 显示了典型的液压流入控制阀的控制管线连接。在基本配置中，需要两条控制线来控制一个阀。对于多个阀，可以使用如图所示的通用关闭配置。在图中，如果需要打开所有阀门，则将压力施加到 O1，O2 和 O3 管线，而不施加到 CC 管线。如果需要打开顶部阀门，而另两个阀门保持关闭状态，则将压力施加到 O1 管线，而不施加到其他

管线。如果需要关闭所有阀门（如对完井进行压力测试或坐封封隔器），则仅对 CC 管路加压。

控制线数量的限制通常由油管悬挂器确定。用于流入控制阀的多条液压控制管线、传感器电缆、化学药品注入（通常是多条管线）和安全阀控制管线在穿越悬挂器和井口或采油树时可能产生问题。

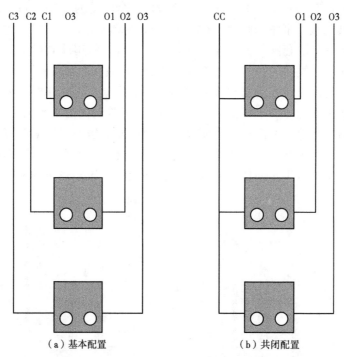

（a）基本配置　　　　　（b）共闭配置

图 7.5　基本和通用封闭式设计的系统架构

为了减少控制线的数量，可以使用各种数字解码器（Skilbrei 等，2003）。解码器将通过多条控制线施加的压力信号（压力打开或关闭）转换为施加在单个阀上的压力。例如，3 条控制线可以控制多达 6 个流入控制阀，从而不需要大量的控制线穿越油管悬挂器。

7.3　智能完井的基本架构

本节将介绍智能完井的基本完井设计，以及如何将智能完井系统与常规完井集成在一起，帮助管理不确定性，并改善各种生产场景下的项目经济性。

7.3.1　分层油藏的选择性完井

目前，利用常规完井和监测技术，往往无法准确甚至有效地测量各个层位的物性。当多个层段合采时，主要考虑的是层间的相互干扰（即，来自不同层的压力不平衡所引起的窜流）。在某些国家或地区，政府法规禁止经营者将无法正确对每个单层配产的单井进行多层合采（Puckett 等，2004）。智能完井系统可在进行测量时临时隔离各层（图 7.6）。可以从各个传感器连续获取各层流量数据，也可以通过控制流入控制阀的位置来改变或隔离某些层的流量。

提出提案、获取数据、解释，然后计划和实施补救措施的常规现场管理周期可能会导致几个月甚至数年的延迟，才能获得有益的结果。在某些情况下，由于所涉及的成本和风险以及缺乏进行该过程的第一步的确凿案例，甚至可能不会开展第一步。远程完井控制无须增加作业成本即可获得分层数据，并且可以采取分层隔离，节流或处理的形式立即采取补救措施。因此，井筒剖面的变化是暂时的，可以针对水或天然气的突破趋势或地面处理的限制进行调整。

7.3.2 防砂完井

随着智能完井技术的成熟，应用领域将继续扩展到更具挑战的环境中，例如墨西哥湾、东南亚近海、西非近海、巴西近海和北海普遍存在的固结差、高渗透和高产碎屑岩储层（Moore 等，2002）。

与常规完井设备相比，智能流量控制设备、变送器、压力计工作筒和扁平封装线缆

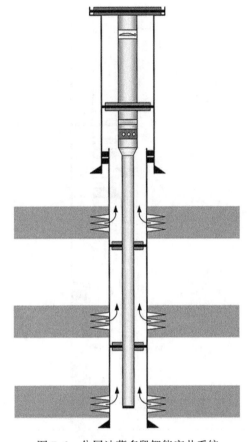

图 7.6　分层油藏多段智能完井系统

的占用空间要大得多，并且取决于完井区域的数量，可能需要直接在防砂设备内部部署。当试图将套管和完井设备的尺寸保持在常规套管设计程序之内时，这可能会产生冲突。

图 7.7 所示为两层和多层智能防砂完井方式。对于两层情况，该井采用常规的两段砾石充填（或筛管）完井，两段砾石充填用一段盲管和封隔器将区域彼此隔离。完井自上至下由生产油管、直通生产封隔器、压力计工作筒、流入控制阀、带导流罩的流入控制阀和带有密封组件的插管组成，密封插管插入封隔器的密封孔中，将两个区域隔离开来。下层的产量流经插管和最下面阀门上的导流罩，进入生产油管。另一方面，上层的产量流经上层砾石充填筛网之间的环空、导流罩和生产套管之间的环空，最终通过最上面的阀门进入生产油管。

对于三层或多层的砾石充填，将流入控制阀放置在区域内部。滑套在区域内的放置意味着滑套必须穿过并进入防砂完井系统，这限制了滑套的尺寸和流通面积。在各层之间放置了设计成允许液压控制管线通过的密封组件。尽管存在上述挑战，但多层智能防砂完井系统可以大大增加可控层数，并最大限度地提高油井生产率。

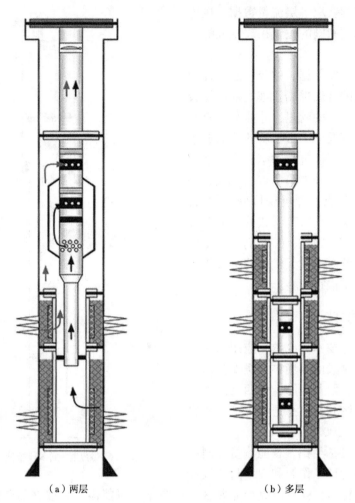

（a）两层　　　　　　　　　　　（b）多层

图 7.7　两层和多层智能防砂完井

7.3.3　分支井完井

分支井是指从主井延伸一个或多个横向井眼的单井。它可能简单到只有一个侧钻的垂直井筒，也可能复杂到有多个侧钻的水平延伸井。替代多口井的分支井可以减少整体钻完井成本，提高产量，并提供更高效泄油面积。尽管有这些优点，但人们仍担心较高的初始成本以及分支井之间可能相互干扰、窜流以及多个分支井的生产分配困难的风险。将智能完井系统安装到分支井中后，便可以分别监测和控制每个分支井，从而在实现井产能最大化的同时解决这些问题。

当智能完井应用于双分支井时，屏蔽系统可用于控制每个分支井的流量。对于多于两个分支的多分支井，必须在每个分支的入口处放置流入控制阀，如图 7.8 所示。在多分支井中，诸如防垢剂挤注和增产等泵注施工通常存在更多问题。但是，远程分层流量控制可以根据需要对每个分支井进行单独改造。

Haugen 等（2006）介绍了 Gullfaks South Statfjord 油田的智能分支井的现场应用。他们

得出的结论是，智能分支井可以在提高油田产量的同时，获得重要的储层信息，从而更好地认识储层。

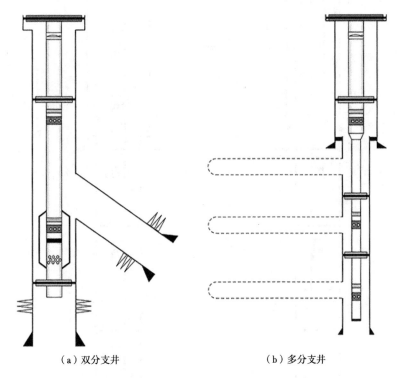

（a）双分支井 （b）多分支井

图7.8 带智能完井系统的双分支井和多分支井

7.3.4 多层电潜泵完井

全球不到10%的生产油井是自喷生产的，其余90%是通过某种形式的人工举升生产的。这些油井中许多都配备了电潜泵（Ali 和 Shafiq，2008）。智能完井监测和井下流量控制技术补充了电潜泵系统的功能，使其能够平衡多层的产量，限制或关闭高水或高产气层，并有选择地对测试层进行油藏动态监测。

电潜泵人工举升在智能完井中的应用需要特殊考虑。在许多情况下，该井需要具有从智能完井井下脱开的能力来检换泵，同时保持对井的控制并通过关井来最大限度地减少地层伤害。

图7.9所示为带有智能完井系统的多层电潜泵井。挑战在于处理流量控制阀和井下传感器的控制线。最简单的解决方案是在油管内部运行电潜泵，在油管外部运行控制线（Vachon 和 Bussear，2005）。这种方法缺点是电潜泵的大小受到限制。另一种解决方案是部署液压湿接头连接，一旦电潜泵就位，即可将井下完井设备与智能完井控制系统在地面重新集成。这种方法的局限性在于湿接头连接的可靠性。如果失败，则无法重新打开阀门。

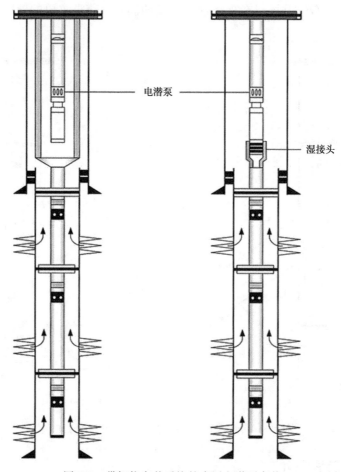

电潜泵

湿接头

图 7.9 带智能完井系统的多层电潜泵完井

7.3.5 带可调节流阀的智能完井系统

井下流量控制阀可以是二级（开—关）或多级节流阀。对于多级节流阀，控制节流剖面可以根据不同的储层应用进行定制设计。选择正确的流量控制设计至关重要，因为它可能会影响到在一口井中有效控制的层数或隔层的数量。

在多段智能完井中控制流量的能力已被证明可以加快生产速度并提高开发项目的采收率（Brouwer 等，2001；Arashi 和 Konopczynski，2003；Zhu 和 Furui，2006）。在多油层应用中，井下流量控制阀平衡各个油层到枯竭储层之间的产量，同时满足了各个油层的产量限制和常规生产限制。当水或天然气开始影响石油生产时，可变流量控制使操作员可以优化油井的产量。多段注水井依靠可变流量控制来适当分配注水，以确保压力保持均匀或平衡亏空位置。

图 7.10 所示为具有 10 个离散位置的多级节流阀的流入端口（Al-Mubarak 等，2008）。每个位置的流通面积是裸露端口的累积面积。左侧的第一张图片显示了位置 2 的阀门，其中只有两个端口打开以流入油管。中间图片显示了处于完全打开位置的阀门。请注意，对于不同的阀门制造商，实际的节流阀设计和流口的几何形状可能会有所不同。

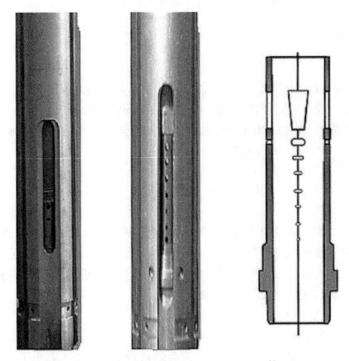

图 7.10 多级节流阀的流入口（Al-Mubarak 等，2008）

7.4 利用流入控制阀的压降进行流量控制

流入控制阀的设计应能够平衡流入量并控制不需要的流体（例如水）的流量。制造商根据阀门设计指定用于流量控制的滑套阀。流量限制可以表示为通过阀的压降。与地面节流阀相比，智能完井控制中的流入控制阀的设计有所不同。流入控制阀是滑套阀，可通过狭槽的开口面积调节流体的流量，地面生产节流阀的开口是圆形孔。无论流入控制阀和地面节流阀的开口形状差异如何，流量和压降关系都遵循相同的原理。所建立的节流方程可用于设计流入控制阀。对于多级流量控制阀，如果流体略微可压缩或不可压缩，可以假定流量与开口面积成线性比例。例如，如果最大流量定义为100%完全打开，那么如果开度设为40%，则将允许通过阀门最大流量的40%。在亚临界条件下，单相的压力和速率关系根据节流方程采用（Economides 等，2012）：

$$q_1 = CA_{choke}\sqrt{\frac{2g_c \Delta p}{\rho_1}} \qquad (7.1)$$

其中 C 是节流系数，ρ_1 是流体密度，A_{choke} 是节流阀的横截面积。式（7.1）采用现场单位制改写为

$$q_1 = 22800C(D_2)^2\sqrt{\frac{\Delta p}{\rho_1}} \qquad (7.2)$$

其中 D_2 是限制直径。可以通过以下公式计算节流系数 C

$$C = \frac{C_d}{\sqrt{1 - \beta^4}} \qquad (7.3)$$

在式（7.3）中，C_d 是排放系数，β 是节流孔中小直径与大直径的比，即节流孔直径与上游管道直径的比。要将其用于滑套阀，可将开口面积转换为等效直径。

通过阀流量系数 C_v 来描述单相液体通过限制的流量，该系数在使用水流量的试验台中确定的。C_v 以体积、时间和压力的单位描述，定义为

$$C_v = q_1 \sqrt{\frac{\gamma_1}{\Delta p}} \qquad (7.4)$$

对于不同的阀设计，通过流动端口（即，流动限制）的压降和流速关系可能显著不同。必须仔细选择排放系数 C_d 或流量系数 C_v 进行流动特性表征。系数由制造商根据每种类型阀门的设计提供。这些系数取决于雷诺数和流道开口面积，在某些阀门位置可能需要特殊校准（Williamson 等，2000；Sun 等，2008，2011）。

【例7.1】使用 ICV 来平衡多分支油井产量。

在这里以一个三分支井为例来说明流入控制阀如何帮助平衡具有不同物性的三个隔离储层的产量（Zarea 和 Zhu，2011）。图7.11 为该井的示意图，表7.1 列出了每个分支中的储层特征。在此示例中，除了水平方向和垂直方向的渗透率外，三个分支所有其他参数均相同。

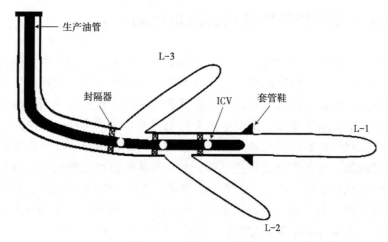

图7.11　例7.1示意图

表7.1　多分支井实例的储层和井筒属性

参数	分支-1	分支-2	分支-3	单位
孔隙度	0.24	0.24	0.24	
水平渗透率，K_H	60	20	30	mD
垂向渗透率，K_V	6	2	3	mD

参数	分支-1	分支-2	分支-3	单位
储层厚度 h	50	50	50	ft
井眼半径 r_w	0.255	0.255	0.255	ft
井眼长度 L	5500	5500	5500	ft
黏度 μ	1	1	1	cP
体积因子 B	1.4	1.4	1.4	bbl/bbl
流体密度 ρ	55.0	55.0	55.0	lb/ft^3
排水长度	6100	6100	6100	ft
排水宽度	600	600	600	ft
井眼相对摩阻 ε	0.01	0.01	0.01	
裸眼直径 D	6.125	6.125	6.125	in
脚尖压 p_{wf}	2300	2300	2300	psi

假设所有三个分支井的平均储层压力为 2500psi，并且三个分支井均无地层伤害（$S=0$）。我们对所有储层也使用相同的流体性质。地层体积系数为 1.4，流体的黏度为 1cP。

解：对于 "Lateral-1"，如果将分支趾部的 p_{wf} 压力定为 2300psi，则可以使用分段井眼的 Babu 和 Odeh 模型，同时考虑摩阻压降对流量的影响，来计算每个分支的流量。通过分段方法将井眼分为 15 段，其流量为 18451bbl/d，井内因摩阻产生的压降为 64psi。读者可以参考《Multilateral Wells》（Hill 等，2008）来获取水平井分支流量分段方法的细节。为了平衡交汇处的流量，需要关闭每个分支井交汇处（或每个分支井跟部）的井眼压力。表 7.2 汇总了井眼压降、流量和交汇处压力的计算结果。注意每个分支的流速差异很大。该速率差异是由渗透率差异以及井筒压降引起的。

显然，这不是分支井生产的有效方法。现在，将流入控制阀（ICV）添加到每个分支来平衡流速。表 7.2 中的压力和流速值可以是在将多层合采之前每个 ICV 相应上游的条件。根据各分支的流动性能，使用等式（7.4）与给定的 Cv 值为各阀位置计算通过各 ICV 的压降。表 7.3 列出了三个 ICV 在每个位置的特征。表格中还显示了每个阀打开位置处的相应压降。例如，在阀打开位置 9 处的 Lateral-1 流量是最大流量的 90%，即 16606bbl/d（18,451×90%=16,606bbl/d）。当 ICV 处于位置 9 时，在分支 1 处的 ICV 上产生的压降为

$$\Delta p = \gamma_1 \left(\frac{q_1}{C_v}\right)^2 = \frac{55.0}{62.4}\left(\frac{16606}{99.7} \times \frac{42}{24 \times 60}\right)^2 = 20.8\text{psi} \tag{7.5}$$

表 7.2　储层和井筒耦合模型结果汇总

参数	分支-1	分支-2	分支-3	单位
井筒压力降 Δp	63.8	5.8	12.9	psi
总油流量 q	18451.1	5268.1	7963.3	bbl/d
根部流动压力 p_{wf}	2236.2	2294.2	2287.1	psi

表 7.3　分支 1 的 ICV 性能

ICV 位置	开阀区 in²	C_v	分支-1		分支-2		分支-3	
			速率 bbl/d	D_p, psi	速率 bbl/d	D_p, psi	速率 bbl/d	D_p psi
1	0.04	0.35	1845	21086.5	580	2085.2	878	4779.5
2	0.08	1.07	3690	8859.2	1160	867.1	1756	2008
3	0.15	2.41	5535	3953.7	1740	391	2634	896.2
4	0.23	4.30	7380	2207.1	2320	218.3	3512	500.3
5	0.31	6.65	9225	1443.8	2900	142.8	4390	327.3
6	0.47	11.08	11070	748.6	3480	74	5268	169.7
7	0.83	21.25	12915	276.8	4060	27.4	6146	62.7
8	1.22	37.93	14760	113.5	4640	11.2	7024	25.7
9	2.52	99.68	16605	20.8	5220	2.1	7902	4.7
10	4.06	175.33	18450	8.3	5800	0.8	8780	1.9

使用表 7.3，可以调节每个阀的 ICV 位置，以满足主井筒中的平衡压力，并在所有三个分支中获得最佳流动性能。设计还需要考虑主井筒中的压降。该示例仅用于说明 ICV 如何优化分支井性能。在以下各节中将对其他应用进行定性讨论。

7.5　智能完井井下流动控制的现场应用

7.5.1　多层合采

使用智能完井系统的第一个例子是部署井下流量控制阀，以允许来自具有不同地层压力和油藏性质的多层合采（图 7.12）。在传统方法中，可以钻一口单层井以防止层间干扰，但会显著增加钻完井成本。使用井下流量控制阀，操作员可以通过井筒对全部三个含烃地层进行控制，可调的节流阀限制从最高压力区流向较低压力区。

从技术上讲，带有机械滑套的多层完井技术可以通过移动钢丝或连续油管上的套筒来实现分层生产。但是，基于修井作业的操作成本高昂且具有风险，尤其是对于海底和偏远环境。井下流量控制阀可以远程致动，而无须动用作业设备，在最坏的情况下也无须动用钻机。额外的好处是，当含水率过高，无法达到提升、分离、过滤和处理等操作限制时，通过远程启动来关闭水层。

井下流量控制阀还可以提高对分层地层中流动的认识。通过每段顺序打开和关闭来进行井分层测试。专用的井下压力、流量计、套管压降（内部和外部压力表）及温差可用于估算分层流量和流体含量，从而实现更好的油藏管理。层间的储层连通性也可以通过关闭某段并使相邻层段流动来进行评估，这为油藏特征描述提供了有价值的信息。在评估井的完整性时，可以通过多个特定区域的压力和温度表有效地评估层间隔离情况（Nozaki 等，2015）。

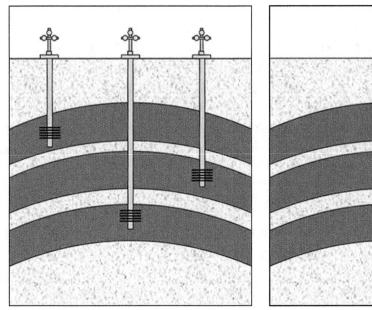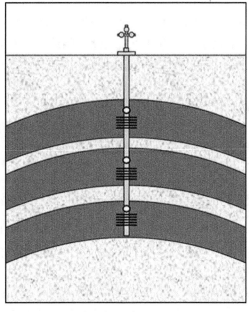

图 7.12 采用常规井与单口智能完井的多层合采对比

最后，在生产过程中，必须用酸（即再改造）或阻垢剂处理井。使用远程操作的井下流量控制阀，可以进行酸化或将阻垢剂单独部署到有结垢风险的区间内。

7.5.2 水驱

图 7.13 所示为智能完井系统应用的第二个例子。一个由多个含烃地层组成的油藏，其

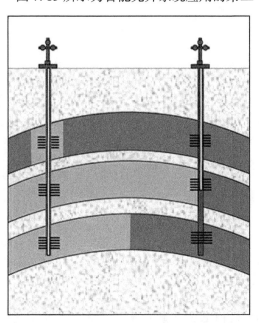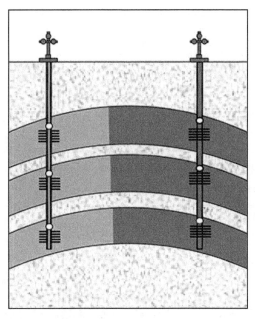

图 7.13 采用智能完井系统进行注水

中每一层都被一个流动屏障隔离，并通过一个生产井生产。由于渗透率差异，不同地层的地层水不会同时突破。这是世界上许多注水油藏普遍关切的问题。

通过使用带有井下流量控制阀的完井装置，可以调节注入储层的速度，同时将更多的水分配到较低渗透层中。这样可以提高波及效率并提高最终采收率。对于生产井来说，当水突破时，可以关闭一部分井段，从而减少需要在地表处理的水量，并防止过早的弃置。因此，可以减少水处理成本。

理论上，可以通过使用从分区压力和温度传感器测量的实时数据来完成对水的检测。当然，可以使用类似的解决方案来关闭来自注气井的早期气体流入。在测量和控制方面，此示例涉及日常生产优化以及资产管理。

7.5.3 水平生产井

水平井的优点包括：暴露于产层的井筒长度更长，可以提高产量；更大规模、更有效的泄油模式可以提高整体采收率；给定生产速率的储层中压降更小，可以减少水和天然气的锥进量。然而，由于储层非均质性和纵向压力梯度，再加上生产和注入操作，天然气或水经常在水平井的局部发生突破。大量伴生天然气或水增加处理成本并耗尽了储层能量。

在相对均质且高渗透油藏中，由于水平井从趾部到跟部的累计流量而产生的摩阻损失，在跟部的通量会更高（图7.14）。在跟部区域的通量更高，并且水或气体前沿向井筒的运动更快，这将导致水或气在跟部较早地突破。对跟部区域进行节流可以纠正不平衡，并将流量减少到没有摩阻损失的水平。

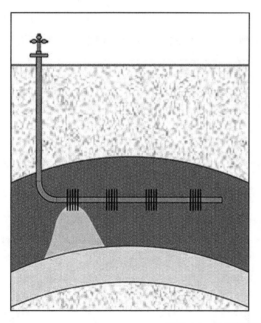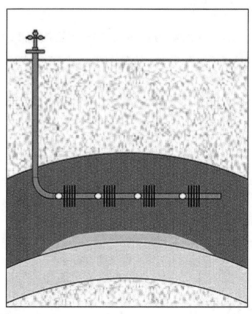

图 7.14　具有智能完井系统的水平井

使用长水平井的另一个问题是洗井。例如，可以选择长水平段且斜度大的井使用智能完井系统生产。与合采返排相比，可以提供更大的压降和更好的洗井效果。

7.5.4 自动气举

自动气举系统利用含气地层或气顶的天然气人工举升产油层（图7.15）。传统的气举是将气体从地面沿环空向下泵送的，与之不同的是，自动气举使用原位地层气来进行气举。进入生产油管的气体流量由井下流量控制阀控制，该阀具有在地面调节流量的功能。

必须满足下列条件的井才能自动气举（Konopczynski，2017）：

（1）气层的压力必须超过井的启动压力；

（2）气层必须产生足够的气体，以在中等压降压力下有效举升；

（3）含气层中的天然气储量必须足够大，以在油层枯竭和含水率增加的各种条件下保持足够的压力和产能。

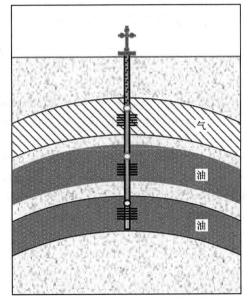

图7.15　利用原位气层进行自动气举的智能完井系统

在许多情况下，气源的产能是不确定的，压力和产能会随着井的寿命而变化。天然气区的井下流量控制阀的设计尺寸必须适当，以适应随时间变化的油气层性能、流体组分和储层压力。

通过减少气举所需的基础设施投资、加快石油生产、降低运营支出，自动气举系统可以产生可观的价值。据报道，估计已经实施了60个自动气举系统，其中大多数安装在北海斯堪的纳维亚地区（Vasper，2008）。

7.5.5 自流注水

水驱是油田中应用最广泛的提高采收率技术之一。但是，这将需要成本高昂且交付周期长的地面基础设施系统。当传统注水项目在经济上无法合理进行时，可以实施自流注水。如果在采油区附近有高压含水层，则可以从含水层产出水，然后将其注入含油层段，如图7.16所示。这通常被称为自流注水井，在枯竭的地层中提供压力支撑和维护。

智能完井系统还可以用于原位水层的自流注水开发。可调控制阀可远程调节来自下层的水流速度，因此可控制注入上层的水流量。注入的水有助于提高上部油层的采收率。

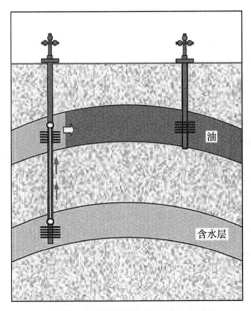

图7.16　利用活跃水层控制自流注水的智能完井系统

这种创新方法已在尼日利亚（JPT，2005）和西科威特（Rawding 等，2008）成功应用，并可以节省钻注入井费用成本以及与水处理相关的其他面设施建设相关的费用。

参 考 文 献

Al-Mubarak, S. M., Sunbul, A. H., Hembling, D. E., Sukkestad, T., and Jacob, S. (2008, January 1). "Improved Performance of Downhole Active Inflow Control Valves through Enhanced Design: Case Study," *Society of Petroleum Engineers*. doi: 10.2118/117634-MS.

Ali, M. A., and Shafiq, M. (2008, January 1). "Integrating ESPs with Intelligent Completions: Options, Benefits and Risks," *Society of Petroleum Engineers*. doi: 10.2118/120799-MS.

Arashi, A., and Konopczynski, M. (2003, January 1). "A Dynamic Optimisation Technique for Simulation of Multi-Zone Intelligent Increase through Water Flooding with Smart Well Technology," *Society of Petroleum Engineers*. doi: 10.2118/68979-MS.

Economides, M. J., Hill, A. D., Ehlig-Economides, C., and Zhu D. (2012). *Petroleum Production Systems*, 2nd ed., ISBN: 0-13-703158-0, Prentice Hall. Englewood Cliffs, N. J.

Haugen, V. E. J., Fagerbakke, A. -K., Samsonsen, B., and Krogh, P. K. (2006, January 1). "Subsea Smart Multilateral Wells In Well Systems in a Reservoir Development," *Society of Petroleum Engineers*. doi: 10.2118/83963-MS.

Brouwer, D. R., Jansen, J. D., van der Starre, S., van Kruijsdijk, C. P. J. W., and Berentsen, C. W. J. (2001, January 1). "Recovery creases Reserves at Gullfaks South Statfjord," *Society of Petroleum Engineers*. doi: 10.2118/95721-MS.

Hill, A. D., Zhu, D., and Economides, M. J. (January, 2008). "Multilateral Wells," *Society of Petroleum Engineers*. Richardson. ISBN-13 DIGIT: 9781555631383.

Hodges, S., Olin, G., and Sides, W. (2000, January 1). "Hydraulically-Actuated Intelligent Completions: Development and Applications. Offshore Technology Conference," 1-4 May, Houston, TX. doi: 10.4043/11933-MS.

JPT Staff (2005, September 1). "Adjustable Downhole Choke Technology Facilitates Intelligent-Completion Push," *Society of Petroleum Engineers*. doi: 10.2118/0905-0020-JPT.

Konopczynski, M. R. (2017, January). "Intelligent well technology can control oil reservoir inflow, auto-gas lift system," *Offshore Magazine*.

McLauchlan, A., and Nielsen, V. J. (2004, January 1). "Intelligent Completions: Lessons Learned From 7 Years of Installation and Operational Experience," *Society of Petroleum Engineers*. doi: 10.2118/90566-MS.

Moore, W. R., Konopczynski, M. R., and Nielsen, V. J. (2002, January 1). "Implementation of Intelligent Well Completions Within a Sand Control Environment," *Society of Petroleum Engineers*. doi: 10.2118/77202-MS.

Moreira, O. M. (2004, January 1). "Installation of the World's First All-Electric Intelligent Completion System in a Deepwater Well," *Society of Petroleum Engineers*. doi: 10.2118/90472-MSNozaki, M., Burton, R. C., Furui, K., and Zwarich, N. R. (2015, September 28). "Review and Analysis of Zonal Isolation Effectiveness in Carbonate Reservoirs Using Multi-Stage Stimulation Systems," *Society of Petroleum Engineers*. doi: 10.2118/174755-MS.

Puckett, R., Solano, M., and Krejci, M. (2004, January 1). "Intelligent Well System with Hydraulic Adjustable Chokes and Permanent Monitoring Improves Conventional ESP Completion for an Operator in Ecuador," *Society of Petroleum Engineers*. doi: 10.2118/88506-MS.

Rawding, J., Al-Matar, B. S., and Konopczynski, M. R. (2008, January 1). "Application of Intelligent Well

Completion for Controlled Dumpflood in West Kuwait," *Society of Petroleum Engineers*. doi: 10. 2118/112243-MS.

Robinson, M. (2003, August 1). "Intelligent Well Completions," *Society of Petroleum Engineers*. doi: 10. 2118/80993-JPT.

Skilbrei, O. , Chia, R. , Schrader, K. , and Purkis, D. (2003, January 1). "Case History Of A 5 Zone Multi-Drop Hydraulic Control Intelligent Offshore Completion in Brunei," *Offshore Technology Conference*. doi: 10. 4043/15191-MS.

Sun, K. , Coull, C. , and Constantine, J. J. (2008, January 1). "A Practice of Applying Downhole Real Time Gauge Data and Control-Valve Settings to Estimate Split Flow Rate for an Intelligent Injection Well System," *Society of Petroleum Engineers*. doi: 10. 2118/115135-MS.

Sun, K. , Omole, O. A. , Saputelli, L. A. , and Gonzalez, F. A. (2011, January 1). "An Application Case of Transferring Intelligent Well System Triple-Gauge Data into Real-Time Flow Allocation Results," *Society of Petroleum Engineers*. doi: 10. 2118/144259-MS.

Vachon, G. , and Bussear, T. R. (2005, January 1). "Production Optimization in ESP Completions with Intelligent Well Technology," *Society of Petroleum Engineers*. doi: 10. 2118/93617-MS.

Vasper, A. C. (2008, February 1). "Auto, Natural, or In-Situ Gas-Lift Systems Explained," *Society of Petroleum Engineers*. doi: 10. 2118/104202-PA.

Williamson, J. R. , Bouldin, B. , and Purkis, D. (2000, January 1). "An Infinitely Variable Choke for Multi-Zone Intelligent Well Completions," *Society of Petroleum Engineers*. doi: 10. 2118/64280-MS.

Zarea, M. A. , and Zhu, D. (2011, January 1). "An Integrated Performance Model for Multilateral Wells Equipped with Inflow Control Valves," *Society of Petroleum Engineers*. doi: 10. 2118/142373-MS.

Zhu, D. , and Furui, K. (2006, January 1). "Optimizing Oil and Gas Production by Intelligent Technology," *Society of Petroleum Engineers*. doi: 10. 2118/102104-MS.

8 生产和注入完井设计优化

以前相当一部分油气藏无法实现经济开发，随着完井和改造技术的进步，这些油气藏已经成为当今能源供应的主要参与者。为了有效开发这些油气藏，完井设计、安装和作业对充分发挥完井作用至关重要。以 6 个油田案例为例，通过各种完井和改造技术，论证了如何进行生产和注入优化技术，以应对不同类型油藏所面临的独特挑战。

第一个现场案例是 Kent 等（2014）提出将智能完井系统（IWS：Intelligent Well System）应用于水淹白垩岩储层中的裸眼水平生产井。在本例中，选择了多层裸眼完井，从而可以在高孔隙度白垩岩中进行高速基质酸化处理。IWS 还用于合采、选择性改造、水垢挤压处理和分层生产测试。

第二个例子是 Chowdhuri 等（2015）提出的在砂岩和页岩互层组成的储层中分支井与流入控制装置（ICD）集成应用。在该示例中，分支井可最大程度地增加油气藏暴露面积并提高油气井产能，而 ICD 则可沿每个生产分支调节流入剖面，从而降低了早期水侵的风险。

第三个例子是 Al-Mubarak 等（2008）提出的在 Ghawar 油田为扩大与油藏的接触采用分支井与 IWS 集成应用。与第二个案例相比，此案例突出了如何使用从 IWS 永久监控系统获得实时生产数据来降低水生产风险。

第四个例子是 Galarraga 等（2005）提出的酸化压裂技术在深层热碳酸盐储层中的成功应用。在该实例中，与有机酸体系所改造井相比，在酸压中应用盐酸—甲酸体系显著提高了单井产量。

第五个例子是 Hadfield 等（2007）提出的高细砂含量松散地层中水平井裸眼砾石充填完井技术。在此示例中，该井以最小完井表皮系数（<5）成功完井，同时以 $60 \times 10^6 \text{ft}^3/\text{d}$ 的目标产量和很小的细砂产量（<0.05g/s）进行生产。

最后一个例子是 West 等（2014）提出在页岩储层中进行多段压裂的生产优化。在该示例中，相对于地质构造调整水平分支位置，并缩短水力裂缝间距，可以显著提高储层改造体积（SRV：Stimulated Reservoir Volume）及油井产能。

8.1 高孔白垩岩储层裸眼智能完井多级基质酸化改造

第一个油田案例讨论了裸眼水平井的设计、测试、安装和性能，该井是在未固井筛管内部采用内部智能完井技术并用裸眼封隔器进行层段隔离。选择裸眼完井以实现完整储层通道的生产。使用智能完井系统可实现选择性改造，在该系统中，采用限流的高速基质酸化改造技术在井段内进行流体分流。该研究由 Kent 等（2014）提出。

8.1.1 Ekofisk 油田概况

Ekofisk 油田位于北海中部,挪威西南沿海。Ekofisk 油田是由古新世早期和白垩纪晚期 Ekofisk & Tor 白垩岩层的天然裂缝形成的。白垩岩储层孔隙度高但基质渗透率低,在海平面下 9000~11000ft 深度间约有 1000ft 的油层厚度。典型的原油重度在 30°~40° API 之间。Ekofisk 油藏早期以衰竭方式开发。大规模注水始于 1987 年。自 1996 年以来,定期进行阻垢剂处理,以消除注入水和地层水不相容而产生的高硫酸钡结垢。

随着时间的流逝,Ekofisk 的完井实践不断发展。最初的直井下入套管、射孔并通过酸压进行改造。随着油田水平井的引入,对长水平段进行套管固井。通过交替注入前置酸和密封球酸,实现油井的转向改造。生产测井结果表明,许多射孔簇没有得到有效的改造,有些簇(通常在跟部)接受的酸多于所需,而其他位置则很少或根本没有酸。大量的酸被注入到有限数量的射孔簇中,削弱了岩石的强度,再加上储层的压实作用和与之相关的白垩岩运移,导致筛管变形。筛管变形会导致目的层更难进行改造,在极端情况下会导致筛管和油井失效。进入油层筛管的通道受到限制,妨碍了井的干预和补救机会。

8.1.2 井设计要求

提出了许多功能要求来改善成熟的注水油藏的油井性能、油藏管理和油藏筛管完整性。这些功能要求包括:

(1)带有裸眼封隔器的非固井储层筛管,在保证高压/高速酸化改造和目的层高效生产的同时,有效地隔离了水淹区。

(2)对于整体产层段完井,通过使用高速基质酸化改造来改善酸洗后的表皮系数,提高油井的生产率,并最大限度地减少筛管变形,延长油井寿命。

(3)地面控制进入水平分支的生产区域:允许在没有电缆或连续油管辅助的情况下开关产层,在改造、生产、挤压阻垢剂、井测试、测量区域压力/温度数据过程中控制每个产层的进出流量。

8.1.3 新井设计

图 8.1 为井身结构和完井示意图。7⅝ in,51.2 lb/ft 的 Q-125 裸眼筛管系统在整个深度运行。两个趾部隔离阀在衬套的底部串联运行。一旦关闭,两个趾部阀的主要功能是在两个方向上提供永久的液压隔离。裸眼封隔器设计为在酸化改造和生产阶段的所有产层之间提供液压隔离。根据储层特征,该井分为五个区域(A、B、C、D 和 E),如图 8.2 所示。由于在酸化改造过程中巨大的热载荷和水力载荷,因此特别考虑了允许筛管收缩和裸眼封隔器稳定的问题。岩石锚的设计可最大程度减少改造和生产过程中的筛管和封隔器运动,膨胀节则在每个区域的中部附近运行,以减轻由于热收缩和膨胀而在改造过程中可能产生的拉伸载荷。

对裸眼筛管射孔并用可酸溶的孔塞封堵孔眼,这些孔塞可以保障筛管承压,从而在运行内部智能完井管柱时可以通过压力打开筛管的所有组件、并防止流体损失。在每个作业段筛管上安装了酸循环阀,当运行和设置智能完井系统后酸可通过循环阀循环到井筒中。

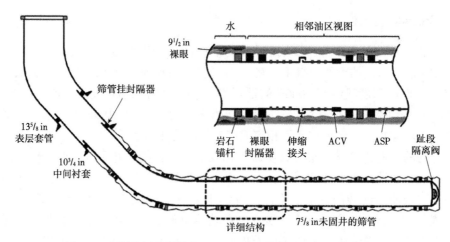

图 8.1 裸眼非固井筛管在 Ekofisk 油田的应用（Kent 等，2014）

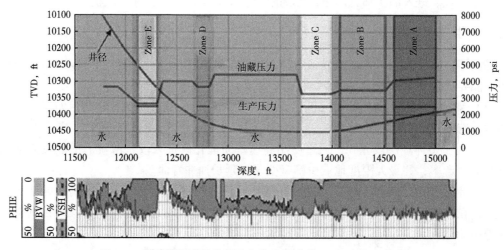

图 8.2 测井数据中的井轨迹和饱和度曲线（Kent 等，2014）

完井管柱具备选择性关闭水淹段的能力对提高油井生产性能和油藏采收率是至关重要的，且被证明十分具有价值。这需要使用专用的智能管柱来实现，智能管柱上有多个控制阀和封隔器，可在 7⅝ in 生产筛管内使用（图 8.3）。在未固井筛管上方坐封 10¾ in×5½ in 直通式生产封隔器，在裸眼封隔器之间的筛管部分坐封 7⅝ in×3½ in 的直通式生产封隔器来分隔产层。

安装石英振荡传感器仪表用于测量每个层的油管和环空的压力与温度。这使得酸注入后可以进行储层表征和改造诊断。此外，仪表还可以及早识别出水情况，从而可以根据最佳生产条件配置阀门位置。在每个区域中都安装了多级滑套阀。全碳化钨配件用于在完全打开位置时承受超过 130ft/s 的极端改造内部流速和超过 150ft/s 的端口流速。这些流入控制阀通过分级套筒驱动来操作，从完全打开到完全关闭提供了 14 个阀位。

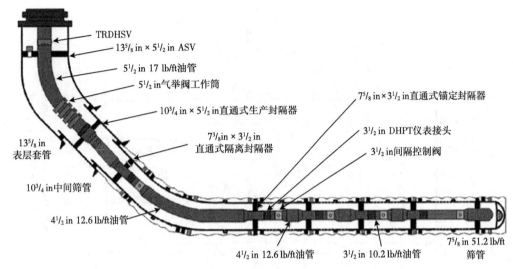

图 8.3　带有 IWS 内部完井管柱的非固井筛管（Kent 等，2014）

8.1.4　改造和生产结果

通过使用智能完井流量控制阀，从区域 E（跟部）到区域 A（趾部）进行选择性改造每个完井段（A 段，B 段，C 段，D 段和 E 段）。28%HCl 用于主体酸处理。酸通过直径为 0.20in 的孔进入 7⅝ in 的套管/智能完井筛管环中。像在常规的套管孔受限进入处理中一样，由于高速流经小孔造成的摩擦压力损失限制了通过筛管中任一点流出的流体量，从而沿裸眼处理段更均匀地分配流量。在 0.7~1.3bbl/min 目孔的设计酸速下，通过筛管中 0.20in 孔排放到裸眼的平均流体速度范围为 300~550ft/s，并提供射孔压降为 1000 到 3000psi。这些高射孔压力损失是由于沿处理段均匀注入且沿 7⅝ in 筛管和 4½ in 智能完井柱的环空流动造成。

图 8.4 为了典型储层措施的压力图。主体酸处理方法包括每英尺间隔泵入 75gal 28% HCl，然后每英尺间隔泵入约 150gal 淡水的酸化顶替液。在设计的泵速下，储层表面的井下压力通常等于或高于地层破裂压力，并随着酸进入白垩岩地层很快降至低于破裂压力。在图中所示的示例情况下，注入压力下降到裂缝闭合压力以下大约需要 6min。这种压力特征表明大部分的酸化改造处理是在基质注入条件下进行的。

随着酸蚀蚓孔在地层中的增长，泵速逐渐增加，而储层压力持续下降。这种注入能力改善可用于计算措施过程中的表皮系数演变。在该例中，在措施结束时，有效井眼半径估计为 33ft，对应的表皮系数为-4.4。一年后产量稳定在 3500bbl/d 左右，此后含水率从 5% 稳定增加到 25%。

8.1.5　价值效益

在 Ekofisk 油藏中成功安装了具有 5 个层段的 IWS 裸眼非固井完井装置。就完井目标而言，尽管储层压力和产层长度低于预期，但该井的产量却好于预期。在 D 区提供了隔水装置，以减少结垢的可能性；允许对每个隔离的完井段进行无干预改造；由于筛管稳定，生

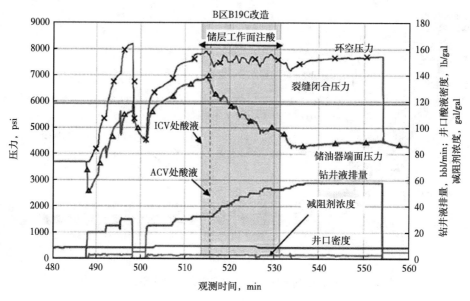

图 8.4 B 区的高速基质酸化改造数据与时间的关系（Kent 等，2014）

产没有出现任何筛管变形或产量下降的迹象。井下流量控制阀允许选择性地改造每个完井段。区域油管和环空仪表提供了实时压差，这在尝试最大化改造速率而又不超过隔离区域中的油管破裂压力额定值是非常有价值的。

8.2 利用带 ICD 的分支井提高产量

采用分支井技术来增加井筒与储层的接触，从而提高单井产量。在水锥进情况下，例如在底水油藏生产过程中，可通过 ICD 减少选定段内的环空速度来延迟水或天然气的突破。Chowdhuri 等（2015）介绍了在科威特北部 Raudhatain 油田的 Upper Burgan 油藏中第一口 4 级 ICD 分支井的成功集成应用。

8.2.1 油田概况

Raudhatain 油田构造是沿着科威特以北缓慢下沉的突出背斜顶发育的几个构造之一。Raudhatain 构造是断层的背斜穹顶，地形起伏为 65~90ft。三维地震将 Raudhatain 北部的主要断层定义为西北走向，在油田的西南部分，断层呈西北走向。断层在结构上变化很大，范围从小于 30ft 到最大 150ft。

分支井的位置是根据储层压力、流体性质、含油饱和度和油水界面来确定的。新井计划部署在该油田的东部侧翼，该处含油饱和度良好，黏度为 4~5cP，储层压力为 2300psi，远高于 1300~1400psi 的泡点压力。Upper Burgan 储层是沉积在三角洲环境中的层状砂岩——页岩层序，具有非常细小的受海相影响的河道砂作为储集层。决定开采 UB3 上部砂层和 UB3 下部砂层，并在两个垂直错开的分支进行合采（图 8.5）。在 Raudhatain 油田的东部，河道砂岩特别发育，厚度为 25~40ft。渗透率的范围变化很大，从几百毫达西到 3.5 达西不等。一个非渗透性的页岩层将两个砂层分开。

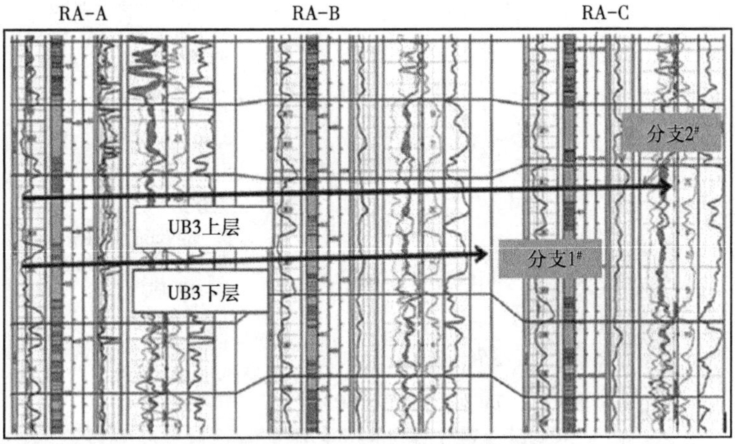

图 8.5　UB3 砂岩上、下分支的位置（Chowdhuri 等，2015）

8.2.2　钻多分支井和地质导向的挑战

在未使用恰当的随钻测井（LWD）技术的情况下，开展地质导向和井评价具有很大的挑战性。实际上，电阻率各向异性是一个主要问题，特别是当它受其他层边界效应（例如相邻层的电阻率或极化角效应）的影响时。当电阻率数据变化较为剧烈时，油田的水锥问题使解释这些数据变得更加困难。

通过使用 LWD 工具和地层压力测试仪，以 64.6° 的倾斜角钻了一个 8½ in 的试验井眼，以评估 UB3 的下层。在开始钻上分支井时，由于地质原因进行侧钻，这有助于将井地质导向优质砂岩储层，并避免穿透上下 UB3 层之间的页岩隔层。第二分支位于 UB3 上部储层。优质储层砂岩中 UB3 上部的上分支长度为 2145ft，同样优质储层岩石的 UB3 下河道砂体中的下分支长度为 1757ft。该井在 72 天内成功钻完，比计划的钻探天数少了 8 天。

8.2.3　新井设计

完井的目标是在与 4 级分支完井装置连接处进行压力整合，使两分支同时实现最佳生产目标。因此，该井在第一下分支用 5½ in 的裸眼 ICD 完井，第二上分支用 4½ in 的裸眼 ICD 完井。图 8.6 给出了双分支井的示意图。当两个分支之间的压差小于 100psi 时，使用电潜泵合采。

8.2.4　生产结果

最初的生产结果表明，该分支井通过 48mm/64 的油嘴预计产量为 5322bbl/d 不含水的。据报道，以前的水平井的平均产量约为 1500bbl/d。同样是在 Upper Burgan 地层，单分支水平井完井后的最佳产量约为 3145bbl/d。因此，发现多分支井的产量显著高于 Raudhatain 构造 Upper Burgan 地层的其他任何生产井的产量。如图 8.7 所示，该井的产量比最佳水平井高 40%，比平均水平井产量高出三倍。考虑到该井是在油黏度高的东侧钻的，而据报道该地区的直井的产量很低，因此该井 5322bbl/d 的产量非常好。

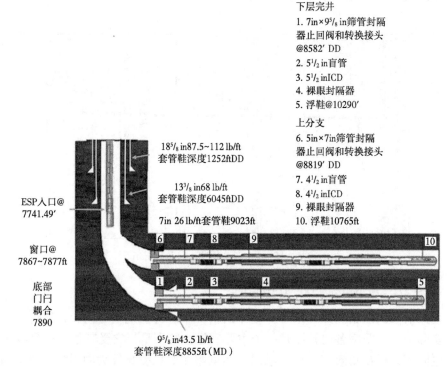

图 8.6 完井装配的井示意图（Chowdhuri 等，2015）

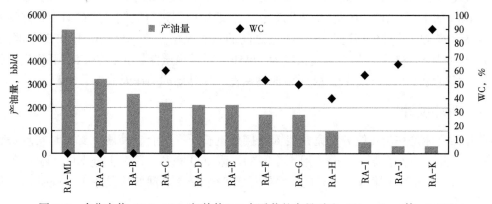

图 8.7 多分支井（RA-ML）与其他 UB 水平井的产量对比（Chowdhuri 等，2015）

8.2.5 价值效益

将分支井与 ICD 一起使用可有效地加快生产速度、提高波及效率并延迟水突破。分支井位于东部侧翼，该处直井的预期产量约为 700bbl/d，水平井的预期产量约为 1500bbl/d。与以前的这些井相比，分支井（5322bbl/d）的生产效果非常好。而且，该井不产水。这表明集成到上下分支的 ICD 可以按计划运行。

8.3 利用 IWS 降低多分支井的产水风险

在沙特阿拉伯 Ghawar 油田，该案例描述了通过装有智能完井系统（IWS）的分支井进行首次最大储层接触的完井设计和生产结果。在前面的示例中，采用了被动流入控制装置（ICD）来延迟分支井中的水侵。在本示例中，用主动流入控制阀控制分支产量，以减少或切断水产量。将这两个案例进行比较，可以明确流入控制装置（ICD）和 IWS 技术在生产控水方面的差异。

8.3.1 Ghawar 油田概况

1948 年发现的 Ghawar 油田是世界上最大的油田（Eyvazzadeh，2003）。尽管 Ghawar 油田是一个油田，但它分为 6 个区域。从北到南，分别为 Fazran，Ain Dar，Shedgum，Uthmaniyah，Haradh 和 Hawiyah。Haradh 地区是 Ghawar 油田的西南部分，位于沙特阿拉伯东部省的阿拉伯海湾沿岸约 80km 处（图 8.8）。产层属于阿拉伯-D 组的下部，其特征是硬石膏

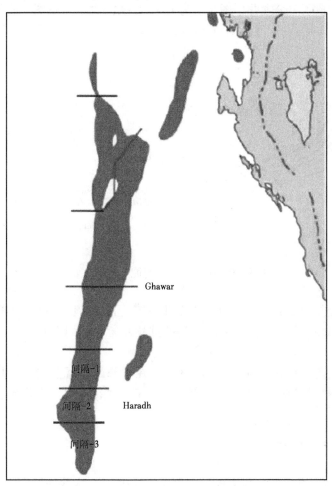

图 8.8　Ghawar 油田图（Al-Mubarak，2008）

和具有不同白云石化程度的石灰岩的复杂序列。在这个特定区域的流体机制受到裂缝通道和超高渗层的强烈影响。初期开发采用常规直井，后期开发采用长水平井。

8.3.2 完井挑战

断层和裂缝系统存在的地质复杂性、储层非均质性以及相关的过早水侵风险是 Haradh 油田开发中的最大挑战。井设计和生产的主要目标是维持井的产能，提高波及系数，改善多分支井的控制程度，控制水的产出并最大限度地减少生产中断。

8.3.3 完井设计

Haradh-A12 井于 2004 年 4 月进行了钻探，并通过 7in 筛管完井，该筛管水平设置在 Arab-D 生产层段中。然后从 7in 筛管的底部钻出 $6\frac{1}{8}$ in 的水平裸眼井段。由于在钻进主井筒（L-0）时损失很大，因此设置了一个 $4\frac{1}{2}$ in 的筛管来覆盖该裸眼井段的一部分。然后从 7in 的筛管中钻出 $6\frac{1}{8}$ in 的水平分支（L-1 和 L-2），并将其中一个分支拆分为两个分支（L-1-1），从而完成了三分支井。图 8.9 为 Haradh-A12 井的示意图。该井已完井并从裸眼分支开始生产。一年后，进行修井的同时安装智能完井系统（IWS）。

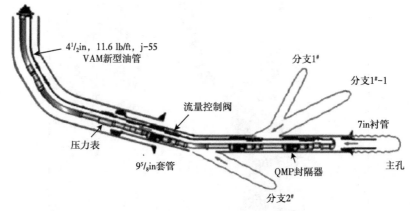

图 8.9　Haradh-A12 智能完井示意图

具有三个可变井下流量控制阀的智能完井系统（IWS）旨在控制井的每个裸眼井段的流入。这些阀用作井下节流阀，可随着时间的推移及含水率的上升，限制或完全关闭任何井段的生产。

选择一个永久性的井下监测系统，将其安装在顶部封隔器上方，以监测流量和关井压力和温度。流量控制阀配有 11 个位置，其中一个完全关闭，另一个位置等于油管流动面积的完全打开位置。

8.3.4 完井和生产结果

随后在 2005 年 4 月上旬安装了智能完井系统（IWS）。在井的设备测试、安装和后续流量测试中，每个阀门都经过 10 多个完整循环进行运转，从而确保井下流量控制阀的功能。

在安装智能完井系统 IWS 之前，该井是从分支裸眼开始生产的。该井以 18000bbl/d 的速率进行了产油测试，而瞬态测试分析表明该井生产指数（PI）为 350bbl/（d·psi）。在此井中测得的生产指数被认为明显高于斜直井或水平井 [17 或 31bbl/（d·psi）]。

在生产的 2 个月内，该井开始生产水。修井前的最后一次测试表明，以 8000bbl/d 的采油量下，含水率约为 23%。在 IWS 安装后的油井测试过程中，在每个分支井上进行了短时间的恢复。每个分支的产量测试是通过测试一个单独的分支而其他两个分支关闭的来完成的。在产量测试之后，通过使用地面阀门关井，进行了恢复测试。进行该测试以确定每个分支的 PI，这有助于确定合采时每个分支的节流阀设置。单个分支的初始采油指数估计分别为 165bbl/（d·psi）、60bbl/（d·psi）和 80bbl/（d·psi）。如果不是使用井下流量控制阀进行智能完井，则在分支井中进行单分支瞬时压力测试将是不可行的，并且需要大量干预。

生产 5 个月后，平均采油量为 8000bbl/d，含水率提高到 30%。在此之后，对该井进行了综合的产量测试。该测试涉及几种井下节流装置设置组合，目的是提出优化设置，以符合油井和该地区的生产策略。

测试结果表明，L-0 分支产水率为 100%。调整最终配置是使 L-0 分支关闭，而 L-1 分支和 L-2 分支分别在节流阀设置为 3 和 2 时打开。通过使用地面节流阀，该井的总采油量被限制在 5000bbl/d 和 0% 的含水率。从那时起，该井一直以这种速度生产，并且大约两年没有生产水（直到该研究发表为止）。

8.3.5 实现的价值

Ghawar 油田案例表明，在 Haradh-A12 井中实施的 IWS 有效地减少了分支井的产水量。IWS 中的实时监视功能证明具有减少井干预的潜力，有效减少产水量成为可能。Ghawar 油田实例表明，系统的质量控制是成功实施的首要任务，即在封隔器坐封之前按说明对井眼中的完井功能进行测试。

8.4 深层热碳酸盐岩储层酸压

通常，酸压最适用于浅层低温碳酸盐岩油藏，其中油藏温度低于 200°F，裂缝最大有效应力小于 5000psi。低温会限制酸与地层之间的反应速率，从而使酸在消耗之前能更深地渗透到裂缝中。由于石灰岩储层具有延展性，因此在裂缝上需要施加较低的有效应力，以在井的使用寿命内保持足够的裂缝导流能力。Burgos 等（2005）介绍了委内瑞拉 Urdaneta West 油田的一个现场案例，该案例成功地在温度为 280°F、深度大于 15000ft 的高温超深储层中实施了酸压改造。

8.4.1 Urdaneta 西部油田概况

Urdaneta West 区块面积约 1150km², 位于 Maracaibo 盆地的西部。该盆地位于一个由三个主要走滑断层界定的三角形构造块中（图 8.10）。大部分的原始储量位于 Cretaceous Cogollo Group 致密且破碎的碳酸盐中，其中所含流体为轻质（平均 API° 为 29°）低饱和的酸性原油。Cogollo Group 由下至上由三个储层组成：Apon，Lisure 和 Maraca 储层。它的平均厚度为 1000ft，主要由致密碳酸盐岩组成。

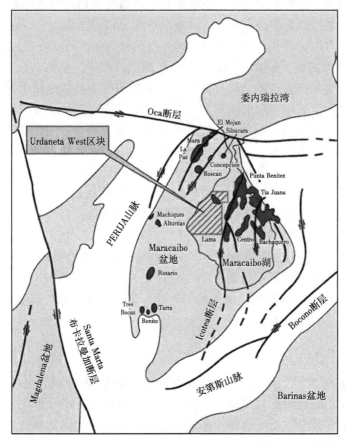

图 8.10　委内瑞拉西北部马拉开波盆地 Urdaneta West 油田的位置（Galarraga 等，2005）

Maraca 石灰岩地层位于 Cogollo 碳酸盐岩组上部厚度为 20～30ft，深度为 15000～16000ft。该储层的体积和产量主要取决于基质发育，而其余的 Cogollo 组中天然裂缝在油井生产中起主要作用。

8.4.2　最初酸压改造结果及改造挑战

当改造和开发策略开始集中在 Maraca 组上时，对储层基质进行了多次改造，大多数处理是通过连续油管（CT）以低泵速（0～1bbl/min）、低排量（60～80gal/ft）进行的。前几次处理使用 15% 的盐酸（HCl），但由于 HCl 的高反应活性以及与沥青质接触后易于形成油泥，很快将酸液体系转换为有机酸混合物（13% 的乙酸和 9% 的甲酸）。这部分基质改造效果不明显，生产几个月后产量未见明显提高。使用有机酸混合物对 Maraca 进行基质改造后，4 口井的生产指数 PI 介于 0.2～0.7bbl/（d·psi）之间。

酸压成为有效改造 Maraca 井的替代方法。在井下温度为 280°F 条件下，选择有机酸体系（9% 的甲酸和 13% 的乙酸）而不是盐酸，以使原油和酸液接触引起的沥青质絮凝的可能性降至最低，使酸性更弱，并提供更简单、成本更低的缓蚀性能。使用有机酸体系以 16～18bbl/min

的平均泵速进行了 13 次作业，然后以 2～4bbl/min 的泵速完成了闭合裂缝的酸化阶段。表 8.1 总结了典型的有机酸压处理方案。

表 8.1　Maraca 石灰岩地层典型的有机酸压处理方案（Galarraga 等，2005）

阶段	流体	容积，bbl	累计，bbl	泵速，bbl/min
1	有机酸	5	5	2
2	线性凝胶（冷却）	145	145	2～18
3	交联垫	200	345	18
4	凝胶有机酸	220	565	18
5	交联垫	100	665	18
6	凝胶有机酸	220	885	18
7	交联垫	100	985	18
8	凝胶有机酸	220	1205	18
9	线性凝胶	200	1405	18～20
10	有机酸	170	1575	20～4
11	有机酸	40	1615	4
12	处理水（酸化顶替液）	50	1665	4
13	线性凝胶（置换）	161	1826	4

图 8.11 显示了有机酸化压裂措施的结果。这些措施大多数是在现有的井中进行的，这些井从更深的产层中重新完井。最初的射孔后，由于射孔伤害，大多数井都没有产量。经过酸压处理后，油井产量显著提高。据报道，酸压后表皮系数降为-4～-3。井 C 和井 F 在酸压后产量相对较低，但这是可以预料的，因为这些井的渗透率低于 2mD。

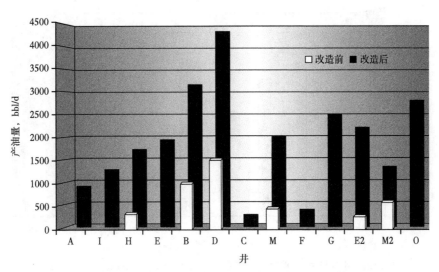

图 8.11　使用有机酸的酸压前后井的生产结果（Burgos 等，2005）

研究还证实，即使对蚀刻的裂缝施加了4000~6000psi的相对较高的有效闭合应力，大多数井的产量也可以长期维持。据认为，持续的裂缝导流能力是由储层的高岩石强度引起的［杨氏模量在（5~7）×10⁶psi之间］。尽管这些酸压结果被认为是成功的，但进一步的流入动态分析结果表明，有效的裂缝半长预计仅为50~100ft，这表明使用不同的酸压设计有进一步提高产量的潜力。

8.4.3 新改造设计

新的酸液体系采用7%HCl~11%甲酸系统（7/11系统）。通过添加7%的HCl可获得较高的碳酸盐溶解能力，进而改善井眼附近部分裂缝的导流能力。只有在消耗了大部分HCl并深入渗透到裂缝中之后，甲酸才开始消耗。这导致蚀刻长度增加。甲酸的浓度设置为11%，以防止甲酸钙沉淀。

在新的酸压设计中，选择了基于表面活性剂的体系，而不是稠化酸或自转向的交联酸，因为基于表面活性剂的体系从整个反应过程的早期就保持了黏度，并且具有比胶凝酸体系更好的酸化性能。

8.4.4 改造和生产效果

新配方在新井和先前的压裂井中进行了现场测试。在前几口井获得成功后，所有渗透率在15mD以上的井都用新配方进行了重复压裂，这成为所有井的标准配方。在第三次作业中，总共对13口井进行了处理，其中有8口进行了重复压裂以提高生产指数，而不是因为产量随时间而显著下降。采油指数唯一没有增加的井是E井。该井的渗透率与厚度乘积是该组中最低的，第一个体系获得的导流能力可能已经接近技术极限。平均提高35%的产量导致该油田的产量创纪录，并证明了重新制定酸压体系是值得的。图8.12总结了压裂作业前后的生产效果。

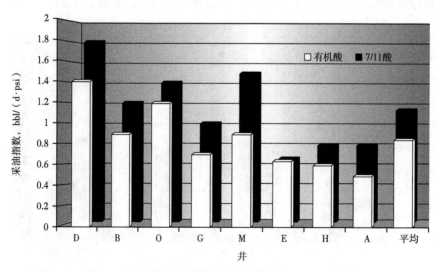

图8.12 用7/11配方重复压裂井的生产指数历史（Galarraga等，2005）

8.4.5 价值效益

Maraca 地层的酸压经验证实，在许多情况下，通过适当的实验室测试和各种替代方案的现场试验，可以获得明显更好的现场定制解决方案。据报道，用盐酸和甲酸对 Maraca 储层进行酸压后获得的等效拟径向表皮系数始终介于 $-7 \sim -5$，接近技术极限。最佳的酸液混合体系兼具高碳酸盐溶解能力和足够深的酸穿透能力。据报道，在用 HCl /甲酸体系压裂的 Maraca 井中，在酸压阶段后，裂缝闭合酸化阶段的效益并不明显。

8.5 高粉砂量疏松地层水平井裸眼砾石充填完井

该油田案例是 Hadfield 等（2007）提出的水平裸眼砾石充填完井在浅层气藏的应用。该示例包括高粉砂含量疏松地层中井下防砂技术的选择过程。

8.5.1 Shallow Clastics 油田概况

Shallow Clastics 油田主要由两个浅层含气储层 H1 和 H2 组成，其垂深约为 2650ft。这些储层横向扩展，覆盖面积为 200km^2，估计天然气原始储量（GIP）超过 2×10^{12} ft^3。这些储层由层状砂岩和页岩沉积组成，砂粒尺寸变化大且粉砂含量较高。由于高度疏松，井下必须防砂。主要驱动机制是一种基于在该地区现有油田中弱含水层的衰竭驱动。Shallow Clastics 储层覆盖了 Central Luconia 较深的碳酸盐岩气藏，该油气藏已投产，并且正在进一步开发；因此，气体处理和收集系统已经到位。所有这些气田产出的天然气都供应给位于东马来西亚 Bintulu 的马来西亚液化天然气（MLNG）工厂。Clastics 油田的产量是旨在抵消其他油田产量的下滑，对于维持液化天然气的供应安全至关重要。

Shallow Clastics 油田的重要测井数据（图 8.13）是从较深的碳酸盐岩气藏的评价和开发井中采集的。但是，岩心数据仅限于从 E11-SC1 得到的单个劣质岩心中生成的数据。一口专用于对 Shallow Clastics 评估/早期生产的斜井（E11-SC2）钻至 H1/H2 甜点区，该井安装实施了由 9⅝in 套管内的套管加射孔多层合采的完井方案。防砂完井设计包括一个大外径可膨胀防砂筛管，并且在两个区域上有一个 150μm 的编织口。完井后，通过临时设施清理储层，以测试产量并评估井下防砂装置的完整性。粉砂产出可能是由于可膨胀筛管的失效所致，在清理期间就开始出现并且不断增加，逐渐导致该井无法再生产。

8.5.2 防砂挑战

Shallow Clasitcs 的油田开发方案要求在四个地点进行分阶段的多井开发，其中包括现有的碳酸盐岩油田，E11 和未来的 F13 钻井平台。考虑到现有的基础设施，将 Shallow Clastics 的产量与 E11 的处理系统联系起来是合理的。但是，该计划将需要专用的增压压缩机来处理 Shallow Clastics 油田天然气，因为与深层碳酸盐岩相比，它的储层压力更低。

增压压缩机和现有基础设施对固体产出的耐受性较低，并且需要 98% 的可靠性水平才能维持 MLNG 供应的安全性。此外，由于高流速，高产气井对固体产出的耐受性也很低。因此，有效的井下防砂对开发的成功至关重要。

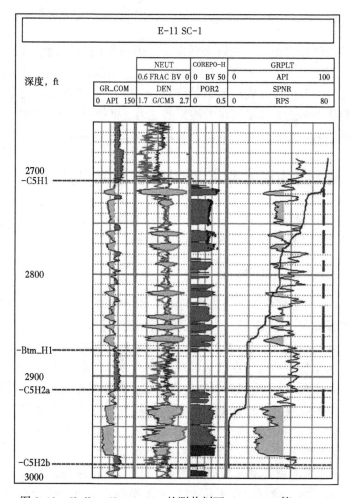

图 8.13　Shallow Clastics Pay 的测井剖面（Hadfield 等，2007）

在 E11-SC2 井完井之前，开发计划包括裸眼大斜度（70°）井、可膨胀的防砂筛管穿过 H1 和 H2 油藏。但是，考虑到 E11-SC2 井清理和测试过程中会在地面产出细砂，因此对油田开发计划和井概念需重新评估。关键的挑战是保持计划的油井产量（至少 $6000 \times 10^4 \mathrm{ft}^3/\mathrm{d}$）和最少的固体产量，并确保油藏有效排水。

8.5.3　新的防砂完井设计

对储层岩心样品的分析表明，砂粒尺寸小于预期（D50 为 $80 \sim 220 \mu\mathrm{m}$）。均匀度系数（D40/D90）和地层晶粒尺寸均匀度指标在 1.5 ~ 34 之间变化，表明地层晶粒尺寸非常不均匀（图 8.14）。

定义的细砂是小于 $44\mu\mathrm{m}$ 的颗粒，该地层中的细砂含量可以达到 34%，这对于尝试以最小固体产出甚至无固体产出进行有效生产是很高的。地层中的细砂运移主要受流速和相关的压降影响。最小化生产流速的一种方法是通过压裂，钻大斜度或长水平段的裸眼井来扩大井筒流入面积。

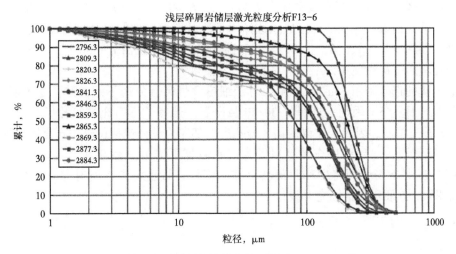

图 8.14 H1 储层在不同深度的激光粒子分析（Hadfield 等，2007）

对适用于该油田的防砂方法进行了全面评估，包括可膨胀筛管、α/β 水平裸眼砾石充填、可选择多通道水平裸眼砾石充填和压裂充填。考虑的因素包括安装记录、高度不均匀砂粒分布的适用性、产量和生命周期成本、井轨迹限制以及对储层泄油的影响。基于广泛的选择评估，选择了多通道水平裸眼砾石充填完井。

最终采用的防砂完井设计包括大斜度（倾斜角 80°）、$8\frac{1}{2}$in 井眼且用裸眼砾石充填完井。为了在穿过存在页岩的储层，将砾石充填不完整的风险降至最低，设计中采用了多通道同心环空充填系统（图 8.15）。

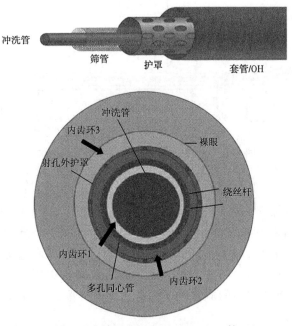

图 8.15 同心环充填系统示意图（Hadfield 等，2007）

多径同心环空裸眼砾石充填系统由 $4\frac{1}{2}$in、12.6lb/ft 的绕丝筛管和 7in、17lb/ft 的特殊射孔护罩内的空白砾石充填组件组成。选择用于砾石充填组件的冶金材料是 13Cr 合金，以减轻生产中预期少量二氧化碳（CO_2）引起的腐蚀。射孔护罩由 L-80 高合金钢制成，可在放置砾石充填后一次性使用。

砾石充填的选砂采用 Saucier 准则。对于细粉含量高且分选不好的砂，建议使用砾石/砂的 D50 尺寸比为 5。因此，选择了 30/50 目砾石。选择了砾石充填筛孔尺寸，以便保留 30/50 的砾石充填砂。因此，建议使用 8 号孔。上部完井设计包括位于砾石充填封隔器中的 7in 锚栓、筛管堵头、自动填充装置以及生产封隔器下方的坐落接头。永久压力计总成、7in 油管和 7in 井下安全阀将生产封隔器上方的管柱连接至井口。所有完井装配组件均为 13Cr 钢。图 8.16 展示了最终完井设计。

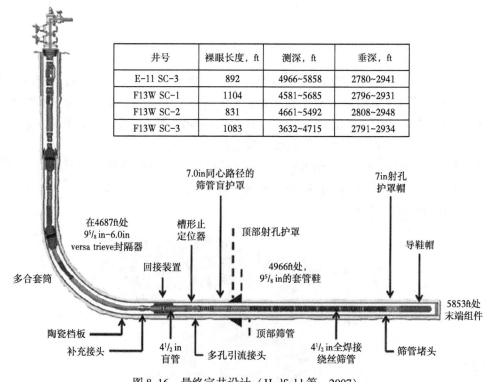

井号	裸眼长度，ft	测深，ft	垂深，ft
E-11 SC-3	892	4966~5858	2780~2941
F13W SC-1	1104	4581~5685	2796~2931
F13W SC-2	831	4661~5492	2808~2948
F13W SC-3	1083	3632~4715	2791~2934

图 8.16　最终完井设计（Hadfield 等，2007）

在砾石充填过程中，流量在三个环形空间之间分配：砾石浆沿着外部两个环形空间（裸眼井/套管和套管/筛管）输送，不含砂的液体沿筛管/清洗管环空输送。在没有环形流动限制的情况下，外部的两个环空将充当一个环空。当在一个环空堵塞时，在该环空中流动的流体会自动重新流入另一个环空，导致流量增加，从而增加该环空内的压力。一旦流体经过砂桥并且压力趋于下降到最低点，则开放环空中压力的增加将迫使流体返回到转向的环空中。各个环空中的流体流动将自动重新分配，并且 α-β 填充物将继续到达趾部。

8.5.4 井清理和测试结果

完井后，将每个井清理干净并通过临时测试设施进行测试。目的是确认用于固体生产控制的防砂设计的性能并测量井的产量。测试套件包括一个砂滤器，一个节流阀和冲蚀探头。由于 Shallow Clastics 干气特性，因此未使用分离器，并且基于节流方程测量产量。对于第一口井，采用保守放大方法以允许砾石充填中的颗粒桥接。图 8.17 显示为在井的最终产气量放大为 $6000 \times 10^4 ft^3/d$ 时，固体产量随油嘴尺寸变化的关系。可以清楚地看到，每次放大油嘴后，产出的砂都在逐渐减少，因为颗粒被充填的砾石所滞留。产量为 $6000 \times 10^4 ft^3/d$ 时，最终粉砂产量低于 $0.05g/s$，这表明侵蚀速度限制得出的 $6000 \times 10^4 ft^3/d$ 的产量限制可以根据未来的生产反应进一步审查。

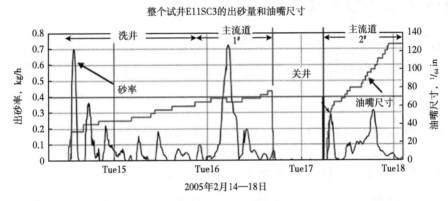

图 8.17 在砾石充填后的井清理和流量测试期间的砂率测量（Hadfield 等，2007）

图 8.18 显示了射孔处的测试结果与预计流入动态关系(IPR)的比较。假设表皮系数为+10，建立了预期的油井流入动态模型。模型预测和试井结果的对比表明流入动态好于预期。

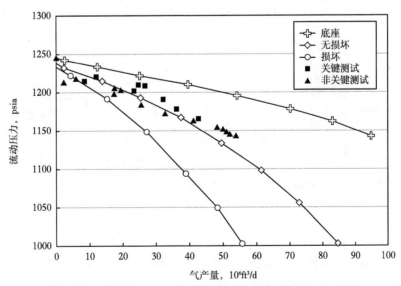

图 8.18 新型砾石充填系统的流入动态关系和试井结果（Hadfield 等，2007）

8.5.5 价值效益

在完井后的清理和测试过程中未发现出砂，证明该防砂设计有效。在完井后的清理和测试过程中，粉砂的产量极少，并稳定在较低的水平，这样就可以实现更高的产量。结果表明高于预期的产量对储层伤害很小，并且滤饼清除效果良好。完井后清理和测试结果也表明，完井表皮系数很低，小于5。非生产时间最短，进行完井作业期间未发生 HSE 事件。使用同心环形充填系统、单程砾石充填和处理系统以及延迟间隔滤饼清除系统可节省时间，每口井可节省约一天的时间。在运行同心环形充填系统井下钻具组件之前花费额外的时间循环和交换流体，以便将其运行到预定的深度而不会发生事故，是十分值得的。

8.6 页岩储层多级水力压裂完井生产优化

优化页岩油气生产是当今行业中最有趣的主题之一。West 等（2014）提出的油田案例说明 Bakken 和 Three Forks 储层通过改变钻探、完井和改造设计来优化生产过程。

8.6.1 油田概况

密西西比州 Lodgepole 地层的 Williston 盆地直接覆盖在密西西比/Devonian Bakken 地层上。Bakken 覆盖在泥盆纪 Birdbear 或 Nisku 地层之上的泥盆纪 Three Forks 地层。图 8.19 所示为 Bakken 和 Three Forks 地层的横截面，包括边界层。

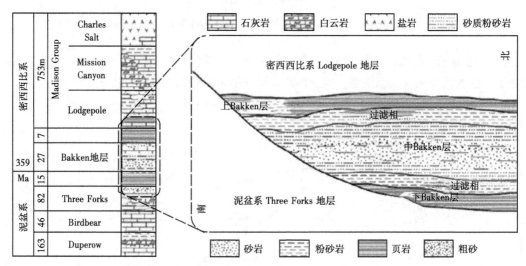

图 8.19　地层的剖面图，包括 Lodgepole, Upper Bakken, Middle Bakken, Lower Bakken 和 Three Forks（West 等，2014）

Bakken 是 Upper Devonian/Lower Mississippian 构造，包含三个层：下页岩层、中砂岩层和上页岩层。Bakken 上部和下部都是在海侵环境下形成的有机质丰富的海相页岩。它们是烃源岩，是 Bakken 地层产生烃的连续储层的一部分。中间砂岩层的厚度、岩性和岩石物理性质各不相同，并且基质孔隙度的局部发育提高了 Bakken 油田的产油量。Bakken 页岩的上部和下部也是上覆的 Lodgepole 地层产生的烃源岩。Lodgepole 地层，其下部有时被称为"False Bakken"，是一个约 900 ft 厚的 Lower Mississippian 石灰岩，由代表海侵的 5 个主要岩相组成。在 Bakken 下方是粉质、泥沙质的白云岩 Devonian Three Forks/ Sanish 地层。

8.6.2　完井挑战

在 2009 年之前，在 South Antelope 油田，Helis 石油天然气公司的油井在 Middle Bakken 9 口井中占了 6 口，在 Three Forks 的 9 口中占 3 口。Middle Bakken 油田的产量令人失望：预计最终采收率（EUR）约为 $30×10^4$ bbl 油当量（BOE）。这些井的完井方法多种多样，包括多分支完井、裸眼完井、带有预射孔筛管的短分支完井、单级完井、带有外套管封隔器隔离的多端口封隔器完井、带有外套管封隔器的多级滑套以及长水平段间隔完井。

与多段隔离（带管外套管封隔器的滑套）处理过的井相比，单段处理过的分支井（带有可降解球或带端口的子筛管的预射孔筛管）的产量较低。由于完井段较少，绕过或未改造目标区域的可能性更高。此外，由于过高的施工压力导致早期砂堵与放弃改造使许多早期的完井受到影响。最终，分支和储层的大部分段被绕过或未被改造。而全部分支均得到有效改造并且支撑剂分配到地层深处的井产量明显更高。

8.6.3　新的完井和改造设计

对新的钻探、完井和改造设计进行了一些更改，包括以下内容。

（1）更改水平井钻探目标：绝大多数完井目标是 Middle Bakken，而 Three Forks 被视为次要目标。在 South Antelope，九口中的六口被认为是次要目标。在 South Antelope，2009 年之前完井的 9 口中有 6 口钻在了 Middle Bakken 层段。但是，钻在 Three Forks 的九口井中的三口的累计产量比 6 口 Middle Bakken 井更好。根据这些观察结果，新井钻在 Three Forks 层中。水力压裂模型表明水力压裂将从 Three Forks 层开始，然后垂直向上延伸到 Middle Bakken。

（2）增加井眼分支长度：在新的井设计中，分支长度从大约 4500ft 增加到大约 9000ft，增加了一倍。

（3）提高每段的储层接触面积：此外，每次措施都缩短了改造的段长。目的是提高与地层的接触面积并增加 SRV。由于井眼施工限制，2009 年之前完井的每段通常约为 1000ft。随着材料和设备的进步，每段的长度减少到 325ft，其中每段由三个间隔大约 110ft 的射孔簇组成。尽管以前的完井设计主要使用滑套，但选择桥塞和射孔技术是因为从他们的微地震勘测研究中观察到了更多的地震活动。

（4）改进泵送程序：为了降低桥塞卡在生产筛管的风险，将桥塞的外径从 3.6in 更改为 3.4in。

（5）实施关键压裂机制诊断：在完井计划中建议使用测试压裂注入诊断（DFITs：Diagnostic fracture injection tests）和压降测试（SRTs：step-down rate tests），以帮助校准裂缝模拟并设计最有效的处理措施。DFITs 得到地层建模属性，例如裂缝闭合压力、破裂压力梯度、滤失系数、流体效率、地层渗透率和储层压力。SRTs 可以得出近井裂缝摩阻和射孔摩阻估值，可以用来优化各个处理方法。在高近井摩阻和射孔摩阻的情况下，需要采取更多的处理措施，最大限度地减少近井筒砂堵的风险。现场工程师实时进行调整，包括更改前置液用量、凝胶用量和支撑剂浓度，以及增加支撑剂段塞。2009年之前的改造措施在超过30%的作业中遭到过早砂堵。通过上述改变，2009年后完井的大约900个段中，砂堵率小于2%。

（6）加入高强度的支撑剂：在假定的闭合压力下的支撑剂充填模型表明，石英砂不能提供足够的抗压强度。该团队建议使用至少85%的陶粒支撑剂来提供足够的导流能力和抗压性。另外，为确保井眼附近的支撑剂浓度较高，在最后一个砂阶段的末期泵送了浓度增加在10 lb/gal和17 lb/gal之间的支撑剂（图8.20）。

（7）改进替挤程序：成功的关键是从最大支撑剂浓度到干净替挤的突然过渡。需要具有桶式旁通和常规螺旋计量功能的搅拌机，必须在最后支撑剂浓度阶段即将结束时完全开启。关井后，在井眼中不留或者仅留有少量支撑剂是十分关键的。如果留下砂子，则会增加后续射孔枪和桥塞组件被卡住的风险。

（8）调整压裂液设计：在2009年之前，使用40 lb配比的交联液作为主要流体体系。在新的流体设计中，瓜尔胶配比降至25 lb，这将提供足够的黏度和热稳定性，以将支撑剂带入地层，同时减少地层损害。

（9）实施控制性返排制度：压裂结束后，每口井均进行控制返排。限制返排速度以保持较高的流压，可以通过将井底流压长时间保持在泡点压力以上来防止地层内的气体提前逸出。

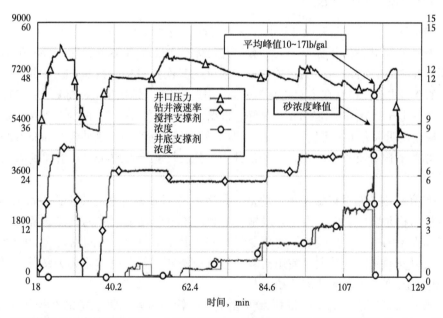

图8.20　压裂数据显示支撑剂在最后一个砂浓度阶段达到峰值并迅速过渡到替挤状态（West等，2014）

8.6.4　生产结果

与2009年之前的完井相比，2009年以后完井的油气产量增加了50%~75%。这些百分比是在对分支长度和泵入砂量的变化进行归一化后计算的。2009年后的South Antelope油井是North Dakota产量最高的油井。图8.21所示为2007年至2011年之间每年的产量增长。该图显示了随着完井方法改进，完井领域有了很大的发展。图中还包括2009年后的前6口井，以进行比较。该图说明了实现上一节中讨论的完井和改造设计更改后的重大进步。

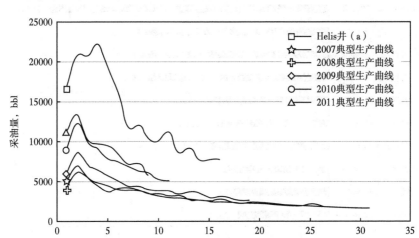

图 8.21 将前六个案例研究井与 2007—2011 年的历史 Bakken 型曲线
对比的典型生产曲线（West 等，2014）

图 8.22 显示了与 2009 年后的 South Antelope 油井相比，在 South Antelope 油藏周围的 30 个镇区中的 Middle Bakken 油田和 Three Forks 油井的 30d，90d，180d 和 360d 的累计产量。结果表明，2009 年后的 South Antelope 油井表现优于交界井近两倍。

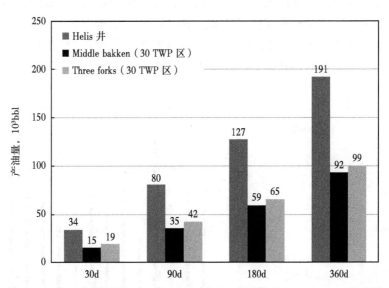

图 8.22 2009 年后的井（Helis Wells 标记）表现优于 30-Township 地区的
Bakken 和 Three Forks（West 等，2014）

运营商会解析相同的数据，以帮助区分完井效果和储层岩石性质的变化。所有比较的邻井均为 2011 年后完井，说明了该项目取得了重大进步。South Antelope 油井 6 个月后的累计产量比次优井高 29%，比最差的产量高 300%（图 8.23）。

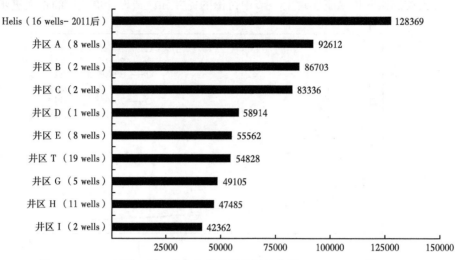

图 8.23　2011 年后，每口井 6 个月的平均累计产量，bbl（West 等，2014）

通过新的完井和改造设计实施，单井最终采油量已从 30×10^4bbl 油当量提高到 121.9×10^4bbl 油当量（101.3 万桶石油和 1241×10^{12}ft^3 天然气）。

8.6.5　价值效益

通过调整水平井目标、井筒长度、井段长度、射孔间距和完井方式可以提高储层改造体积。改进泵注程序，评估和模拟地层特征，密切监测压力响应，并实时进行了设计调整。2009 年后井的成功不是单点突破的结果，而是完井技术和水力压裂技术得到全方面改进的成果。最终，这些变化导致单井最终采油量上涨了 400%，2009 年后的单井累计产量如图所示（图 8.24）。

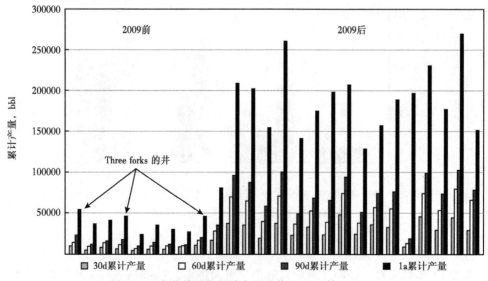

图 8.24　完井前后的累计产量变化（West 等，2014）

　　随着非常规油藏水力压裂技术的迅速发展，到 2017 年，页岩油中多级压裂的改造体积更大、支撑剂尺寸更小（最大粒径甚至小于 100 目）、段间距更小（大约 100ft）和簇间距更小（15~20ft）。随着完井和改造方面的这些新进展，非常规油气井的性能得到了显著提高（Rassenfoss，2017）。

参 考 文 献

Al-Mubarak, S. M., Pham, T. R., Shamrani, S. S., and Shafiq, M. (2008, November 1). "Case Study: The Use of Downhole Control Valves to Sustain Oil Production from the First Maximum Reservoir Contact, Multilateral, and Smart Completion Well in Ghawar Field," *Society of Petroleum Engineers*. doi: 10. 2118/120744-PA.

Burgos, G. A., Buijse, M. A., Fonseca, E., Milne, A., Brady, M. E., and Olvera, R. (2005, January 1). "Acid Fracturing in Lake Maracaibo: How Continuous Improvements Kept on Raising the Expectation Bar," *Society of Petroleum Engineers*. doi: 10. 2118/96531-MS.

Chowdhuri, S., Cameron, P., Gawwad, T. A., Madar, M. R., Sharma, S. S., AlMutairi, M. D., ... Al-Ajmi, M. F. (2015, October 11). "Optimize Development Strategy of Upper Burgan Reservoir Through Multilateral Well with Inflow Control Device in Raudhatain Field, North Kuwait," *Society of Petroleum Engineers*. doi: 10. 2118/175227-MS.

Eyvazzadeh, R. Y., Cheshire, S. G., Nasser, R. H., and Kersey, D. G. (2003, January 1). "Optimizing Petrophysics: The Ghawar Field, Saudi Arabia," *Society of Petroleum Engineers*. doi: 10. 2118/81477-MS.

Galarraga, M. A., and Hansen, B. (2005, January 1). "Detailed 3D-Seismic Interpretation Using HFI Seismic Data, Fault Throw, and Stress Analysis for Fault Reactivation in the Cogollo Group, Lower Cretaceous, Urdaneta West Field, Maracaibo Basin," *Society of Petroleum Engineers*. doi: 10. 2118/95060-MS.

Hadfield, N. S., Terwogt, J. H., Van Kranenburg, A., Salahudin, S., and King, K. A. (2007, September 1). "Sandface Completion for a Shallow Laminated Gas Pay with High Fines Content," *Society of Petroleum Engineers*. doi: 10. 2118/111635-PA.

Kent, A. W., Burkhead, D. W., Burton, R. C., Furui, K., Actis, S. C., Bjornen, K., ... Zhang, T. (2014, June 1). "Intelligent Completion Inside Uncemented Liner for Selective High-Rate Carbonate Matrix Acidizing," *Society of Petroleum Engineers*. doi: 10. 2118/166209-PA.

Rassenfoss, S. (2017, February 1). "Rebound to Test if Cost Cuts Will Last," *Society of Petroleum Engineers*. doi: 10. 2118/0217-0035-JPT.

West, D. R. M., Harkrider, J., Besler, M. R., Barham, M., & Mahrer, K. (2014, September 1). "Optimized Production in the Bakken Shale: South Antelope Case Study," *Society of Petroleum Engineers*. doi: 10. 2118/167168-PA.